"十四五"职业教育国家规划教材

高等职业院校"互联网+"立体化教材——软件开发系列

软件测试项目实战

（第4版）

于艳华　主编

電子工業出版社
Publishing House of Electronics Industry
北京 • BEIJING

内 容 简 介

本书吸取了国家示范性高职院校建设成果，同时紧跟全国职业院校软件测试大赛任务设计教材内容，采用任务引领、项目主导的方法，使初学者容易快速入门，易于动手实际操作。

本书按照软件测试流程共分为7章，即测试计划、测试用例、测试执行、测试总结、白盒测试、自动化测试——Selenium、性能测试——LoadRunner。本书以企业真实项目引导，贯穿全书，巧妙地将软件测试知识点融入各任务当中，体现了“做中学、学中做”的特色，是一本理实一体化的实战教程。

本书同时提供了教材中所用项目的测试用例及配套电子课件、电子教案。本书可作为高职高专计算机专业及相关非计算机专业的教材使用，也可作为培训教材使用，对软件测试感兴趣的初学者也可作为入门教材使用。

图书在版编目（CIP）数据

软件测试项目实战 / 于艳华主编. —4 版. —北京：电子工业出版社，2022.1
ISBN 978-7-121-42911-8
Ⅰ. ①软…　Ⅱ. ①于…　Ⅲ. ①软件-测试-高等职业教育-教材　Ⅳ. ①TP311.5
中国版本图书馆 CIP 数据核字（2022）第 025405 号

责任编辑：贺志洪
印　　刷：天津嘉恒印务有限公司
装　　订：天津嘉恒印务有限公司
出版发行：电子工业出版社
　　　　　北京市海淀区万寿路 173 信箱　　邮编 100036
开　　本：787×1092　1/16　印张：19.5　字数：499.2 千字
版　　次：2009 年 7 月第 1 版
　　　　　2022 年 1 月第 4 版
印　　次：2024 年 12 月第 7 次印刷
定　　价：58.00 元

凡所购买电子工业出版社图书有缺损问题，请向购买书店调换。若书店售缺，请与本社发行部联系，联系及邮购电话：（010）88254888，88258888。
质量投诉请发邮件至 zlts@phei.com.cn，盗版侵权举报请发邮件至 dbqq@phei.com.cn。
本书咨询联系方式：（010）88254609，hzh@phei.com.cn

前　言

本书是在《软件测试项目实战（第3版）》的基础上进行的修订再版。在第3版中我们主要体现了项目教学，理论知识相对较少。这次再版，我们把理论调整到工作任务之前，同时兼顾了全国职业院校软件测试大赛任务，在有了一定的理论知识的基础上让学生去做任务，做到理论联系实践，让学生易于理解。同时，我们弥补了前面几版中的不足，增加了测试方法和性能测试的内容篇幅，新增了单元测试内容，增强了教材的实用性。

本书作者认真研究软件测试流程，准确把握软件测试行业发展动态，使本书既有普遍性又有针对性。本书吸取了国家示范性高职院校建设成果，采用任务引领、项目主导的方法，使初学者快速入门，易于动手实际操作。

全书以权限管理系统为参照，讲解了软件测试的流程，真实体现了一个项目从开始测试到结束测试的整个过程，让学生在模拟工作环境中学会处理各类问题的方法，实现理论与实践一体化教学，也真正把培养学生的处理问题的能力放在了首位。

全书共分为7章，以一个项目为典型案例，讲解了软件测试的企业流程、方法、技术等内容。

第1章，测试计划：测试计划是一个测试活动成功与否的关键，本章以一个具体项目为例讲解了软件测试计划的设计，以及软件测试计划所包括的要素。

第2章，测试用例：根据测试项目“权限管理系统”来设计测试用例，测试用例设计完整、充分，为测试执行做好准备。

第3章，测试执行：根据测试计划及测试用例来设计测试执行，这里用的是LoadRunner测试工具来进行自动化测试执行过程。

第4章，测试总结：由第3章测试执行后进行分析测试结果。

第5章，白盒测试：详细介绍了单元测试方法、单元测试工具。

第6章，自动化测试：详细介绍了自动化测试方法、自动化测试工具。

第7章，性能测试：详细介绍了LoadRunner的安装、参数设置、场景设计等内容。

本书由长春职业技术学院于艳华担任主编，由李季、许春艳、孙佳帝担任副主编，全书由于艳华负责统稿。

由于编者水平和时间有限，书中难免有不足之处，欢迎各界同仁给予批评指正。意见反馈E-mail：923134546@qq.com。

编　者

目　录

第1章 测试计划

本章介绍权限管理系统的测试计划书的编写。

本章重点

- 理解“5W1H”规则，明确内容与过程。
- 权限管理系统的测试计划设计。

撰写软件测试计划是软件测试流程中的第一个环节。软件测试的成功与失败是相对的，即要参照测试计划来判断。如果达到测试中预定的管理目标，则可以说软件测试是成功的，否则是失败的。软件测试计划一般是由测试经理来编写的，但也不绝对，在小公司里面没有专门的测试部，一个项目组里面只有一个测试人员，就得由测试人员来写。

工作任务 1.1 知识储备——软件测试

1.1.1 关于软件测试

一、软件测试概述

1. 软件测试简介

软件测试是什么？软件测试就是对项目开发过程的产品（编码、文档等）进行差错审查，保证其质量的一种过程。

软件业的迅猛发展也就是近几十年的事情，时间虽短，但许多误解似乎已根深蒂固，对测试的偏见也如此：“软件的重点在于需求、在于分析、在于设计、在于开发，而测试容易，没什么技术含量，找一些用户，对照需求尽力去测即可；有时间多测，没时间就少测。”这种看法在许多项目经理、软件负责人的心中固守着，难以改变。

这种观念的结果有目共睹，是什么？很简单，是大量软件 Bug、缺陷的“流失”，从测试人员手中悄然而过，流失到用户手中，流失到项目维护阶段。随之而来的，便是用户无休止的抱怨、维护人员无休止的“救火”、维护成本无休止的增加。这是软件人员的梦魇！噩梦总有醒来时，经过无数教训的重击，在不堪回首而不得不回首的经历中，软件业的管理者发现：是他们错了，软件测试是不可忽视的。

“所有这些问题，假如在项目测试中注意到，便不会造成不可收拾的结果了。”人们终于意识到测试简单而纯真的真谛。

软件测试从直观上来讲是对测试对象进行检查、验证，似乎很简单，但实际不然，它是由许多处理环节构成的。根据测试目标、质量控制的要求，它被划分为以下各类环节，并被设置了不同的准入、准出标准。

（1）软件测试原则

① 尽早和持续不断的测试；

② 彻底完全的测试是不可能的；

③ 软件测试是有风险的行为；

④ 并非所有的软件错误都能修复；

⑤ 反向思维逻辑；

⑥ 由小到大的测试范围；

⑦ 避免测试自己的项目；

⑧ 从用户需求入手。

（2）为什么不能完全测试

① 测试数据输入量太大；

② 输出结果太多；

③ 软件的操作步骤太多；

④ 软件说明书并非“盲人手册”。

（3）并非所有的错误都能修复，Bug 不能被关闭的原因

① 不算真正的软件错误；

② 没有足够的时间；

③ 修复的风险太大；

④ 不值得修复。

（4）错误集中发生现象

① 软件开发人员的疲劳，造成大量代码坏块；

② 程序人员往往会犯同样的错误，因为大部分代码都是复制、粘贴而来的；

③ 软件的基础构架问题，有些软件的底层支撑系统因为“年久失修”变得越来越力不从心了；

④ 发现缺陷的时间越早，Bug 所造成的损失会越小。

（5）避免检查自己的代码的原因

① 程序员从来都不会承认自己写的程序有错误；

② 程序员的测试思路有明显的局限性；

③ 多数程序员没有经过严格正规的职业训练；

④ 程序员无良好的 Bug 跟踪和回归测试经验。

2. 测试过程

正常的测试流程如图 1-1 所示。在测试设计阶段，相关测试设计人员会对测试对象进行了解、分析。为保证测试顺利进行，保证测试覆盖尽量多的测试对象，会设计测试案例、测试方案，在测试期间进行使用；测试发现错误时，软件技术人员会根据测试的缺陷反馈结果及技术人员的软件修改信息对测试程序进行修改，完毕后再进行回归测试。

但是由于软件测试这个行业本身就兴起较晚，现在仍然处于比较不规范且存在很多问题尚未解决的阶段。传统的测试过程管理不严密，测试人员未建立完整的测试库，未将测试案例、测试程序、测试方案进行有效保存，等到回归测试时，相关测试程序等往往已不知去向，无处可寻了；即使能找到这些程序、案例，往往因为回归测试过于频繁、项目期限日

益迫近，已经没有时间来修改、完善这些程序及案例，只能凭借经验、记忆及技术人员的口述对程序修改过的地方草草重测一遍，缺乏正规化的测试过程，造成测试的虎头蛇尾。

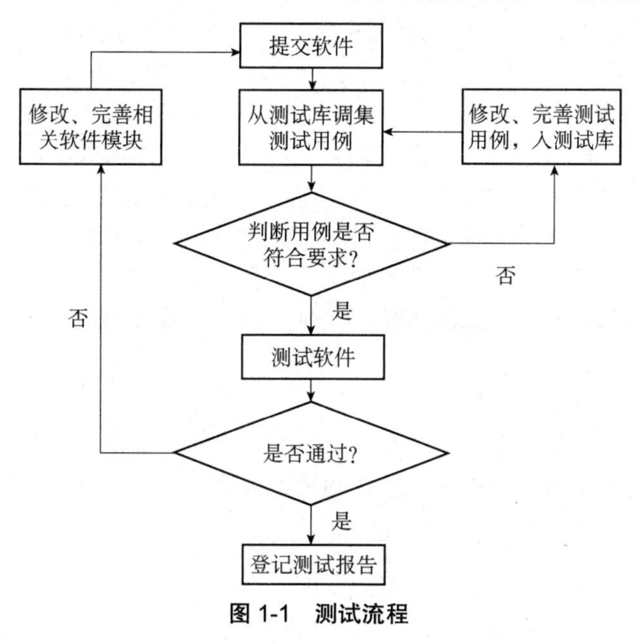

图 1-1　测试流程

二、软件测试概念

通常对软件测试的定义有两种描述。

定义 1：软件测试是为了发现错误而执行程序的过程。

定义 2：软件测试是根据软件开发各阶段的规格说明和程序的内部结构而精心设计的一批测试用例，并利用这些测试用例运行程序及发现错误的过程，即执行测试步骤。

三、软件测试人才的需要

1. 软件测试需求

你们那儿缺什么人？随便咨询 IT 企业的 HR（Human Resource，人力资源管理），他们必然仰天长叹一声，百分百地回答：“软件测试人员！”

（1）企业的需求

几乎每个大中型 IT 企业的软件产品在发布前都需要大量的质量控制、测试和文档工作，而这些工作必须依靠拥有娴熟技术的专业软件人才来完成，软件测试工程师担任的就是这样一个企业重头角色。

（2）许多 IT 企业没有专职的测试机制

软件产品的质量控制与管理越来越受重视，并逐渐成为企业生存与发展的核心。在许多 IT 企业中，软件测试并非只担任“挑错”的角色，没有专职的测试机制。越来越多的 IT 企业已逐渐意识到测试环节在软件产品研发中的重要性。此类软件质量控制工作均需要拥有娴熟技术的专业软件测试人才来协作完成，软件测试工程师作为一个重头角色正成为 IT 企业招聘的热点，软件测试工程师成为了 IT 就业市场的最新风向标。

（3）软件测试工程师的需求量

由于我国企业对于软件测试自动化技术在整个软件行业中的重要作用认识较晚，因此，软件测试工程师的数量不足，开发和测试人员的比例不合理。据调查，较好的企业中测试人员和开发人员的比例是1∶8，有的是1∶20，甚至没有专职的测试工程师。软件测试专业技术人员在供需之间存在着巨大的缺口。有关数据显示，我国目前软件从业人才缺口高达40万人。即使按照软件开发工程师与测试工程师1∶5的岗位比例计算，我国对于软件测试工程师的需求仍有数十万之多。业内专家预计，在未来5～10年中，我国社会对软件测试人才的需求量还将继续增大。在国展举办的一次招聘会上，多家企业纷纷贴出各类高薪条件来招聘软件测试人员的海报，出人意料的是收到的简历尚不足招聘岗位数的50%，而合格的竟不足30%。有行业专家表示，软件测试人才供远小于求的现实问题正影响着我国软件业的健康发展。软件测试是一项需具备较强专业技术的工作。在具体工作过程中，测试工程师要利用测试工具按照测试方案和流程对产品进行性能测试。目前，软件测试行业已经陷入"有活没人干"的尴尬局面。

（4）网络测试的需求量

包括微软在内的公司对基于网络的测试也没有一套完整的体系，仍处于探索中。网络测试是一个全新的、富有挑战性的工作，软件测试工程师的职业之路充满希望。

2. 软件测试工程师未来的发展空间

软件测试工程师未来的职业发展方向如下：

（1）走技术路线，成长为高级软件测试工程师，再向上可以成为软件测试架构设计师。

（2）向管理方向发展，做项目管理。

（3）做开发人员，很容易转去做产品编程。主要软件测试人员有如下四大魅力元素：就业竞争小、高薪、多元化发展、无性别歧视。

3. 职位描述

（1）按照测试流程和计划，构建测试环境，设计测试脚本和用例，执行测试脚本和测试用例，寻找Bug。

（2）分析问题所在并进行准确定位和验证，按照标准格式填写并提交Bug报告。

（3）跟踪并验证Bug，并确认问题得以解决。

（4）按照标准格式填写并提交测试报告，编写其他相关文档。

（5）完成软件开发的集成测试工作。

4. 一则招聘代码测试工程师的招聘广告

职位要求：

（1）熟练操作计算机，计算机基础知识扎实。

（2）熟悉常用的软件测试方法、软件工程知识，熟悉面向对象设计的测试工作。

（3）熟悉常用的软件开发环境、编程工具。

（4）有良好的英语阅读能力，能够阅读英文测试资料。

（5）责任心强，具备良好的沟通能力。

1.1.2 软件测试阶段和软件测试种类

一、软件测试阶段

软件测试阶段就是测试将按照什么样的思路和方式进行。通常，软件测试要经过单元测试、集成测试、确认测试、系统测试及验收测试。这些阶段和开发过程是相对应的。关于测试阶段的叫法有多种，比如测试类型、测试策略等。

1. 单元测试

（1）什么是单元测试

单元测试是针对软件设计的最小单位——程序模块甚至代码，以及程序段进行正确性检验的测试工作。

（2）什么时候进行单元测试

在程序员编写完代码并通过编译后进行单元测试，而且在前期就应该做一些准备工作，如单元测试计划、单元测试用例等。

（3）由谁来进行单元测试

白盒测试工程师或开发人员。

（4）单元测试的依据是什么

源程序本身、《详细设计》文档。

（5）单元测试通过的标准是什么

程序通过所有单元测试的用例；语句的覆盖率达到 100%；分支的覆盖率达到 85%。

（6）如何进行单元测试

单元测试主要用白盒测试方法，一般先静态地检查代码是否符合规范，然后动态地运行代码，检查其运行结果。一个单元测试的小例子如下：

在主函数 main()里面定义了一个含有 5 个整型元素的数组，用一个循环来实现数组元素的输入，每次循环都调用 1 次 iszero 函数，如果输入的数组元素不等于 0，则打印输出本身，如果为 0，则输出 1。

单元测试的一般步骤为编译运行程序（查看能否正确运行）→静态测试（检查代码是否符合规范）→动态测试（深入检查代码的正确性、容错性和边界值等）。

① 编译运行程序。首先编译程序，没有语法上的错误，编译通过。然后运行程序，输入“12340”，按回车键。输出“12341”，符合预期结果。

② 静态测试。检查程序中不符合编码规范的地方。

```
#include<stdio.h>
void    iszero(int m)
{
if(m!=0)
printf("% d",m);
  else
  printf("% d",1);
}
void main(void)
{
int a[5];
int i=0;
printf("请输入 5 个整数 \n");
for(i=0;i<=4;i++)
{
scanf("% d",&a[i]);
iszero(a[i]);
```

```
    }
}
```

通过静态测试检查可以发现的问题有：函数之间没有空行；低层次语句与高层次语句之间没有缩进；没有注释。

③ 动态测试。边界值问题没有提示输入“1234567”，运行结果为“12345”，结果正确，但输入超过 5 个元素，程序没有提示非法数据的容错性。

（7）编码规范

① 一行代码只做一件事情，如只定义一个变量，或只写一条语句，容易阅读和注释。

② 代码行的最大长度值控制在 70～80 个字，否则不便于阅读和打印。

③ 函数与函数之间，定义语句和执行语句之间最好加空行，空行不会浪费内存。

④ 在程序的开头加注释，说明程序的基本信息；在重要的函数模块处加注释，说明各函数的功能。

⑤ 低层次的语句比高层次的语句缩进一个 TAB 键（4 个空格），使程序结构更清晰。

⑥ 不要漏掉函数的参数和返回值，如果没有，则用 void 表示。

2. 集成测试

集成测试是将模块按照设计要求组装起来进行测试，主要目的是发现与接口有关的问题。由于在产品提交到测试部门前，产品开发小组都要进行联合调试，因此在大部分企业中，集成测试是由开发人员来完成的。

时常有这样的情况发生，每个模块都能单独工作，但这些模块集成在一起之后却不能正常工作。其主要原因是，模块相互调用时接口会引入许多新问题。例如，数据经过接口可能丢失；一个模块对另一个模块可能造成不应有的影响；几个子功能组合起来不能实现主功能；误差不断积累达到不可接受的程度；全局数据结构出现错误，等等。综合测试是组装软件的系统测试技术，按设计要求把通过单元测试的各个模块组装在一起之后，进行综合测试以便发现与接口有关的各种错误。

某设计人员习惯于把所有模块按设计要求一次全部组装起来，然后进行整体测试，这称为非增量式集成。这种方法容易出现混乱。因为测试时可能发现一大堆错误，为每个错误定位和纠正非常困难，并且在改正一个错误的同时又可能引入新的错误，新旧错误混杂，更难断定出错的原因和位置。与之相反的是增量式集成方法，程序一段一段地扩展，测试的范围一步一步地增大，错误易于定位和纠正，界面的测试亦可做到完全彻底。下面讨论两种增量式集成方法。

（1）集成测试的非增量方式

非增量式测试采用一步到位的方法构造测试。在对所有模块进行测试后，按照程序结构图将各模块连接起来，把连接后的模块当成一个整体进行测试。

实例：对如图 1-2（a）所示的程序结构，如何进行非增量方式测试，测试过程如图 1-2（b）～（h）所示。

（2）增量式集成测试

增量式集成测试可按照不同次序实施，由此产生了两种不同的方法，即自顶向下结合的方法和自底向上结合的方法。

① 自顶向下结合方法。自顶向下集成是构造程序结构的一种增量式方式，它从主控模块开始，按照软件的控制层次结构，以深度优先或广度优先的策略，逐步把各个模块集成

在一起。深度优先策略首先是把主控制路径上的模块集成在一起，至于选择哪一条路径作为主控制路径，这多少带有随意性，一般根据问题的特性确定。以图 1-3 为例，若选择了最左一条路径，首先将模块 M1、M2、M5 和 M8 集成在一起，再将 M6 集成起来，然后考虑中间和右边的路径。广度优先策略则不然，它沿控制层次结构水平地向下移动。仍然以图 1-3 为例，首先把 M2、M3 和 M4 与主控模块集成在一起，再将 M5 和 M6 与其他模块集成起来。

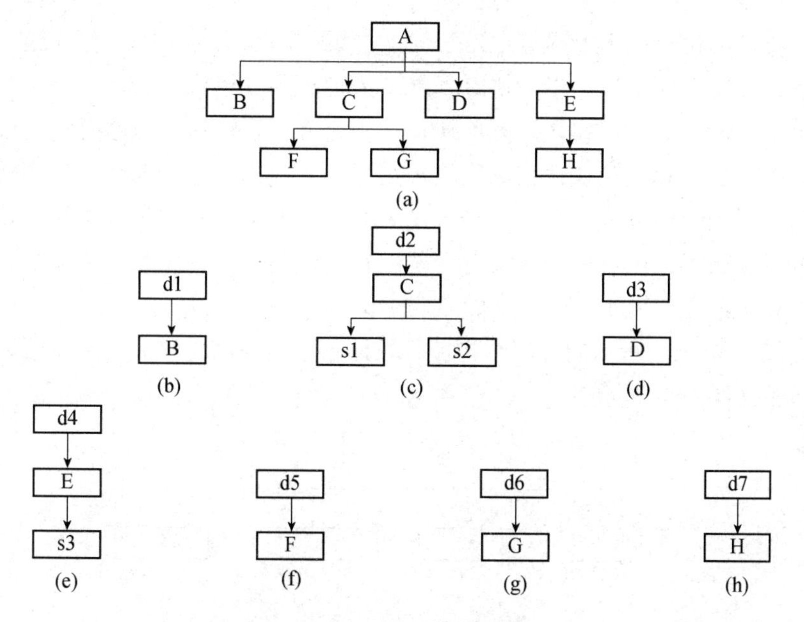

图 1-2　集成测试的非增量方式

由于下文用到桩模块的概念，在此先向读者介绍一下。在集成测试前要为被测模块编制一些模拟其下级模块功能的“替身”模块，以代替被测模块的接口，接收或传递被测模块的数据，这些专供测试用的“假”模块称为被测模块的桩模块。

自顶向下综合测试的具体步骤为：

● 以主控模块作为测试驱动模块，把对主控模块进行单元测试时引入的所有桩模块用实际模块替代。

● 依据所选的集成策略（深度优先或广度优先），每次只替代一个桩模块。

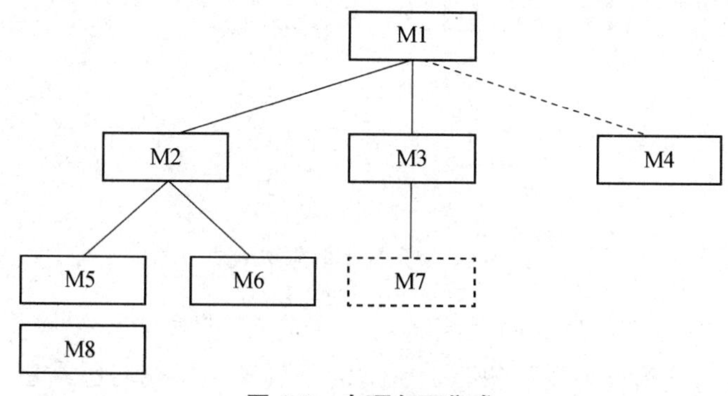

图 1-3　自顶向下集成

- 每集成一个模块立即测试一遍。
- 只有每组测试完成后，才着手替换下一个桩模块。
- 为避免引入新错误，须不断地进行回归测试（即全部或部分地重复已做过的测试）。

从第二步开始，循环执行上述步骤，直至整个程序结构构造完毕。图 1-3 中，实线表示已部分完成的结构，若采用深度优先策略，下一步将用模块 M7 替换桩模块 S7，当然 M7 本身可能又带有桩模块，随后将被对应的实际模块替代。最后直至桩模块 S4 被替代完毕为止。

自顶向下集成的优点在于能尽早地对程序的主要控制和决策机制进行检验，因此可较早地发现错误。缺点是在测试较高层模块时，低层处理采用桩模块替代，不能反映真实情况，重要数据不能及时回送到上层模块，因此测试并不充分。解决这个问题有几种办法，第一种是把某些测试推迟到用真实模块替代桩模块之后进行，第二种是开发能模拟真实模块的桩模块；第三种是自底向上集成模块。第一种方法又回退为非增量式的集成方法，使错误难以定位和纠正，并且失去了在组装模块时进行一些特定测试的可能性；第二种方法无疑要大大增加开销；第三种方法比较切实可行，下面专门讨论。

例：有如图 1-4（a）所示的程序结构图，按照自顶向下的方法完成测试活动的过程，如图 1-4（b）～图 1-4（c）所示。

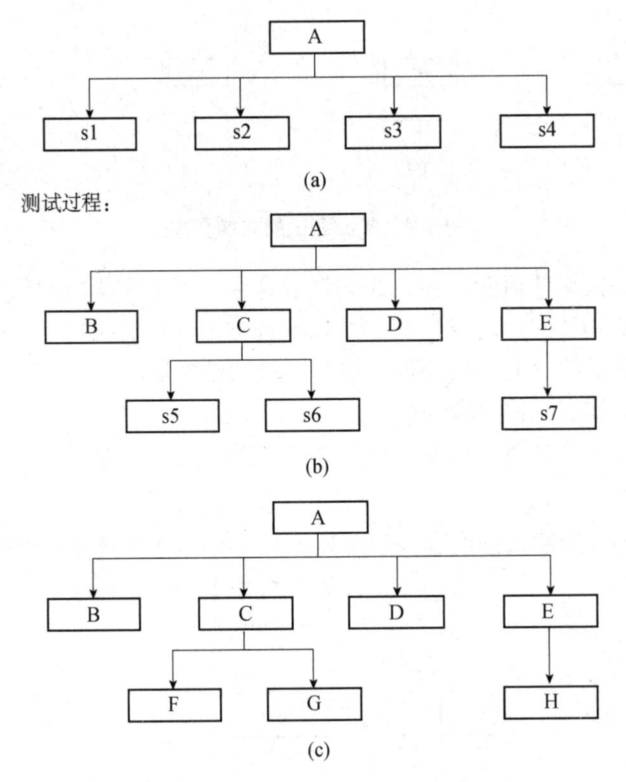

图 1-4　自顶向下的方法测试

② 自底向上结合方法。自底向上测试是从“原子”模块（即软件结构最低层的模块）开始组装测试，因测试到较高层模块时，所需的下层模块功能均已具备，所以不再需要桩模块。

自底向上综合测试的步骤分为：

- 把底层模块组织成实现某个子功能的模块群（Cluster）。
- 开发一个测试驱动模块，控制测试数据的输入和测试结果的输出。
- 对每个模块群进行测试。
- 删除测试使用的驱动模块，用较高层模块把模块群组织成为完成更大功能的新模块群。

从第一步开始循环执行上述各步骤，直至整个程序构造完毕。

图 1-5 所示说明了上述过程。首先“原子”模块被分为三个模块群，每个模块群引入一个驱动模块进行测试。因模块群 1、模块群 2 中的模块均隶属于模块 Ma，因此在驱动模块 D1、D2 去掉后，模块群 1 与模块群 2 直接与 Ma 接口，这时可将 D3 去掉，将 Mb 与模块群 3 直接接口，对 Mb 进行集成测试。这样继续下去，直至最后将驱动模块 D4、D5 也去掉，最后 Ma、Mb 和 Mc 全部集成在一起进行测试。

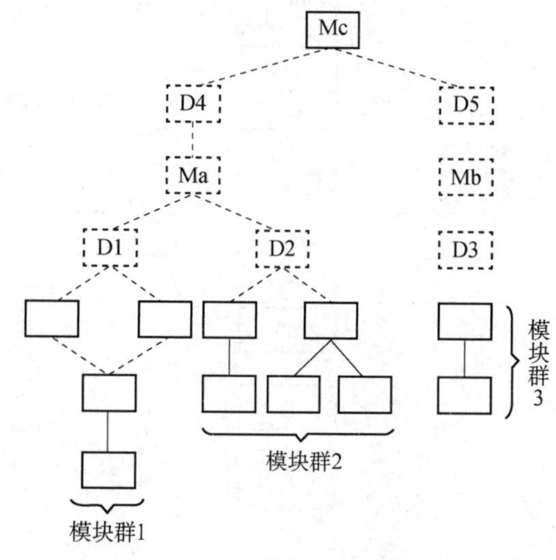

图 1-5 自底向上集成

自底向上结合方法不用桩模块，测试用例的设计亦相对简单，但缺点是程序最后一个模块加入时才具有整体形象。它与自顶向下结合方法的优缺点正好相反。因此，在测试软件系统时，应根据软件的特点和工程的进度，选用适当的测试策略，有时混合使用两种策略更为有效，上层模块用自顶向下结合的方法，下层模块用自底向上结合的方法。

例：有如图 1-6（a）所示程序结构图，用自底向上的测试方法进行测试的过程，如图 1-6（b）～（l）所示。

此外，在综合测试中尤其要注意关键模块，所谓关键模块一般都具有下述一个或多个特征：

- 对应几条需求。
- 具有高层控制功能。
- 复杂、易出错。
- 有特殊的性能要求。关键模块应尽早测试，并反复进行回归测试。

3. 系统测试

系统测试是在集成测试通过后进行的，目的是充分运行系统，验证各子系统是否都能正常工作并完成设计的要求。它主要由测试部门进行，是测试部门最大最重要的一个测试，对产品的质量有重大的影响。

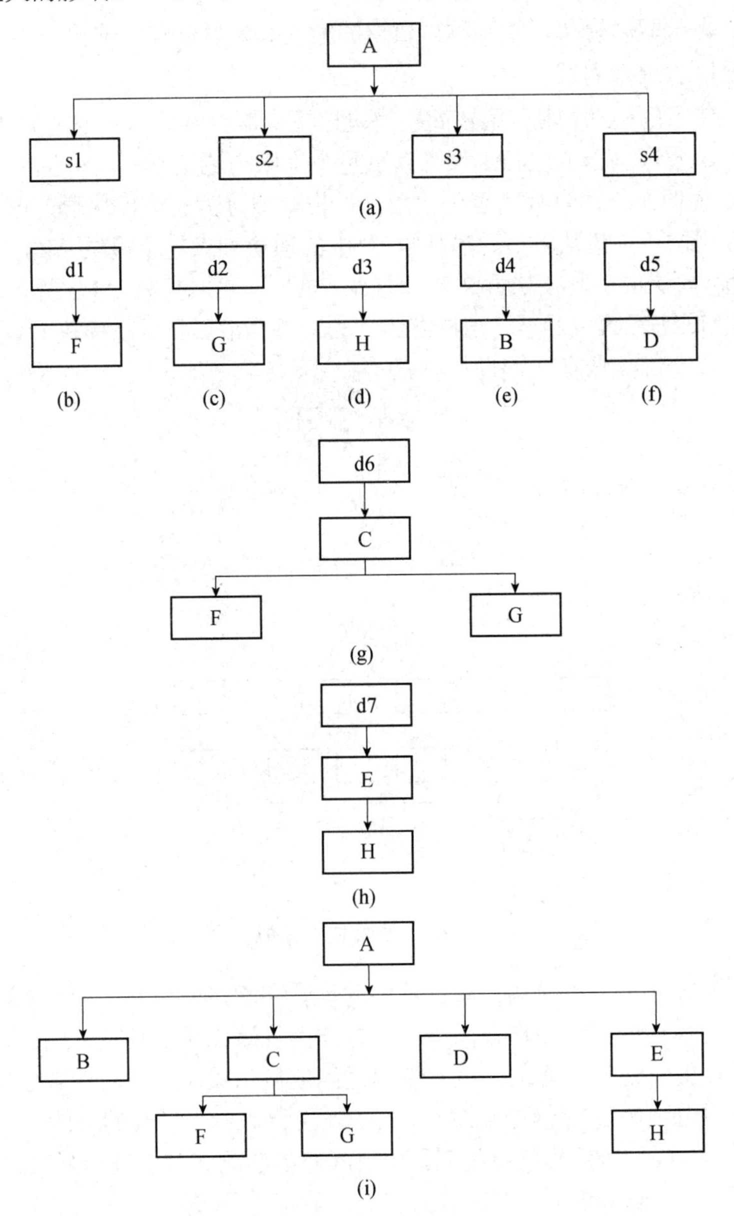

图 1-6　自底向上的测试方法

计算机软件是基于计算机系统的一个重要组成部分，软件开发完毕后应与系统中其他成分集成在一起，此时需要进行一系列系统集成和确认测试。对这些测试的详细讨论已超出软件工程的范围，这些测试也不可能仅由软件开发人员完成。在系统测试之前，软件工程师应完成下列工作：

- 为测试软件系统的输入信息设计出错处理通路。
- 设计测试用例，模拟错误数据和软件界面可能发生的错误，记录测试结果，为系统测试提供经验和帮助。

● 参与系统测试的规划和设计，保证软件测试的合理性。

系统测试应该由若干个不同测试组成，目的是充分运行系统，验证系统各部件是否都能正常工作并完成所赋予的任务。下面简单讨论几类系统测试。

（1）恢复测试

恢复测试主要检查系统的容错能力。当系统出错时，能否在指定时间间隔内修正错误并重新启动系统。恢复测试首先要采用各种办法强迫系统失败，然后验证系统是否能尽快恢复。对于自动恢复需验证重新初始化、检查点、数据恢复和重新启动等机制的正确性；对于人工干预的恢复系统，还需估测平均修复时间，确定其是否在可接受的范围内。

（2）安全测试

安全测试检查系统对非法侵入的防范能力。安全测试期间，测试人员假扮非法入侵者，采用各种办法试图突破防线。例如：①想方设法截取或破译口令；②专门定做软件破坏系统的保护机制；③故意导致系统失败，企图趁恢复之机非法进入；④试图通过浏览非保密数据，推导所需信息，等等。理论上讲，只要有足够的时间和资源，没有不可进入的系统。因此，系统安全设计的准则是使非法侵入的代价超过被保护信息的价值。此时，非法侵入者已无利可图。

（3）强度测试

强度测试检查程序对异常情况的抵抗能力。强度测试总是迫使系统在异常的资源配置下运行。例如：①当中断的正常频率为每秒一至两个时，运行每秒产生 10 个中断的测试用例；②定量地增加数据输入率，检查输入子功能的反应能力；③运行需要最大存储空间（或其他资源）的测试用例；④运行可能导致操作系统崩溃或磁盘数据剧烈抖动的测试用例，等等。

（4）性能测试

对于那些实时和嵌入式系统，软件部分即使满足功能要求，也未必能够满足性能要求，虽然从单元测试起，每一测试步骤都包含性能测试，但只有当系统真正集成之后，在真实环境中才能全面、可靠地测试运行操作系统，性能测试就是为了完成这一任务。性能测试有时与强度测试相结合，经常需要其他软硬件的配套支持。

4. 验收测试

验收测试（Acceptance Testing）以需求阶段的《需求规格说明书》为验收标准，测试时要求模拟实际用户的运行环境。对于实际项目可以和客户共同进行，对于产品来说就是最后一次的系统测试。测试内容为对功能模块的全面测试，尤其要进行文档测试。

验收测试是系统开发生命周期方法论的一个阶段，这时相关的用户和独立测试人员根据测试计划和结果对系统进行测试和接收。它让系统用户决定是否接收系统。它是一项确定产品是否能够满足合同或用户所规定需求的测试。这是管理性和防御性控制。

验收测试是部署软件之前的最后一个测试操作。验收测试的目的是确保软件准备就绪，并且可以让最终用户将其用于执行软件的既定功能和任务。

验收测试是向未来的用户表明系统能够像预定要求那样工作。经集成测试后，已经按照设计把所有的模块组装成一个完整的软件系统，接口错误也已经基本排除了，接着就应该进一步验证软件的有效性，这就是验收测试的任务，即软件的功能和性能如同用户所期待的那样。

通过综合测试之后，软件已完全组装起来，接口方面的错误也已排除，软件测试的最后一步——确认测试即可开始。确认测试应检查软件能否按合同要求进行工作，即是否满足软件需求说明书中的确认标准。

实现软件确认要通过一系列黑盒测试。确认测试同样需要制订测试计划和过程，测试计划应规定测试的种类和测试进度，测试过程则定义一些特殊的测试用例，旨在说明软件与需求是否一致。无论是计划还是过程，都应该着重考虑软件是否满足合同规定的所有功能和性能，文档资料是否完整、准确，人机界面和其他方面（例如，可移植性、兼容性、错误恢复能力和可维护性等）是否令用户满意。

确认测试的结果有两种可能，一种是功能和性能指标满足软件需求说明的要求，用户可以接受；另一种是软件不满足软件需求说明的要求，用户无法接受。项目进行到这个阶段才发现严重错误和偏差一般很难在预定的工期内改正，因此必须与用户协商，寻求一个妥善解决问题的方法。

确认测试的另一个重要环节是配置复审。复审的目的在于保证软件配置齐全、分类有序，并且包括软件维护所必需的细节。

事实上，软件开发人员不可能完全预见用户实际使用程序的情况。例如，用户可能错误地理解命令，或提供一些奇怪的数据组合，也可能对设计者自认明了的输出信息迷惑不解，等等。因此，软件是否真正满足用户的最终要求，应由用户进行一系列“验收测试”。验收测试既可以是非正式的测试，也可以是有计划、有系统的测试。有时，验收测试长达数周甚至数月，不断暴露错误，导致开发延期。一个软件产品，可能拥有众多用户，不可能由每个用户验收，此时多采用称为 α、β 测试的过程，以便发现那些似乎只有最终用户才能发现的问题。

α 测试是指软件开发公司组织内部人员模拟各类用户对即将面市的软件产品（称为版本）进行测试，试图发现错误并修正。α 测试的关键在于尽可能逼真地模拟实际运行环境和用户对软件产品的操作并尽最大努力涵盖所有可能的用户操作方式。经过测试调整的软件产品称为 β 版本。紧随其后的测试是指软件开发公司组织各方面的典型用户在日常工作中实际使用 β 版本，并要求用户报告异常情况、提出批评意见。然后软件开发公司再对 β 版本进行改错和完善。

（1）验收测试过程

过程如下：

① 软件需求分析：了解软件功能和性能要求、软硬件环境要求等，并特别要了解软件的质量要求和验收要求。

② 编制《验收测试计划》和《项目验收准则》：根据软件需求和验收要求编制测试计划，制定需测试的测试项，制定测试策略及验收通过准则，并经过客户参与的计划评审。

③ 测试设计和测试用例设计：根据《验收测试计划》和《项目验收准则》编制测试用例，并经过评审。

④ 测试环境搭建：建立测试的硬件环境、软件环境等（可在委托客户提供的环境中进行测试）。

⑤ 测试实施：测试并记录测试结果。

⑥ 测试结果分析：根据验收通过准则分析测试结果，做出验收是否通过及测试评价。

⑦ 测试报告：根据测试结果编制缺陷报告和验收测试报告，并提交给客户。

（2）验收测试的总体思路

用户验收测试是软件开发结束后，用户对软件产品投入实际应用以前进行的最后一次质量检验活动。它要回答开发的软件产品是否符合预期的各项要求，以及用户能否接受的问题。由于它不只是检验软件某个方面的质量，而是要进行全面的质量检验，并且要决定软件是否合格，因此验收测试是一项严格的正式测试活动。需要根据事先制订的计划进行软件配置评审、功能测试、性能测试等多方面检测。

用户验收测试可以分为两个大的部分：软件配置审核和可执行程序测试。其大致顺序可分为：文档审核、源代码审核、配置脚本审核、测试程序或脚本审核、可执行程序测试。

要注意的是，在开发方将软件提交给用户方进行验收测试之前，必须保证开发方本身已经对软件的各方面进行了足够的正式测试（当然，这里的“足够”，本身是很难准确定量的）。

用户在按照合同接收并清点开发方的提交物时（包括以前已经提交的），要查看开发方提供的各种审核报告和测试报告内容是否齐全，再加上平时对开发方工作情况的了解，基本可以初步判断开发方是否已经进行了足够的正式测试。

用户验收测试的每一个相对独立的部分，都应该有目标（本步骤的目的）、启动标准（着手本步骤必须满足的条件）、活动（构成本步骤的具体活动）、完成标准（完成本步骤要满足的条件）和度量（应该收集的产品与过程数据）。在实际验收测试过程中，收集度量数据不是一件容易的事情。

① 软件配置审核。对于一个外包的软件项目而言，软件承包方通常要提供如下相关的软件配置内容：

- 可执行程序、源程序、配置脚本、测试程序或脚本。
- 主要的开发类文档：《需求分析说明书》《概要设计说明书》《详细设计说明书》《数据库设计说明书》《测试计划》《测试报告》《程序维护手册》《程序员开发手册》《用户操作手册》《项目总结报告》。
- 主要的管理类文档：《项目计划书》《质量控制计划》《配置管理计划》《用户培训计划》《质量总结报告》《评审报告》《会议记录》《开发进度月报》。

在开发类文档中，容易被忽视的文档有《程序维护手册》和《程序员开发手册》。

《程序维护手册》的主要内容包括：系统说明（包括程序说明）、操作环境、维护过程、源代码清单等，编写目的是为将来的维护、修改和再次开发工作提供有用的技术信息。

《程序员开发手册》的主要内容包括：系统目标、开发环境使用说明、测试环境使用说明、编码规范及相应的流程等，实际上就是程序员的培训手册。

不同大小的项目，都必须具备上述文档内容，只是可以根据实际情况进行重新组织。

对上述的提交物，最好在合同中规定的时间提交，以免发生纠纷。

通常，正式的审核过程分为5个步骤：计划、预备会议（可选）、准备阶段、审核会议和问题追踪。预备会议是对审核内容进行介绍并讨论。准备阶段就是各责任人事先审核并记录发现的问题。审核会议是最终确定工作产品中包含的错误和缺陷。

审核要达到的基本目标是：根据共同制定的审核表，尽可能地发现被审核内容中存在的问题，并最终得到解决。在根据相应的审核表进行文档审核和源代码审核时，还要注意文档与源代码的一致性。

在实际的验收测试执行过程中，常常会发现文档审核是最难的工作，一方面由于市场需求等方面的压力使这项工作常常被弱化或推迟，造成持续时间变长，加大文档审核的难度；

另一方面，文档审核中不易把握的地方非常多，每个项目都有一些特别的地方，而且也很难找到可用的参考资料。

② 可执行程序的测试。在文档审核、源代码审核、配置脚本审核、测试程序或脚本审核都顺利完成后，就可以进行验收测试的最后一个步骤——可执行程序的测试，它包括功能、性能等方面的测试，每种测试也都包括目标、启动标准、活动、完成标准和度量等五部分。

要注意的是，不能直接使用开发方提供的可执行程序来测试，而要按照开发方提供的编译步骤，从源代码重新生成可执行程序。

在真正进行用户验收测试之前一般应该已经完成了以下工作（也可以根据实际情况有选择地采用或增加）：

- 软件开发已经完成，并解决了全部已知的软件缺陷。
- 验收测试计划已经过评审并批准，并且置于文档控制之下。
- 对软件需求说明书的审查已经完成。
- 对概要设计、详细设计的审查已经完成。
- 对所有关键模块的代码审查已经完成。
- 对单元、集成、系统测试计划和报告的审查已经完成。
- 所有的测试脚本已完成，并至少执行过一次，且通过评审。
- 使用配置管理工具且代码置于配置控制之下。
- 软件问题处理流程已经就绪。
- 已经制定、评审并批准验收测试完成标准。

具体的测试内容通常包括：安装（升级）、启动与关机、功能测试（正例、重要算法、边界、时序、反例、错误处理）、性能测试（正常的负载、容量变化）、压力测试（临界的负载、容量变化）、配置测试、平台测试、安全性测试、恢复测试（在出现掉电、硬件故障或切换、网络故障等情况时，系统是否能够正常运行）、可靠性测试等。

性能测试和压力测试一般情况下在一起进行，通常还需要获得辅助工具的支持。在进行性能测试和压力测试时，测试范围必须限定在那些使用频度高的和时间要求苛刻的软件功能子集中。由于开发方已经事先进行过性能测试和压力测试，因此可以直接使用开发方的辅助工具，也可以通过购买或自己开发来获得辅助工具。具体的测试方法可以参考相关的软件工程书籍。

如果执行了所有的测试案例、测试程序或脚本，用户验收测试中发现的所有软件问题都已解决，而且所有的软件配置均已更新和审核，可以反映出软件在用户验收测试中所发生的变化，用户验收测试就完成了。

尽管测试阶段的划分十分明确，但是在具体的项目和产品的测试中，尤其在执行测试时，会根据实际需要来开展。关于软件测试阶段的理论可以参看朱少民编写的《全程软件测试》，书中介绍了软件测试过程和开发过程的 V 模型关系。

测试的各个阶段所用时间比例是不同的，根据该阶段的性质，确定时间长短。当然，具体情况要具体掌握，根据不同项目不同情况，各测试阶段所用时间长短可随时调节。图 1-7 直观地描述出了测试各阶段所用的时间对比。

二、软件测试的种类

对于测试种类的说法有很多，最多的能达到几十种。但是实际工作中很多测试是互相包含的。按照企业中实际工作需要，通常主要进行下面几种类型的测试：功能测试、健壮性测试、接口测试、强度测试、压力测试、性能测试、用户界面测试、可靠性测试、安装/反安装测试、帮助文档测试。

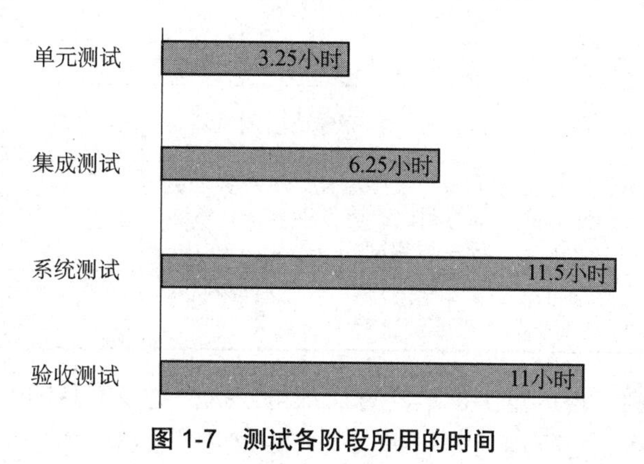

图 1-7　测试各阶段所用的时间

下面介绍了几种重要的测试种类及其测试的内容。

1. 功能测试

功能测试是主要针对产品需求说明书的测试，用于验证功能是否适合需求，包括原定功能的检验、是否有冗余功能、遗漏功能。这类测试应由测试员做，这并不意味着程序员在发布前不必检查他们的代码能否工作，他们也需要进行基本功能的测试。

2. 接口测试

程序员对各个模块进行系统联调的测试，包含程序内接口和程序外接口测试。这个测试，在单元测试阶段进行了一部分工作，而大部分都是在集成测试阶段完成的，由开发人员进行。

3. 性能测试

这是在交替进行负荷和强迫测试时具有常用的术语。性能测试关注的是系统的整体。它和通常所说的强度、压力/负载测试有密切关系。所以压力和强度测试应该与性能测试一同进行。

4. 用户界面测试

对系统的界面进行测试，测试用户界面是否友好、是否方便易用、设计是否合理、位置是否正确等一系列界面问题。

5. 安装/反安装测试

安装测试主要检验软件是否可以正确安装，安装文件的各项设置是否有效，安装后是否会影响原系统；反安装是逆过程，测试是否删除干净，是否影响原系统等。

6. 文档测试

主要测试开发过程中针对用户的文档，以需求、用户手册、安装手册等为主，检验文档是否和实际应用存在差别。文档测试不需要编写测试用例。

测试种类的划分不要拘泥于上面的形式，总体来说应该服从于测试策略，可以根据具体工作的特点进行安排，为了工作更容易开展，完全可以把一些测试合并在一起进行。在后面的性能测试用例的编写上，充分体现了这一思想。

综合上面的分析，测试种类、测试阶段以及执行人员具体的关系如表1-1所示。

表1-1 测试的种类、阶段和执行人员的关系

测试阶段	测试类型	执行者
单元测试	模块功能测试，包含部分接口测试、路径测试	开发工程师
集成测试	接口测试、路径测试，含部分功能测试	开发工程师（如果测试人员水平较高，可以由测试人员执行）
系统测试	功能测试、健壮性测试、性能测试、用户界面测试、安全性测试、压力测试、可靠性测试、安装/反安装测试	测试工程师
验收测试	对于实际项目来说基本同上，并包含文档测试；对于软件产品，主要测试相关的技术文档	测试工程师（根据实际需要，可能包含用户）

总之，测试的种类应该尽量少，这样每次都可以执行更多的测试内容。例如，在进行功能测试的同时，完全可以进行健壮性的测试（当然如果产品健壮性方面要求较高，就可以把健壮性测试作为独立的测试），也就是说测试各个阶段中对执行不同的测试种类采用不同的测试技术。关于测试技术下面进行讲解。

1.1.3 关于测试计划

软件测试计划是指导测试过程的纲领性文件，包含了产品概述、测试策略、测试方法、测试区域、测试配置、测试周期、测试资源、测试交流、风险分析等内容。借助软件测试计划，参与测试的项目成员，尤其是测试管理人员，可以明确测试任务和测试方法，保持测试实施过程的顺畅沟通，跟踪和控制测试进度，应对测试过程中的各种变更。

测试计划和测试详细规格、测试用例之间是战略和战术的关系，测试计划主要从宏观上规划测试活动的范围、方法和资源配置，而测试详细规格、测试用例是完成测试任务的具体战术。所以其中最重要的是测试策略和测试方法（最好是能先评审）。

做好测试计划工作的关键是什么？

1. 明确测试的目标，增强测试计划的实用性

编写软件测试计划的重要目的就是使测试过程中能够发现更多的软件缺陷，因此软件测试计划的价值取决于它对帮助管理测试项目，并且找出软件潜在的缺陷。因此，软件测试计划中的测试范围必须高度覆盖功能需求，测试方法必须切实可行，测试工具具有较高的实用性，便于使用，生成的测试结果直观、准确。

2. 坚持“5W”规则，明确内容与过程

3. 采用评审和更新机制，保证测试计划满足实际需求

测试计划设计完成后，如果没有经过评审，直接发送给测试团队，测试计划可能内容不准确或遗漏测试内容，或者软件需求变更引起测试范围的增减，而测试计划的内容没有及时更新，误导测试执行人员。

4. 分别创建测试计划与测试详细规格、测试用例

应把详细的测试技术指标包含到独立创建的测试详细规格文档中，把用于指导测试小组执行测试过程的测试用例放到独立创建的测试用例文档或测试用例管理数据库中。

一、测试计划概述

俗话说：“凡事预则立，不预则废。”软件测试同样，在测试项目之初就要制订相应的测试计划。接下来了解一下如何编写测试计划。

1. 为什么要编写测试计划

（1）领导能够根据测试计划做宏观调控，进行相应资源配置等。
（2）测试人员能够了解整个项目测试情况及项目测试不同阶段所要进行的工作等。
（3）便于其他人员了解测试人员的工作内容，进行有关配合工作。

2. 什么时间开始编写测试计划

软件测试计划在项目启动初期就应该规划。

3. 由谁来编写测试计划

软件测试计划一般由具有丰富经验的项目测试负责人来编写。

4. 测试计划编写 6 要素（5W1H）

（1）Why——为什么要进行这些测试。
（2）What——测试哪些方面，不同阶段的工作内容。
（3）When——测试不同阶段的起止时间。
（4）Where——相应文档，缺陷的存放位置，测试环境等。
（5）Who——项目有关人员组成，安排哪些测试人员进行测试。
（6）How——如何去做，使用哪些测试工具以及测试方法进行测试。

二、测试计划模板

因为各个公司的测试计划模板是不同的，这是一个比较完整的测试计划模板，写得很详细（见表 1-2、表 1-3），学生可以参考模板完成天天超市管理系统测试计划的撰写。

项目名称（项目编号）

测试计划

（部门名称）

×××软件公司

表 1-2　测试计划说明表

总页数		正文		附录		生效日期：　年　月　日
编制：			审核：			批准：

表 1-3　修订历史记录

日　期	版　本	说　明	作　者
〈日/月/年〉	〈x.x〉	〈详细信息〉	〈姓名〉

目　录

一、简介

1. 目的

<项目名称>的“测试计划”文档的目的是：

（1）提供一个对项目软件进行测试的总体安排和进度计划，确定现有项目的信息和应测试软件构件。

（2）标明推荐的测试需求（高层次）。

（3）推荐可采用的测试策略，并对这些策略加以说明。

（4）确定所需的资源，并对测试的工作量进行估计。

（5）列出测试项目的可交付元素。

2. 背景

输入测试对象（组件、应用程序、系统等）及其目标的简要说明。需要包括的信息有：主要的功能和特性、测试对象的构架以及项目的简史。本部分应该只包含3～5个段落。

3. 范围

描述测试的各个阶段，例如，单元测试、集成测试或系统测试，并说明本计划所针对的测试类型（如功能测试或性能测试）。简要地列出测试对象中将接受测试或将不接受测试的那些特性和功能。

如果在编写此文档的过程中做出的某些假设可能会影响测试设计、开发或实施，则列出所有这些假设。

列出可能会影响测试设计、开发或实施的所有风险或意外事件。

列出可能会影响测试设计、开发或实施的所有约束。

4. 使用文档

表1-4列出了制订测试计划所用的文档，并标明了文档的可用性。

注：可以视情况删除或添加项目。

表1-4　测试计划使用文档列表

文档（版本/日期）	已创建或可用	已被接受或已经过复审	作者或来源	备　注
需求规约	□是　□否	□是　□否		
功能性规约	□是　□否	□是　□否		
用例报告	□是　□否	□是　□否		
项目计划	□是　□否	□是　□否		

续表

文档（版本/日期）	已创建或可用	已被接受或已经过复审	作者或来源	备注
设计规约	□ 是 □ 否	□ 是 □ 否		
原型	□ 是 □ 否	□ 是 □ 否		
用户手册	□ 是 □ 否	□ 是 □ 否		
业务模型或业务流程	□ 是 □ 否	□ 是 □ 否		
数据模型或数据流	□ 是 □ 否	□ 是 □ 否		
业务功能和业务规则	□ 是 □ 否	□ 是 □ 否		
项目或业务风险评估	□ 是 □ 否	□ 是 □ 否		

二、测试需求

下面列出了那些已被确定为测试对象的项目（用例、功能性需求和非功能性需求）。

（1）数据库测试。

（2）功能性测试。

（3）业务周期测试。

（4）用户界面测试。

（5）性能测试。

（6）负载测试。

（7）强度测试。

（8）容量测试。

（9）安全性和访问控制测试。

（10）故障转移/恢复测试。

（11）配置测试。

（12）安装测试。

三、测试风险

软件测试风险是不可避免的、总是存在的，所以对测试风险的管理非常重要，必须尽力降低测试中所存在的风险，最大限度地保证质量和满足客户的需求。在测试工作中，主要的风险有：

（1）质量需求或产品的特性理解不准确，造成测试范围分析的误差，结果某些地方始终测试不到或验证的标准不对。

（2）测试用例没有得到百分之百的执行，如有些测试用例被有意或无意地遗漏。

（3）需求的临时或突然变化，导致设计的修改和代码的重写，测试时间不够。

（4）质量标准不都是很清晰的，如适用性的测试，仁者见仁、智者见智。

（5）测试用例设计不到位，忽视了一些边界条件、深层次的逻辑、用户场景等。

（6）测试环境，一般不可能和实际运行环境完全一致，造成测试结果的误差。

（7）有些缺陷出现频率不是百分之百，不容易被发现；如果代码质量差，软件缺陷很多，被漏检的缺陷可能性就大。

（8）回归测试一般不运行全部测试用例，一般有选择性地执行测试，这必然带来风险。

前面3种风险是可以避免的，而（4）～（7）的4种风险是不能避免的，可以降到最低。最后一种回归测试风险是可以避免的，但出于时间或成本的考虑，一般也是存在的。

针对上述软件测试的风险，有一些有效的测试风险控制方法，如：

（1）测试环境不对可以通过事先列出要检查的所有条目，在测试环境设置好后，由其他人员按已列出条目逐条检查。

（2）有些测试风险可能带来的后果非常严重，能否将它转化为其他一些不会引起严重后果的低风险。如产品发布前夕，在某个不是很重要的新功能上发现一个严重的缺陷，如果修正这个缺陷，很有可能引起某个原有功能上的缺陷。这时处理这个缺陷所带来的风险就很大，对策是去掉那个新功能，转移这种风险。

（3）有些风险不可避免，就设法降低风险，如“程序中未发现的缺陷”这种风险总是存在的，我们就要通过提高测试用例的覆盖率（如达到99.9%）来降低这种风险。

（4）为了避免、转移或降低风险，事先要做好风险管理计划和制定好控制风险的策略，并对风险的处理还要制定一些应急的、有效的处理方案。

四、测试策略

测试策略提供了推荐用于测试对象的方法。第二部分“测试需求”中说明了将要测试哪些对象，而本部分则要说明如何对测试对象进行测试。对于每种测试，都应提供测试说明，并解释其实施和执行的原因。如果不实施和执行某种测试，则应该用一句话加以说明，并陈述这样做的理由。制定测试策略时考虑的主要事项有：将要使用的方法及判断测试何时完成的标准。下面列出了在进行每项测试时需考虑的事项，除此之外，测试还应在安全的环境中使用已知的、受控的数据库来执行。测试类型有如下几种。

（1）数据和数据库完整性测试

数据库和数据库进程应作为<项目名称>中的子系统来进行测试。在测试这些子系统时，不应将测试对象的用户界面用作数据的接口。对于数据库管理系统（DBMS），还需要进行深入的研究，以确定可以支持测试的工具和方法。数据库测试如表1-5所示。

表1-5　数据库测试说明表

测试目标	确保数据库访问方法和进程正常运行，数据不会遭到损坏
方　　法	调用各个数据库访问方法和进程，并在其中填充有效的或无效的数据或对数据的请求 检查数据库，确保数据已按预期的方式填充，并且所有数据库事件都按正常方式出现；或者检查所返回的数据，确保为正当的理由检索到了正确的数据
完成标准	所有的数据库访问方法和进程都按照设计的方式运行，数据没有遭到损坏
需考虑的特殊事项	测试可能需要DBMS开发环境或驱动程序以便在数据库中直接输入或修改数据 进程应该以手工方式调用 应使用小型或最小的数据库（其中的记录数很有限）来使所有无法接受的事件具有更大的可见性

（2）功能测试

测试对象的功能测试应该侧重于可以被直接追踪到用例或业务功能和业务规则的所有测试需求。这些测试的目标在于核实能否正确地接受、处理和检索数据及业务规则是否正确实施。这种类型的测试基于黑盒方法，即通过图形用户界面（GUI）与应用程序交互并分析输出结果来验证应用程序及其内部进程。表 1-6 列出的是每个应用程序推荐的测试方法概要。

表 1-6　功能测试说明表

测试目标	确保测试对象的功能正常，其中包括导航、数据输入、处理和检索等
方　法	利用有效的和无效的数据来执行各个用例、用例流或功能，以核实以下内容： 在使用有效数据时得到预期的结果 在使用无效数据时显示相应的错误消息或警告消息 各业务规则都得到了正确的应用
完成标准	所计划的测试已全部执行 所发现的缺陷已全部解决
需考虑的特殊事项	确定或说明那些将对功能测试的实施和执行造成影响的事项或因素（内部的或外部的）

（3）业务周期测试

业务周期测试应模拟在一段时间内对<项目名称>执行的活动。应先确定一段时间（例如，一年），然后执行将在该时段内发生的事务和活动。这种测试包括所有的每日、每周和每月的周期，以及所有与日期相关的事件（如备忘录）。业务周期测试如表 1-7 所示。

表 1-7　业务周期测试说明表

测试目标	确保测试对象及后台进程都按照所要求的业务模型和时间表正确运行
方　法	通过执行以下活动，测试将模拟若干个业务周期： （1）将修改或增强对测试对象进行的功能测试，以增加每项功能的执行次数，从而在指定的时段内模拟若干个不同的用户 （2）将使用有效的和无效的日期或时段来执行所有与时间或日期相关的功能 （3）将在适当的时候执行或启动所有周期性出现的功能 在测试中还将使用有效的和无效的数据，以核实以下内容： （1）在使用有效数据时得到预期的结果 （2）在使用无效数据时显示相应的错误消息或警告消息 （3）各业务规则都得到了正确的应用
完成标准	（1）所计划的测试已全部执行 （2）所发现的缺陷已全部解决
需考虑的特殊事项	系统日期和事件可能需要特殊的支持活动 需要通过业务模型来确定相应的测试需求和测试过程

（4）用户界面测试

通过用户界面（UI）测试来核实用户与软件的交互。UI 测试的目标在于确保用户界面向用户提供了适当的访问和浏览测试对象功能的操作。除此之外，UI 测试还要确保 UI 功能内部的对象符合预期要求，并遵循公司或行业的标准。用户界面测试如表 1-8 所示。

表 1-8　用户界面测试说明表

测试目标	核实以下内容： 通过浏览测试对象可正确反映业务的功能和需求，这种浏览包括窗口与窗口之间、字段与字段之间的浏览，以及各种访问方法（Tab 键、鼠标移动和快捷键）的使用 窗口的对象和特征（例如，菜单、大小、位置、状态和中心）都符合标准
方　法	为每个窗口创建或修改测试，以核实各个应用程序窗口和对象都可正确地进行浏览，并处于正常的对象状态
完成标准	证实各个窗口都与基准版本保持一致，或符合可接受标准
需考虑的特殊事项	并不是所有定制或第三方对象的特征都可访问

（5）性能评价

性能评价是一种性能测试，它对响应时间、事务处理速率和其他与时间相关的需求进行评测和评估。性能评价的目标是核实性能需求是否都已满足。实施和执行性能评价的目的是将测试对象的性能当作条件（如工作量或硬件配置）的一种函数来进行评价和微调。性能测试如表 1-9 所示。

表 1-9　性能测试说明表

测试目标	核实所指定的事务或业务功能在以下情况下的性能行为： （1）正常的预期工作量 （2）预期的最繁重工作量
方　法	使用为功能或业务周期测试制定的测试过程 通过修改数据文件来增加事务数量，或通过修改脚本来增加每项事务的迭代次数。 脚本应该在一台计算机上运行（最好是以单个用户、单个事务为基准），并在多台客户机（虚拟的或实际的客户机，请参见下面的“需考虑的特殊事项”）上重复
完成标准	单个事务或单个用户：在每个事务所预期或要求的时间范围内成功地完成脚本测试，没有发生任何故障 多个事务或多个用户：在可接受的时间范围内成功地完成脚本测试，没有发生任何故障
需考虑的特殊事项	综合的性能测试还包括在服务器上添加后台工作量。 可采用多种方法来执行此操作，其中包括： 直接将“事务强行分配到”服务器上，这通常以“结构化查询语言”（SQL）调用的形式来实现 通过创建“虚拟的”用户负载来模拟许多个（通常为数百个）客户机。此负载可通过“远程终端仿真”（Remote Terminal Emulation）工具来实现。此技术还可用于在网络中加载“流量” 使用多台实际客户机（每台客户机都运行测试脚本）在系统上添加负载 性能测试应该在专用的计算机上或在专用的机时内执行，以便实现完全的控制和精确的评测 性能测试所用的数据库应该是与实际大小相同或等比例缩放的数据库

注：以下事务均指“逻辑业务事务”。这种事务被定义为将由系统的某个主角通过使用测试对象来执行的特定用例，例如，添加或修改某个合同。

（6）负载测试

负载测试是一种性能测试。在这种测试中，将使测试对象承担不同的工作量，以评测和评估测试对象在不同工作量条件下的性能行为，以及持续正常运行的能力。负载测试的目标是确定并确保系统在超出最大预期工作量的情况下仍能正常运行。此外，负载测试还要评估性能特征，例如，响应时间、事务处理速率和其他与时间相关的方面。负载测试如表 1-10 所示。

表 1-10　负载测试说明表

测试目标	核实所指定的事务或商业理由在不同的工作量条件下的性能行为时间
方　法	使用为功能或业务周期测试制定的测试 通过修改数据文件来增加事务数量，或通过修改测试来增加每项事务发生的次数
完成标准	多个事务或多个用户：在可接受的时间范围内成功地完成测试，没有发生任何故障
需考虑的特殊事项	负载测试应该在专用的计算机上或在专用的机时内执行，以便实现完全的控制和精确的评测 负载测试所用的数据库应该是与实际大小相同或等比例缩放的数据库

（7）强度测试

强度测试是一种性能测试，实施和执行此类测试的目的是找出因资源不足或资源争用而导致的错误。如果内存或磁盘空间不足，测试对象就可能会表现出一些在正常条件下并不明显的缺陷。而其他缺陷则可能是由于争用共享资源（如数据库锁或网络带宽）而造成的。强度测试还可用于确定测试对象能够处理的最大工作量。强度测试如表 1-11 所示。

注：以下提到的事务都是指逻辑业务事务。

表 1-11　强度测试说明表

测试目标	核实测试对象能够在以下强度条件下正常运行，不会出现任何错误： （1）服务器上几乎没有或根本没有可用的内存（RAM 和 DASD） （2）连接或模拟了最大实际（或实际可承受）数量的客户机 （3）多个用户对相同的数据/账户执行相同的事务 （4）最繁重的事务量或最差的事务组合（请参见上面的“性能测试”） 注：强度测试的目标还可表述为确定和记录那些使系统无法继续正常运行的情况或条件
方　法	（1）使用为性能评价或负载测试制定的测试 （2）要对有限的资源进行测试，就应该在一台计算机上运行测试，而且应该减少或限制服务器上的 RAM 和 DASD （3）对于其他强度测试，应该使用多台客户机来运行相同的测试或互补的测试，以产生最繁重的事务量或最差的事务组合
完成标准	所计划的测试已全部执行，并且在达到或超出指定的系统限制时没有出现任何软件故障，或者导致系统出现故障的条件并不在指定的条件范围之内

续表

需考虑的特殊事项	（1）如果要增加网络工作强度，可能会需要使用网络工具来给网络加载消息或信息包 （2）应该暂时减少用于系统的DASD，以限制数据库可用空间的增长 （3）使多个客户机对相同的记录或数据账户同时进行的访问达到同步

（8）容量测试

容量测试使测试对象处理大量的数据，以确定是否达到了使软件发生故障的极限。容量测试还将确定测试对象在给定时间内是否能够持续处理的最大负载或工作量。例如，如果测试对象正在为生成一份报表而处理一组数据库记录，那么容量测试就会使用一个大型的测试数据库，检验该软件是否正常运行并生成了正确的报表。容量测试如表1-12所示。

表1-12　容量测试说明表

测试目标	核实测试对象在以下大容量条件下能否正常运行： （1）连接（或模拟了）最大（实际或实际可承受）数量的客户机，所有客户机在长时间内执行相同的且情况（性能）最差的业务功能 （2）已达到最大的数据库大小（实际的或按比例缩放的），而且同时执行了多个查询或报表事务
方法	（1）使用为性能评价或负载测试制定的测试 （2）应该使用多台客户机来运行相同的测试或互补的测试，以便在长时间内产生最繁重的事务量或最差的事务组合（请参见上面的“强度测试”） （3）创建最大的数据库大小（实际的、按比例缩放的或输入了代表性数据的数据库），并使用多台客户机在长时间内同时运行查询和报表事务
完成标准	所计划的测试已全部执行，而且在达到或超出指定的系统限制时没有出现任何软件故障
需考虑的特殊事项	对于上述的大容量条件，哪个时段是可以接受的时间

（9）安全性和访问控制测试

安全性和访问控制测试侧重于安全性的两个关键方面（见表1-13）：

① 应用程序级别的安全性，包括对数据或业务功能的访问。

② 系统级别的安全性，包括对系统的登录或远程访问。

应用程序级别的安全性可确保在预期的安全性情况下，主角只能访问特定的功能或用例，或者只能访问有限的数据。例如，可能会允许所有人输入数据，创建新账户，但只有经理才能删除这些数据或账户。如果具有数据级别的安全性，测试就可确保“用户类型一”能够看到所有客户信息（包括财务数据），而“用户类型二”只能看见同一客户的统计数据。

系统级别的安全性可确保只有具备系统访问权限的用户才能访问应用程序，而且只能通过相应的网关来访问。

表 1-13　安全性和访问控制测试说明表

测试目标	（1）应用程序级别的安全性：核实主角只能访问其所属用户类型已被授权使用的那些功能或数据 （2）系统级别的安全性：核实只有具备系统和应用程序访问权限的主角才能访问系统和应用程序
方法	（1）应用程序级别的安全性：确定并列出各用户类型及其被授权使用的功能或数据 （2）为各用户类型创建测试，并通过创建各用户类型所特有的事务来核实其权限 （3）修改用户类型并为相同的用户重新运行测试。对于每种用户类型，确保正确地提供或拒绝了这些附加的功能或数据 （4）系统级别的访问：请参见下面的“需考虑的特殊事项”
完成标准	各种已知的主角类型都可访问相应的功能或数据，而且所有事务都按照预期的方式运行，并在先前的应用程序功能测试中运行了所有的事务
需考虑的特殊事项	必须与相应的网络或系统管理员一起对系统访问权进行检查和讨论。由于此测试可能是网络管理或系统管理的职能，所以可能不需要执行此测试

（10）故障转移和恢复测试

故障转移和恢复测试可确保测试对象能成功完成故障转移，并从硬件、软件或网络等方面的各种故障中进行恢复，这些故障导致数据意外丢失或破坏了数据的完整性。

故障转移测试可确保对于必须始终保持运行状态的系统来说，如果发生了故障，那么备选或备份的系统就适当地将发生故障的系统“接管”过来，而且不会丢失任何数据或事务。

恢复测试是一种相反的测试流程。其中，将应用程序或系统置于极端的条件下（或者是模仿的极端条件下），以产生故障，例如，设备输入/输出（I/O）故障或无效的数据库指针和关键字。启用恢复流程后，将监测和检查应用程序与系统，以核实应用程序或系统是正确无误的，或数据已得到了恢复，如表 1-14 所示。

表 1-14　故障转移和恢复测试说明表

测试目标	确保恢复进程（手工或自动）将数据库、应用程序和系统正确地恢复到了预期的已知状态。测试中将包括以下各种情况： （1）客户机断电 （2）服务器断电 （3）通过网络服务器产生的通信中断 （4）DASD 和/或 DASD 控制器被中断、断电或与 DASD 和/或 DASD 控制器的通信中断 （5）周期未完成（数据过滤进程被中断，数据同步进程被中断） （6）数据库指针或关键字无效 （7）数据库中的数据元素无效或遭到破坏
方法	应该使用为功能和业务周期测试创建的测试来创建一系列的事务。一旦达到预期的测试起点，就应该分别执行或模拟以下操作。 （1）客户机断电：关闭 PC 的电源 （2）服务器断电：模拟或启动服务器的断电过程 （3）通过网络服务器产生的中断：模拟或启动网络的通信中断（实际断开通信线路的连接或关闭网络服务器或路由器的电源）

续表

方　　法	（4）DASD和DASD控制器被中断、断电或与DASD和DASD控制器的通信中断：模拟与一个或多个DASD控制器或设备的通信，或实际取消这种通信 一旦实现了上述情况（或模拟情况），就应该执行其他事务。而且一旦达到第二个测试点状态，就应调用恢复过程 在测试不完整的周期时，所使用的方法与上述方法相同，只不过应异常终止或提前终止数据库进程本身 对以下情况的测试需要达到一个已知的数据库状态。当破坏若干个数据库字段、指针和关键字时，应该以手工方式在数据库中（通过数据库工具）直接进行。其他事务应该通过使用“应用程序功能测试”和“业务周期测试”中的测试来执行，并且应执行完整的周期
完成标准	在所有上述情况中，应用程序、数据库和系统应该在恢复过程完成时立即返回到一个已知的预期状态。此状态包括仅限于已知损坏的字段、指针或关键字范围内的数据损坏，以及表明进程或事务因中断而未被完成的报表
需考虑的特殊事项	（1）恢复测试会给其他操作带来许多的麻烦。断开缆线连接的方法（模拟断电或通信中断）可能并不可取或不可行。所以，可能会需要采用其他方法，例如，诊断性软件工具 （2）需要系统（或计算机操作）、数据库和网络组中的资源 （3）这些测试应该在工作时间之外或在一台独立的计算机上运行

（11）配置测试

配置测试核实测试对象在不同的软件和硬件配置中的运行情况。在大多数生产环境中，客户机工作站、网络连接和数据库服务器的具体硬件规格会有所不同。客户机工作站可能会安装不同的软件，如应用程序、驱动程序等。而且在任何时候，都可能运行许多不同的软件组合，从而占用不同的资源。配置测试如表1-15所示。

表1-15　故障转移和恢复测试说明表

测试目标	核实测试对象可在要求的硬件和软件配置中正常运行
方　　法	（1）使用功能测试脚本 （2）在测试过程中或在测试开始之前，打开各种与非测试对象相关的软件（例如，Microsoft应用程序：Excel和Word），然后将其关闭 （3）执行所选的事务，以模拟主角与测试对象软件和非测试对象软件之间的交互。重复上述步骤，尽量减少客户机工作站上的常规可用内存
完成标准	对于测试对象软件和非测试对象软件的各种组合，所有事务都成功完成，没有出现任何故障
需考虑的特殊事项	（1）需要可以使用并可以通过桌面访问哪种非测试对象软件 （2）通常使用的是哪些应用程序 （3）应用程序正在运行什么数据？例如，在Excel中打开的大型电子表格，或是在Word中打开的100页文档 （4）作为此测试的一部分，应将整个系统、Netware、网络服务器、数据库等都记录下来

（12）安装测试

安装测试有两个目的。第一个目的是确保该软件能够在所有可能的配置下进行安装，例如，进行首次安装、升级、完整的或自定义的安装，以及在正常和异常情况下安装。异常情况包括磁盘空间不足、缺少目录创建权限等。第二个目的是核实软件在安装后可立即正常运行。这通常是指运行大量为功能测试制定的测试。安装测试说明如表 1-16 所示。

表 1-16　安装测试说明表

测 试 目 标	核实在以下情况，测试对象可正确地安装到各种所需的硬件配置中： （1）首次安装。以前从未安装过<项目名称>的新计算机 （2）以前安装过相同版本的<项目名称>的计算机 （3）以前安装过较早版本的<项目名称>的计算机
方　　法	（1）手工开发脚本或开发自动脚本，以验证目标计算机的状况——新<项目名称>从未安装过；已安装<项目名称>相同或较早版本 （2）启动或执行安装 （3）使用预先确定的功能测试脚本子集来运行事务
完 成 标 准	<项目名称>事务成功执行，没有出现任何故障
需考虑的特殊事项	应该选择<项目名称>的哪些事务才能准确地测试出<项目名称>应用程序已经成功安装，而且没有遗漏主要的软件构件

五、工具

此项目将使用如表 1-17 所示的工具。

注：可以视情况删除或添加项目。

表 1-17　使用工具说明表

	工　　具	厂商/自行研制	版　　本
测试管理			
缺陷跟踪			
用于功能性测试的 LR11 工具			
用于性能测试的 ASQ 工具			
测试覆盖监测器或评价器			
项目管理			
DBMS 工具			

六、资源

本部分列出推荐<项目名称>项目使用的资源及其主要职责、知识或技能。

（1）人力资源

表 1-18 列出了在此项目在人员配备方面所做的各种假定。

注：可视情况删除或添加项目。

表 1-18　人力资源说明表

人 力 资 源		
角　　色	推荐的最少资源（所分配的专职角色数量）	具体职责或注释
测试组长		负责拟订软件项目的测试计划和方案，提供测试技术指导，组织测试资源，安排测试计划实施，提交测试分析报告，总结整个测试活动
测试设计员		参与制订测试计划，生成测试模型，在面向对象的设计系统中确定并定义测试类的操作、属性和关联关系，确定测试用例，指导测试实施，参与测试评估和测试分析报告的编写
测试员		执行实施测试，填写测试记录，记录结果和缺陷

（2）系统资源

表 1-19 列出了测试项目所需的系统资源。

此时并不完全了解测试系统的具体元素。建议让系统模拟生产环境，并在适当的情况下减小访问量和数据库大小。

注：可以视情况删除或添加项目。

表 1-19　系统资源说明表

系 统 资 源	
资　　源	名称/类型
数据库服务器	
网络或子网	
服务器名	
数据库名	
客户端测试 PC	
包括特殊的配置需求	
测试存储库	
网络或子网	
服务器名	
测试开发 PC	

七、测试进度和里程碑

（1）项目测试进度

以下测试工作任务的起止时间为：

① 制订测试计划

- 确定测试需求
- 评估风险

- 制定测试策略

- 确定测试资源
- 创建时间表
- 生成测试计划

② 设计测试

- 准备测试计划说明书
- 确定并说明测试用例
- 复审和评估测试覆盖

③ 实施测试

- 单元测试阶段
- 集成测试阶段
- 系统测试阶段
- 提交测试分析报告

④ 测试活动总结

（2）测试里程碑

对<项目名称>的测试应包括上面各节所述的各项测试的测试活动。应该为这些测试活动确定单独的项目里程碑，如表 1-20 所示，以通知项目的状态和成果。

表 1-20　测试里程碑说明表

里程碑任务	工　作　量	开 始 日 期	结 束 日 期
制订测试计划			
设计测试			
实施测试			
评估测试			

八、可交付工件

这部分内容列出了将要创建的各种文档、工具和报告及其创建人员、交付对象和交付时间。例如，测试计划说明书、测试用例或测试脚本、开发的测试工具、测试日志、缺陷报告、测试分析报告、测试总结等。

（1）概述

① 测试目的

提供一个对项目软件进行测试的总体安排和进度计划，确定现有项目的信息和应测试的软件标明推荐的测试需求（高层次）和可采用的测试策略，并对这些策略加以说明确定所需的资源，并对测试的工作量进行估计，列出测试项目的可交付元素。

② 测试范围

描述测试的各个阶段，例如，单元测试、集成测试或系统测试，并说明本计划所针对的测试类型（如功能测试或性能测试）。简要地列出测试对象中将接受测试或将不接受测试的那些特性和功能。

如果在编写此文档的过程中做出的某些假设可能会影响测试设计、开发或实施，则列出所有这些假设。列出可能会影响测试设计、开发或实施的所有风险或意外事件。列出可能会影响测试设计、开发或实施的所有约束。

③ 限制条件

a. 设备所用到的设备类型、数量和预定使用时间。

b. 软件列出将被用来支持本项测试过程而本身又并不是被测软件的组成部分的软件，如测试驱动程序、测试监控程序、仿真程序、桩模块等。

c. 列出在测试工作期间预期可由用户和开发任务组提供的工作人员的人数。技术水平及有关的预备知识，包括一些特殊要求，如倒班操作和数据输入人员。

④ 参考文档

列出制作此测试计划所依据的文档，例如，需求规约、设计规约、概要或详细设计、业务流程、数据流程等。另外，还应列出要用到的参考资料。

（2）测试摘要

① 测试目标

② 资源和工具

a. 资源

项目使用的资源及其主要职责、知识或技能。

b. 工具

列出测试所使用的测试工具或自主开发的测试软件，说明运用这些工具或开发软件测试对象的何种特性。

③ 送测要求

④ 测试种类

（3）测试风险

（4）暂停标准和再启动要求

（5）测试任务和进度

列出要测试中的每一项测试内容，例如，模块功能测试、接口正确性测试、数据文件存取的测试、运行时间的测试、设计约束和极限的测试等。

并针对每项测试内容给出测试条件，如所用到的设备、数量和预定使用时间。

给出对这项测试的进度安排，包括进行测试的日期和工作内容（如熟悉环境、培训、准备输入数据等）。

（6）测试提交物

① 测试计划

② 测试用例

③ 缺陷记录

④ 测试总结

权限管理系统说明

工作任务 1.2　项目任务说明

1.2.1　项目环境部署

项目说明

本节以工作过程系统化为设计理念，企业人员参与本书的设计，按照企业真实的测试流程设计各章节内容，将真实项目“权限管理系统”的测试活动贯穿始终，使学生能够更好地掌握测试流程，可以达到企业测试岗位技能的要求。项目发布过程如下（注：详细完整发布过程请参见《软件测试项目实训》）。

（1）打开 VirtualBox-6.1.18-142142-Win.exe 安装包，如图 1-8 所示。

VirtualBox-6.1.18-142142-Win.exe　　2021/5/25 8:34　　应用程序　　105,721 KB

图 1-8　JDK 许可证协议

简易部署所需软件

（2）在打开的界面中，单击“下一步”按钮，如图 1-9 所示。

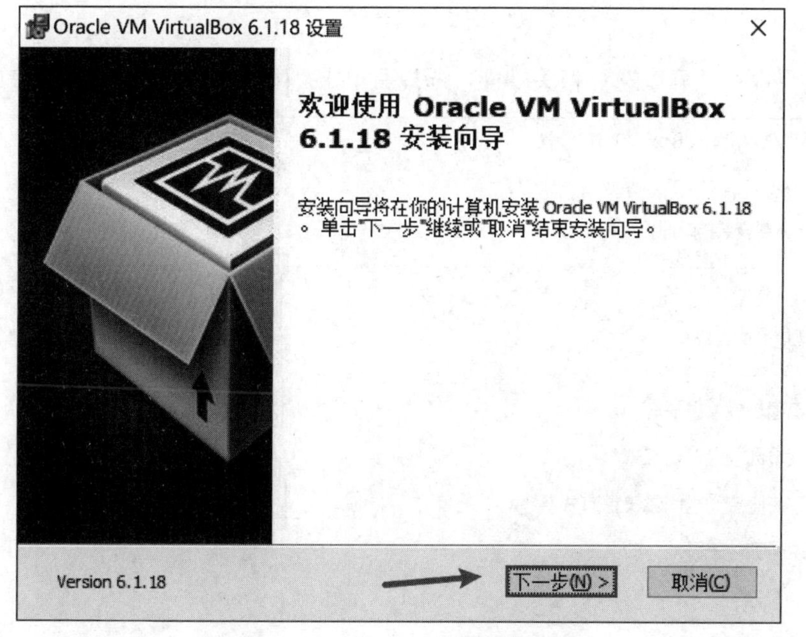

图 1-9　安装欢迎界面

（3）在打开的界面中选择安装目录，保持默认即可，也可根据自身情况选择，然后单击“下一步”按钮，如图 1-10 所示。

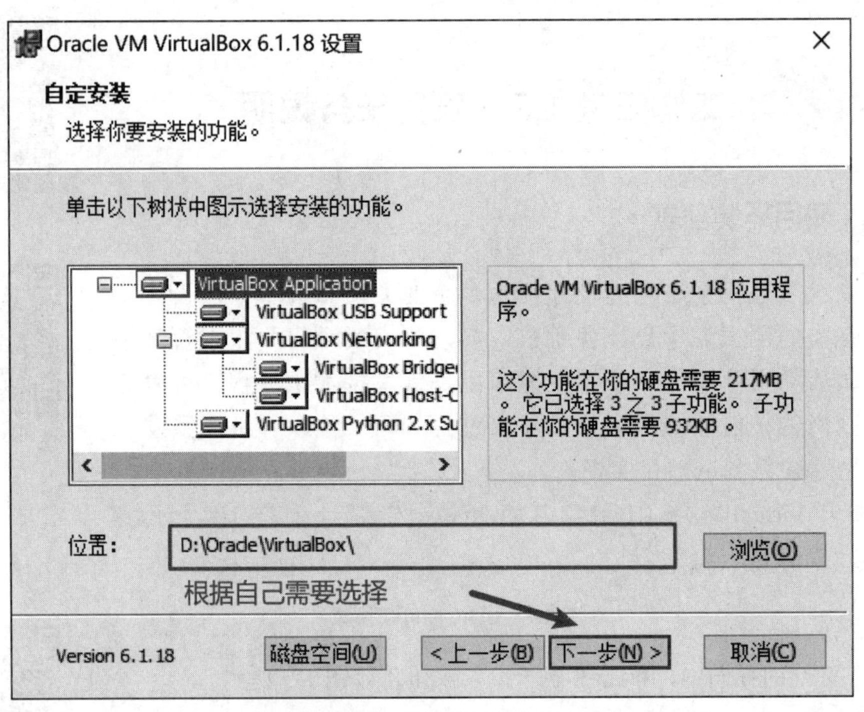

图 1-10　安装设置界面

（4）在打开的界面中，可以选择相关功能，选择后单击“下一步”按钮，如图 1-11 所示。

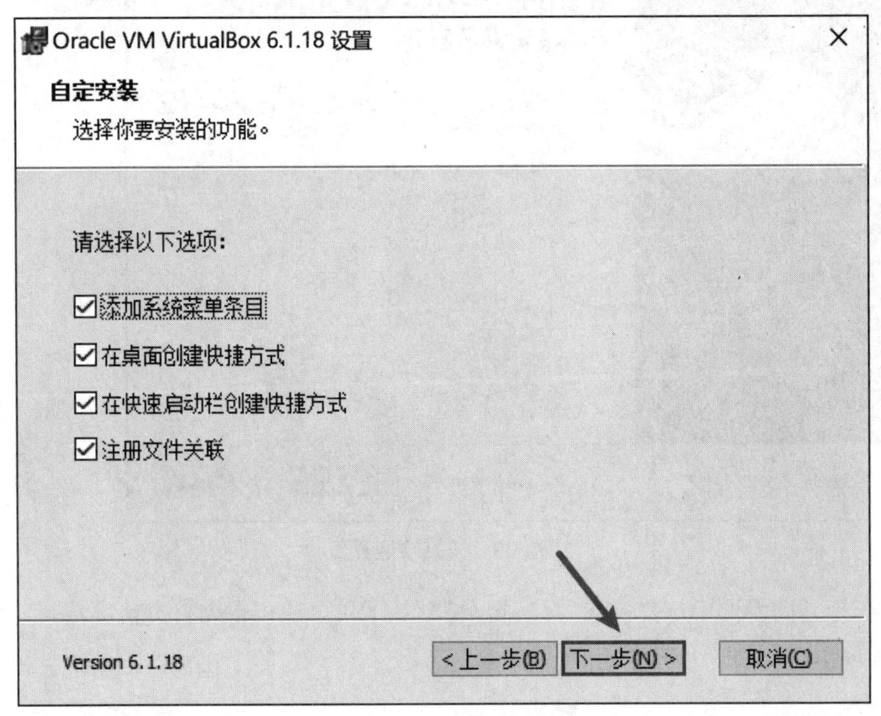

图 1-11　选择安装功能界面

（5）在打开的界面中，单击“是”按钮，如图 1-12 所示。

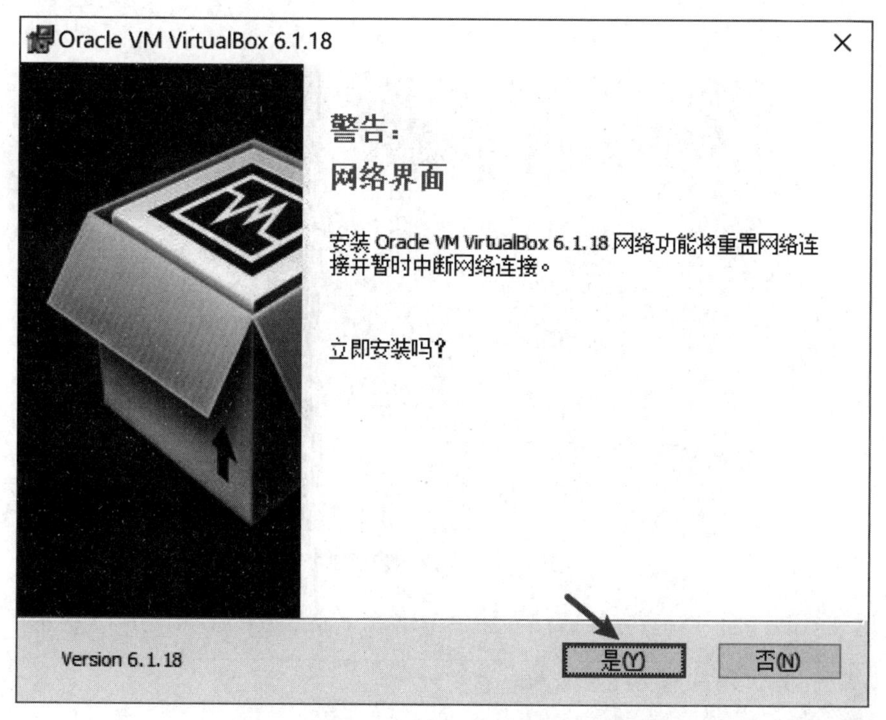

图 1-12　是否安装界面

（6）在打开的界面中单击“安装”按钮，如图 1-13 所示。

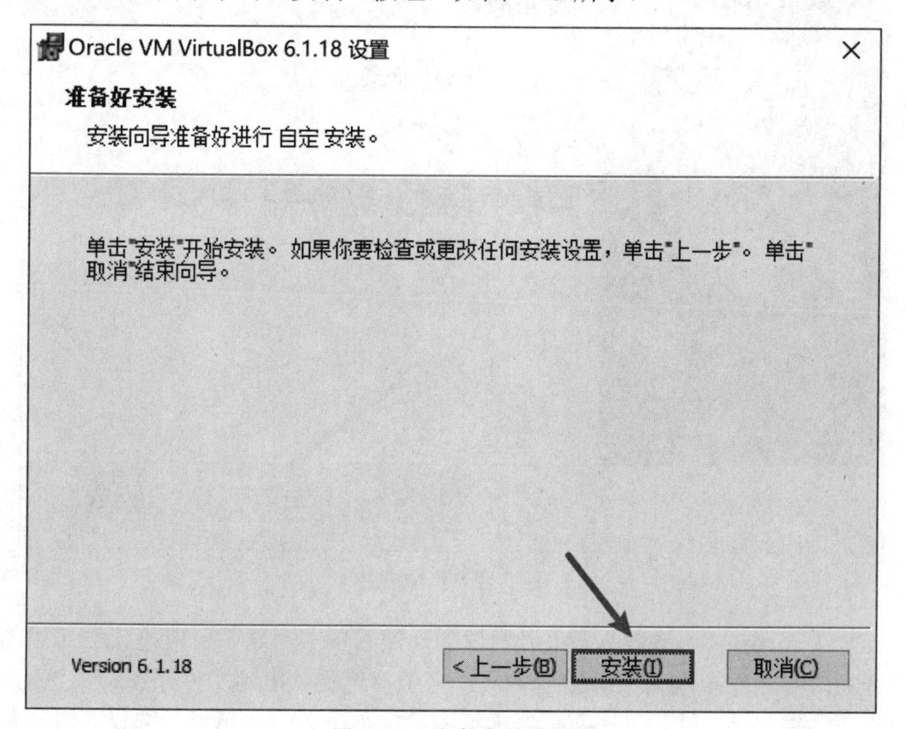

图 1-13　准备安装界面

（7）系统会询问“你要允许此应用对你的设备进行更改吗？”，这里单击“是”按钮，如图 1-14 所示。

图 1-14　用户账户控制

（8）返回安装界面，安装完成后在界面中单击“完成”按钮，如图 1-15 所示。

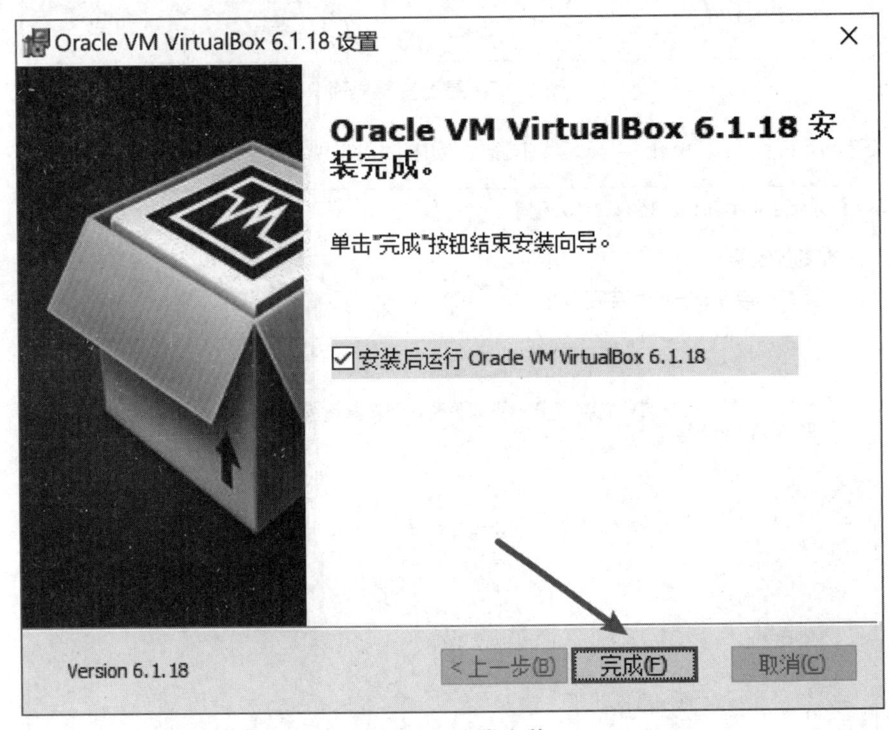

图 1-15　完成安装

（9）打开 VirtualBox，单击左上角“管理”，然后单击“导入虚拟电脑”，如图 1-16 所示。在打开的“导入虚拟电脑”对话框中，“来源”选择“本地文件系统”，然后单击“文件”右侧的文件夹图标，打开“选择一个虚拟电脑文件导入”对话框，选择“Centos7.ova”，单击“打开”按钮，如图 1-17 所示。返回“导入虚拟电脑”对话框，单击“下一步”按钮，如图 1-18 所示。在打开的界面中设置好默认虚拟电脑位置、MAC 地址设定、其他选项等，单击“导入”按钮，如图 1-19 所示。

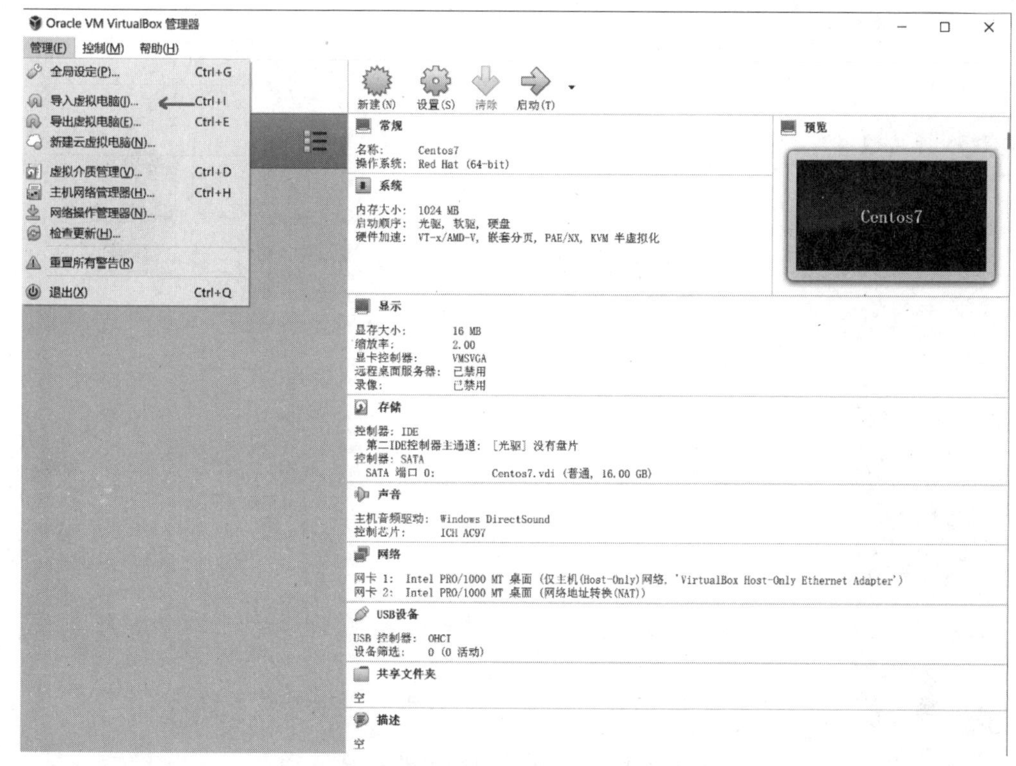

图 1-16　导入虚拟电脑界面-“管理”菜单

图 1-17　导入 Centos7.ova

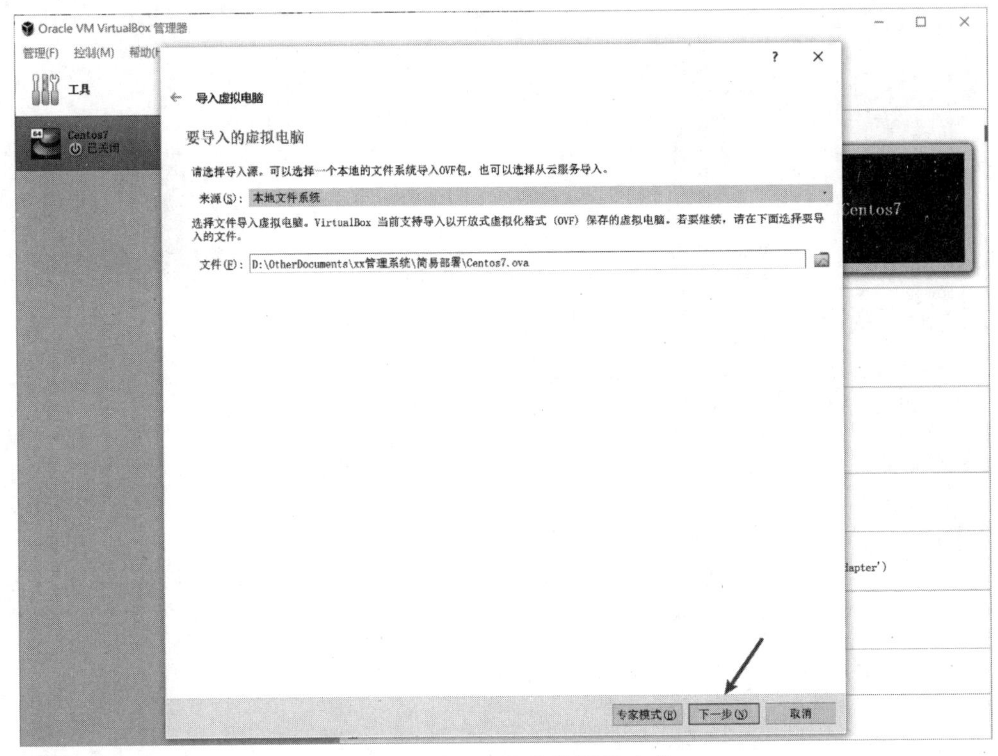

图 1-18　导入虚拟电脑界面-文件

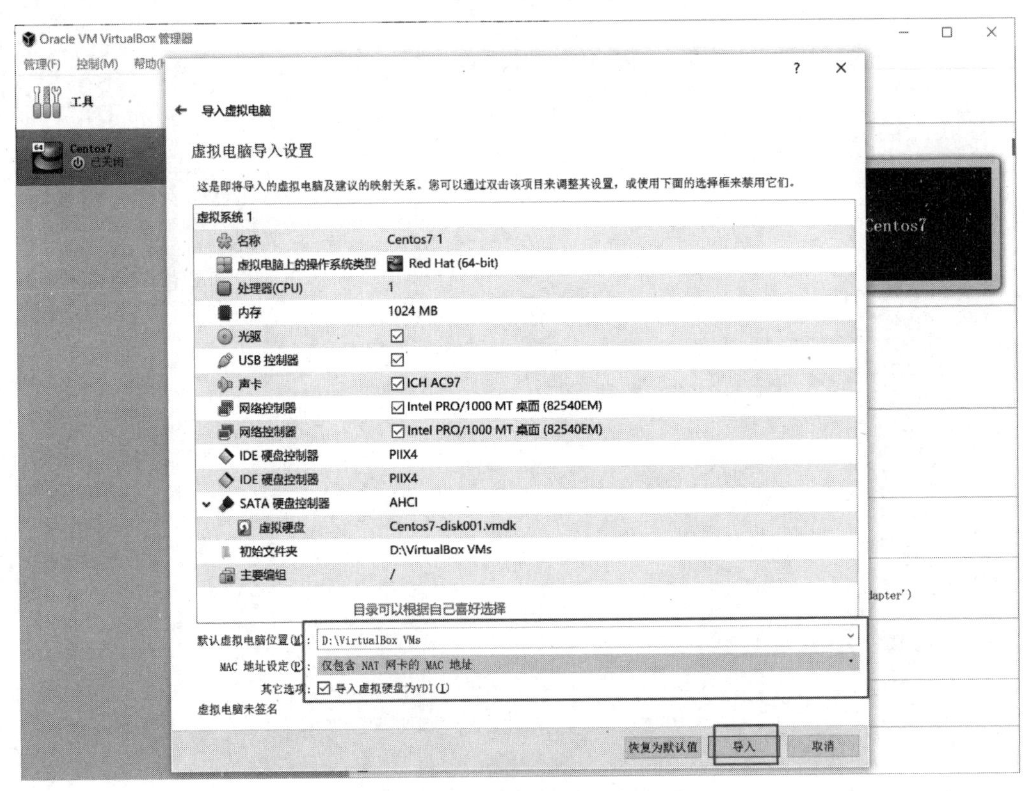

图 1-19　导入虚拟电脑界面-位置

（10）导入虚拟电脑界面，如图 1-20 所示。

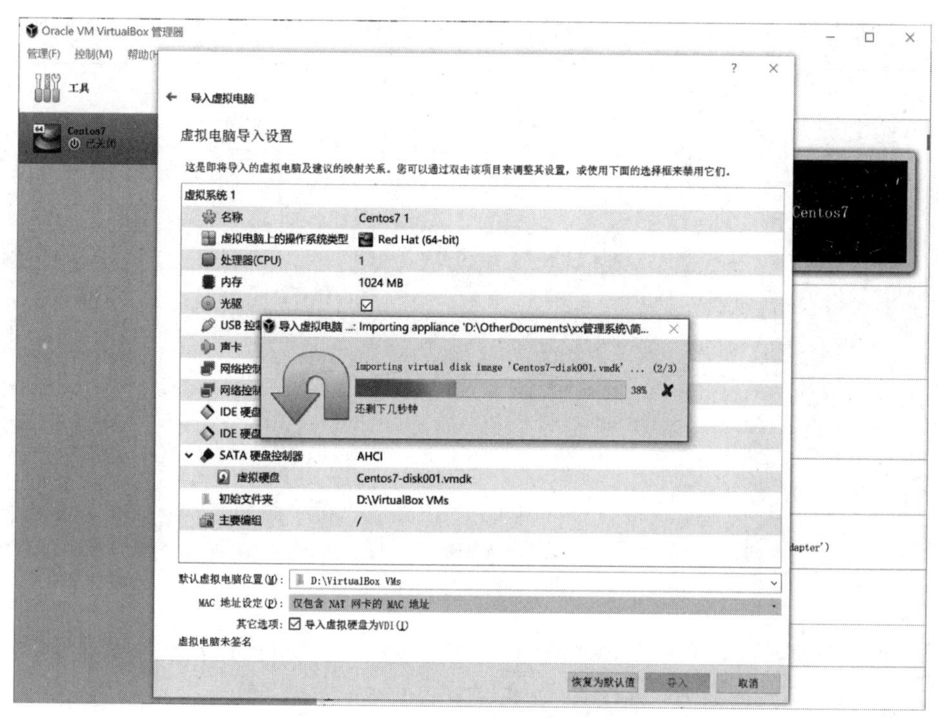

图 1-20　导入虚拟电脑界面

（11）导入成功后，单击“启动”按钮，进入 Centos7 系统，如图 1-21 所示。

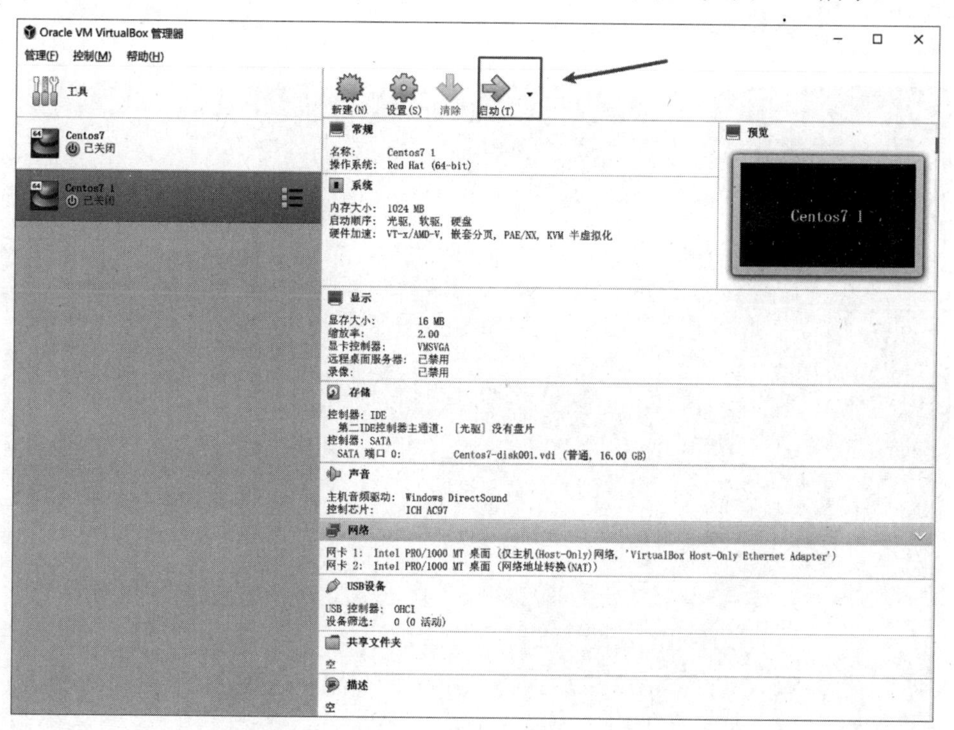

图 1-21　“启动”按钮

（12）在打开的界面中选择第一个，进入 Centos7 系统（注意：当进入虚拟机后，鼠标指针会被锁定在虚拟机内，需要按下右边的 Ctrl 键，才能释放鼠标指针到原桌面），如图 1-22 所示。

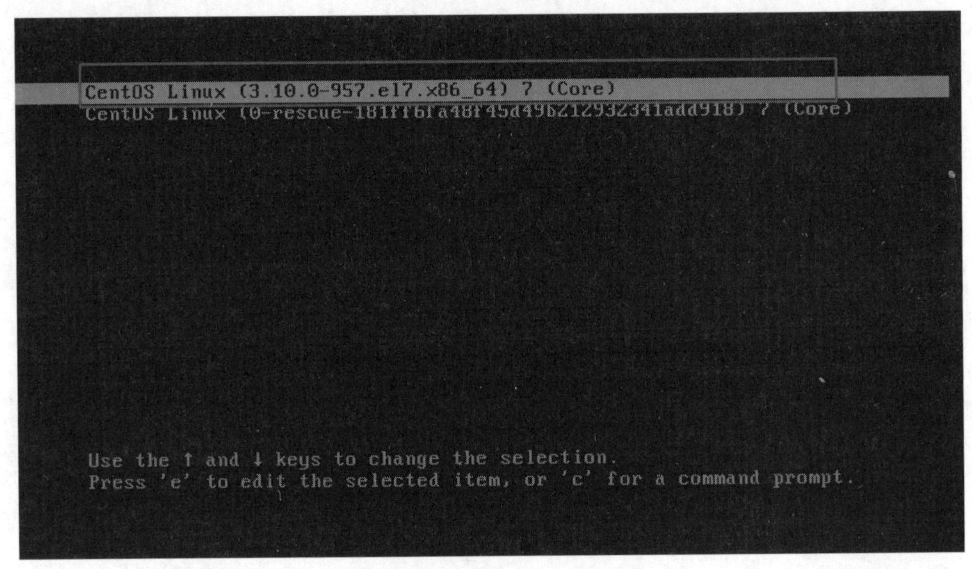

图 1-22　进入 Centos7 系统

（13）如图 1-23 所示，先输入 root 的用户名和密码（bogon login：root Password：cvit2021）

启动 MySQL 数据库服务：service mysql start

启动 Tomcat 服务器: /usr/local/tomcat/bin/startup.sh

其他命令：

poweroff 关机

reboot 重启

```
CentOS Linux 7 (Core)
Kernel 3.10.0-957.el7.x86_64 on an x86_64
     root账号
bogon login: root
Password: 密码：cvit2021 密码不明文显示
Last login: Sat Jun 26 12:31:14 on tty1
[root@bogon ~]# service mysql start 启动mysql数据库服务
Starting MySQL.. SUCCESS!
[root@bogon ~]# /usr/local/tomcat/bin/startup.sh 启动tomcat服务器
Using CATALINA_BASE:   /usr/local/tomcat
Using CATALINA_HOME:   /usr/local/tomcat
Using CATALINA_TMPDIR: /usr/local/tomcat/temp
Using JRE_HOME:        /usr/local/java/jdk1.8.0_271/jre
Using CLASSPATH:       /usr/local/tomcat/bin/bootstrap.jar:/usr/local/tomcat/bin/tomcat-juli.jar
Using CATALINA_OPTS:
Tomcat started.
[root@bogon ~]# _

按键盘右侧的Ctrl键可以释放鼠标指针回原桌面，
否则鼠标指针将被锁在Centos7系统中。

其他命令：
    poweroff  # 关机
    reboot # 重启
```

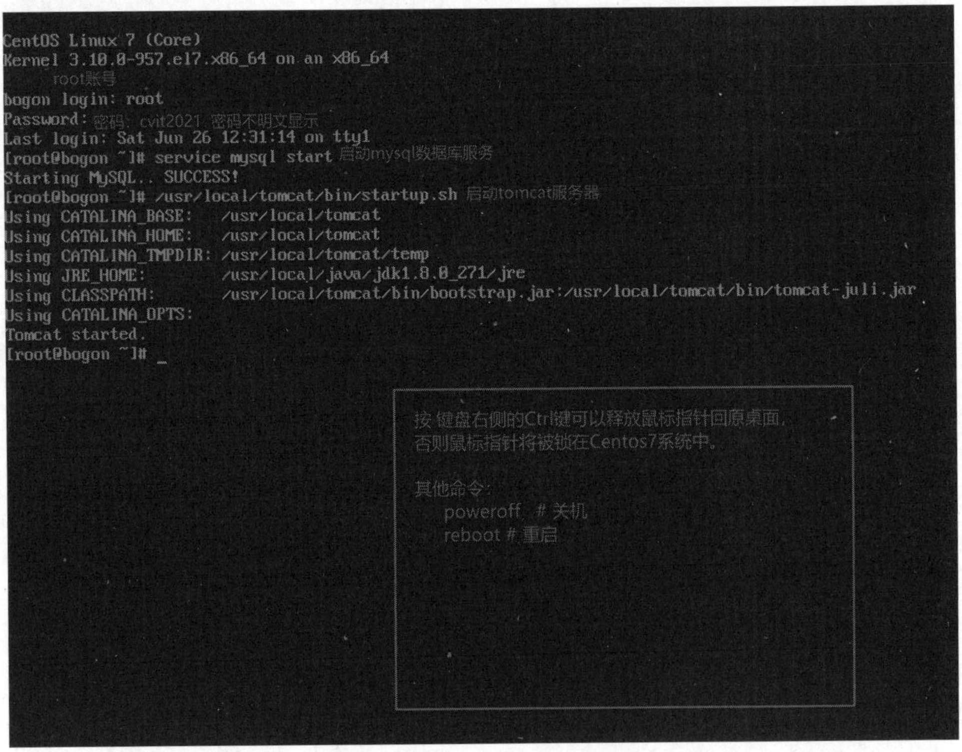

图 1-23　进入 Centos7 系统

1.2.2　工作过程

一、确定测试计划

根据用户需求报告中关于功能要求和性能指标的规格说明书，定义相应的测试需求报告，即制定黑盒测试的最高标准，以后所有的测试工作都将围绕着测试需求来进行，符合测试需求的应用程序即是合格的，反之即是不合格的；同时，还要适当选择测试内容，合理安排测试人员、测试时间及测试资源等。测试计划描述所要完成的测试，是指导测试的纲领性文件，根据不同公司对项目的不同要求，测试计划的内容不尽相同，但是主要内容大同小异。

二、设计测试用例

测试用例（Test Case，TC），指的是在测试执行之前设计的一套详细的测试方案，包括测试环境、测试步骤、测试数据和预期结果，即测试用例=输入+输出+测试环境。其中，“输入”包括测试数据和测试步骤，“输出”指的是期望结果，而“测试环境”指的就是系统环境设置。

三、测试执行

测试执行是测试计划贯彻实施的保证，是测试用例实现的必然过程，严格地测试执行使测试工作不会半途而废。测试执行前，应做好如下准备工作。

1. 测试环境的搭建

测试用例执行过程中，搭建测试环境是第一步。一般来说，软件产品提交测试后，开发人员应该提交一份产品安装指导书，在指导书中详细指明软件产品运行的软/硬件环境，比如要求操作系统是 Windows 10 版本，数据库是 SQL Server 2008 等。此外，应该给出被测试软件产品的详细安装指导书，包括安装的操作步骤、相关配置文件的配置方法等。

2. 测试任务的安排

不仅包括指定哪些人参加测试活动，谁负责功能测试、性能测试、界面测试，谁负责测试环境的维护，还包括人员的培训、知识的传递等。

3. 测试用例执行

测试执行过程中，当测试的实际输出结果与测试用例中的预期输出结果一致时，是否可以认为测试用例执行成功了？答案是否定的，即使实际测试结果与测试的预期结果一致，也要查看软件产品的操作日志、系统运行日志和系统资源使用情况，来判断测试用例是否执行成功了。全方位观察软件产品的输出可以发现很多隐蔽的问题。测试执行过程中，应该注意及时更新测试用例，往往在测试执行过程中，我们才发现遗漏了一些测试用例，这时应该及时补充；往往也会发现有些测试用例在具体的执行过程中根本无法操作，这时应该删除这部分用例；也会发现若干个冗余的测试用例完全可以由某一个测试用例替代，那么应删除冗余的测试用例。

4. 缺陷报告

缺陷报告单中最关键的几个部分：第一部分是发现缺陷的环境，包括软件环境、硬件环境等；第二部分是缺陷的基本描述；第三部分是开发人员对缺陷的解决方法。通过对上述缺陷报告单的三个部分进行仔细分析，从中掌握了软件产品最常见的基本问题，并吸收了其他软件测试人员的工作经验。

5. 测试总结

软件测试执行结束后，测试活动还没有结束。测试结果分析是必不可少的重要环节，“编筐编篓，全在收口”，对测试结果的分析对下一轮测试工作的开展有重要的借鉴意义。前面的“测试准备工作”中，建议测试人员阅读缺陷跟踪库，查阅其他测试人员发现的软件缺陷。测试结束后，也应该分析自己发现的软件缺陷，对发现的缺陷分类，你会发现自己提交的问题只有固定的几个类别；然后，再把一起完成测试执行工作的其他测试人员发现的问题也汇总起来，你会发现，你所提交问题的类别与他们有差异。这很正常，人的思维是有局限性的，在测试的过程中，每个测试人员都有自己思考问题的盲区和测试执行的盲区，有效的自我分析和分析其他测试人员，你会发现自己的盲区。有针对性地分析盲区，必定会在下一轮测试中避免盲区。

工作任务1.3　测试计划

1.3.1　权限管理系统的测试计划（简易版）

一、工作任务描述

掌握测试计划的编写规范，测试计划的内容、格式、规则，初步设计测试计划。详细完整版参照《软件测试项目实训》

二、工作过程

权限管理系统的测试计划（见表1-21）。

表1-21　权限管理系统测试计划

日　期	版　本	说　明	作　者
2021-4-24	第一版	产品发布前，依据产品需求说明书制订本计划	于艳华

目　录

2.1　测试目标
2.2　资源和工具
2.2.1　资源
2.2.2　工具
2.3　送测要求
2.4　测试种类
三、测试风险
四、暂停标准和再启动要求
五、测试任务和进度
六、测试提交物

一、概述

1.1　测试目的

为了真实地模拟企业测试过程，我们将以“权限管理系统”为测试对象，展开系统测试。在测试前期，依据产品需求说明书设计测试用例。在产品开发结束后，适当地调整测试计划和测试用例，带领同学们执行测试用例，完成系统测试任务。

1.2　测试范围

本测试计划是针对《权限管理系统》和《程序测试规范》中规定的内容来制定的，包括系统管理员和角色管理员。

（1）系统管理员：登录页面、首页、行政区域、订单管理、通过字典、系统日志。

（2）角色管理员：登录页面、首页、机构管理、角色管理、用户管理。

1.3　限制条件

本次测试计划受限于产品开发人员提交测试的内容和提交时间。根据开发人员提交模块的实际情况，本计划会做出相应修改。

1.4　参考文档（见表 1-22）

表 1-22　参考文档

序　号	名　称	作　者	备　注
1	《程序测试规范》		
2	《权限管理系统》		

二、测试摘要

2.1　测试目标

通过测试，达到以下目标：

➢ 测试已实现的产品是否达到设计的要求，包括各个功能点是否已实现，业务流程是否正确。

➢ 产品是否运行稳定，系统性能是否在可接受范围。

➢ Bug 数和缺陷率是否控制在可接受的范围之内，产品能否发布。

2.2　资源和工具

2.2.1　资源

➢ 测试服务器硬件配置：

● 软件配置

● IP 地址

➢ 人员：测试审核人 3 名，测试实施人员 30 名。

2.2.2　工具

➢ 缺陷管理工具：Mantis

➢ 链接检测工具：Xenu

➢ 自动化性能测试工具：LoadRunner

2.3　送测要求

提交的测试产品要求如表 1-23 所列。

表 1-23　测试产品要求说明

步　骤	动　作	负 责 人	相关文档或记录	要　求
1	打包、编译	开发人员	无	确认可测试
2	审核并提交测试	产品经理	审核报告	产品经理审核并签字
3	接收测试	测试负责人	接收任务单	确认产品有无重大缺陷，是否可以继续测试
4	执行测试	测试负责人	Bug 记录、测试总结报告	对产品质量做出评价

2.4　测试种类

计划完成以下类型测试：

➢ 功能测试

➢ 界面测试

➢ 链接测试

➢ 兼容性测试

➢ 性能测试

三、测试风险

本次测试过程，受以下条件制约：

➢ Bug 的修复情况

➢ 模块功能的实现情况

➢ 系统整体功能的实现情况

➢ 代码编写的质量

➢ 人员经验及对软件的熟悉度

➢ 人员调整导致研发周期延迟

➢ 测试时间的缩短导致某些测试计划无法执行

四、暂停标准和再启动要求

➢ 冒烟测试，发现一级错误（大于或等于 1）、二级错误（大于或等于 2）暂停测试返回开发。

➢ 软件项目需暂停以进行调整时，测试应随之暂停，并备份暂停点数据。

➢ 软件项目在其开发生命周期内出现重大估算，进度偏差，需暂停或终止时，测试应随之暂停或终止，并备份暂停或终止点数据。

➢ 如有新的项目需求，则在原测试计划下做相应的调整。

➢ 若开发暂停，则相应测试也暂停，并备份暂停点数据。
➢ 若项目中止，则对已完成的测试工作做测试活动总结。
➢ 项目再启动时，测试进度重新安排或顺延。

五、测试任务和进度（见表 1-24）

表 1-24　测试任务及人员分配表

测试阶段	测试任务	工作量估计	人员分配	起止时间
第一阶段	功能测试	2 日	每名教师带领 10 人	
第二阶段	界面测试	1 日	1 名教师带领全部学生	
第三阶段	链接测试	1 日	1 名教师带领全部学生	
第四阶段	兼容性测试	1 日	每名教师带领 10 人	
第五阶段	性能测试	2 日	每名教师带领 10 人	
第六阶段	测试总结	1 日	测试负责人	

六、测试提交物

本次测试需要提交：
➢ 测试计划
➢ 测试用例
➢ 缺陷记录
➢ 测试总结

编 制 人：于 艳 华
编制日期：2021-6-28

第 2 章　测试用例

本章介绍“权限管理系统”的测试用例的设计与编写。测试用例设计的目的是为每一个测试需求确定测试用例集（Test Case Suite）。

本章重点

测试用例概述

- 测试用例编写规范。
- 测试用例设计方法。

测试用例是为有效发现软件缺陷而编写的包含测试目的、测试步骤、期望测试结果的特定集合，是测试的基础。设计测试用例是在了解软件业务流程的基础上进行的。设计测试用例的原则是受最小的影响提供最多的测试信息，设计测试用例的目标是一次尽可能地包含多个测试要素。这些测试用例必须是测试工具可以实现的，不同的测试场景将测试不同的功能。

软件的功能和结构越来越复杂，就按最基本的功能测试来说，光靠人脑计算来测试功能或功能点是不符合实际的也是不可能完成的任务，这样你的测试就没有逻辑性，是盲目的。测试用例就是帮助你非常系统地完成测试，并且能帮助你很容易地重现缺陷。编写用例是个很烦琐的工作，包括后面章节中介绍的执行测试也一样，因此耐心是很重要的。

工作任务 2.1　知识储备

2.1.1　黑盒测试

一、什么是测试用例

测试用例（Test Case）是按一定的顺序执行的并与测试目标相关的测试活动的描述，它确定“怎样”测试。测试用例是有效发现软件缺陷的最小测试执行单元，是软件的测试规格说明书。目前也没有测试用例这个词汇的经典定义，常见的说法是：它是指对一项特定的软件产品进行测试任务的描述，体现测试方案、方法、技术和策略，内容包括测试目标、测试环境、输入数据、测试步骤、预期结果、测试脚本等，并形成文档。

在测试工作中，测试用例的设计是非常重要的，是测试执行的正确性、有效性的基础。如何有效地设计测试用例一直是测试人员所关注的问题，设计好的测试用例是保证测试工作的最关键的因素之一。

如果问测试工程师测试用例如何编写，就像是问程序员如何编写代码，得到的答案是一样的，每个人都会给出不同的编写方法，但实用的测试用例却像优秀的程序一样难以编写。目前在国内，测试工程师时常要面对“已经延期几倍计划时间的项目”，测试用例如何发挥更大的作用，是一个迫切需要解决的问题。事实上，完全可以把测试用例看成是测试工程师编写的程序：这个“程序”是为了辅助测试工作的进行而开发的，目的是发现软件的问题，同时“顺便”证明软件功能是否符合要求。

测试用例主要用在集成测试、系统测试及回归测试中。测试人员按照已规定好的测试用例实施测试，而不得做随意的变动。因为测试用例是分测试等级的，集成测试应测试哪些用例，系统测试应包含哪些用例，以及回归测试又该实施什么样的测试用例，在设计测试用例时都是由专门人员明确规定并形成文档的。在实施测试时测试用例作为测试的标准，测试人员一定要按照测试用例严格按用例项目和测试步骤逐一实施测试，并且要把测试结果详细记录下来，以便形成测试结果文档，在下一轮测试时作为参考之用。

在本书给出的测试用例中，测试数据是给定的，但是有时候在实践当中，测试数据与测试用例是分离的，根据测试用例设计，需要准备大量原始数据及标准测试期望的结果，这些数据包括各种情况下的输入数据，尤其是必须设计出大量的边缘数据和错误数据，这些设计用例的方法在后续内容中会有详细介绍。

当测试实施完成后，对测试结果的评估是非常重要的。要判断软件测试是否完成，衡量测试质量需要一些量化的结果（测试覆盖率多少、测试合格率多少、重要测试合格率多少……），这样把测试用例及实施结果作为度量标准使测试更加准确有效。通过实施测试用例，将系统缺陷（Bug）尽量收集全面，把测试用例和缺陷数据进行对比，分析是漏测还是缺陷复现，最终使系统逐步完善软件质量。

当然，测试用例本身在形成文档后也是在不断修改更新与完善的，原因有三个：第一，在测试过程中发现设计测试用例时考虑不周，需要完善；第二，在软件交付使用后用户反馈软件缺陷，而缺陷又是因测试用例存在漏洞造成的；第三，软件自身的新增功能及软件版本的更新，测试用例也必须配套修改更新。一些小的修改直接在原测试用例文档里更正就可以了，但是文档中要有此次更正的记录。软件的版本是会升级更新的，测试用例也一样，随着软件的升级而编制新的版本。

1. 测试用例的形成可以分为简单的 7 个步骤

（1）理清模块需求。

（2）提出测试需求。

（3）设计测试思路。

（4）测试用例编写。

（5）测试用例评审。

（6）执行用例。

（7）用例效率计算。

2. 测试用例编写模板

编写测试用例文档应有文档模板，须符合内部的规范要求。测试用例文档将受制于测试用例管理软件的约束。为了使测试执行人员更好地执行测试，提高测试效率，最终提高公司整个产品的质量。统一测试用例编写的规范，为测试设计人员提供测试用例编写的指导，提高编写的测试用例的可读性、可执行性、合理性。

软件产品或软件开发项目的测试用例一般以该产品的软件模块或子系统为单位，形成一个测试用例文档，但并不是绝对的。

测试用例文档由简介和测试用例两部分组成。简介部分编制了测试目的、测试范围、定义术语、参考文档、概述等。测试用例部分逐一列示各测试用例。每个具体测试用例都将包括下列详细信息：用例编号、用例名称、测试等级、入口准则、验证步骤、期望结果（含判断标准）、出口准则、注释等。以上内容涵盖了测试用例的基本元素：测试索引、测试环境、测试输入、测试操作、预期结果、评价标准。

在实际应用中，很多称之为模板与规范的东西并不一定严格定义，而应该根据具体情况运用适合的模板与规范，这样在实践中才能灵活运用，而不流于形式和教条化。表 2-1 是测试用例的一种写法。

表 2-1　测试用例设计模板之一

测试用例 ID	测试用例的 ID（由案例管理系统自动生成，方便跟踪管理）		
测试用例名称			
产品名称		产品版本	
功能模块名		测试平台	
用例入库者		用例更新者	
用例入库时间		用例更新时间	
测试功能点	测试的功能检查点		
测试目的	该测试案例的测试目的		
测试级别	测试级别：主路径测试、烟雾测试、基本功能测试、详细功能测试		
测试类型	测试类型：功能测试、边界测试、异常测试、性能测试、压力测试、兼容测试、安全测试、恢复测试、安装测试、界面测试、启动/停止测试、文档测试、配置测试、可靠性测试、易用性测试、多语言测试		
预置条件	对测试的特殊条件或配置进行说明		
测试步骤	详细描述测试过程，案例的操作步骤建议少于 15 个		
预期结果	预期的测试结果		

在本书所写的测试用例设计与表 2-1 所示模板有所不同，当然也只是在实际使用过程中对它进行了一些删减与变化。下面再给出几种测试用例设计模板，如表 2-2 和表 2-3 所示，读者可以根据需要取舍。

表 2-2　测试用例设计模板之二

用 例 编 号	
测试优先级	
用例摘要	
测试类型	
用例类型	
用例设计者	
设计日期	

续表

对应需求编号	
对应 UI	
对应 UC	
版本号	
对应开发人员	
前置条件	
测试方法	
输入数据	
执行步骤	（需详细写出执行步骤）
预期输出	
实际结果	
测试日期	
结论	

表 2-3　测试用例设计模板之三

测试用例				测试记录	
用例编号	测试目的/对应需求	输入\预置条件	预期输出	操作过程	结果
					功能正确
					功能不正确

二、黑盒测试中设计测试用例的基本方法

白盒测试和黑盒测试是软件测试中的两大方法，有时也将兼具两者特点的方法叫作灰盒测试。但传统的软件测试活动基本上都可以划到这两类方法当中。

黑盒测试注重于测试软件的功能性需求，也就是说黑盒测试要求软件工程师列出程序所有功能需求的输入条件。黑盒测试并不是白盒测试的替代品，而是用于辅助白盒测试发现其他类型的错误。黑盒测试主要用于测试的后期，一般由专门的测试人员来做。

本课程主要学习黑盒测试，培养专门的测试人员。黑盒测试主要用来发现下面这些类型的错误：

- 功能错误或遗漏。
- 界面错误。

- 数据结构或外部数据库访问错误。
- 性能错误。
- 初始化和终止错误。

测试用例可以分为基本事件、备选事件和异常事件。设计基本事件的用例，应该参照用例规约（或设计规格说明书），根据关联的功能、操作按路径分析法设计测试用例。而对孤立的功能则直接按功能设计测试用例。基本事件的测试用例应包含所有需要实现的需求功能，覆盖率达100%。

设计备选事件和异常事件的用例，则要复杂和困难得多。例如，字典的代码是唯一的，不允许重复。测试需要验证：字典新增程序中已存在有关字典代码的约束，若出现代码重复必须报错，并且报错文字正确。往往在设计编码阶段形成的文档对备选事件和异常事件分析描述不够详尽。而测试本身则要求验证全部非基本事件，并同时尽量发现其中的软件缺陷。

可以采用软件测试常用的基本方法（等价类划分法、边界值分析法、错误推测法、因果图法、逻辑覆盖法等）来设计测试用例，视软件的不同性质采用不同的方法。如何灵活运用各种基本方法来设计完整的测试用例，并最终实现暴露隐藏的缺陷，全凭测试设计人员的丰富经验和精心设计。

黑盒测试方法主要有5种，分为等价类划分法、边界值分析法、错误推测法、因果图法和场景法。在实际测试用例设计过程中，不仅根据需要、场合单独使用这些方法，常常综合运用多个方法，使测试用例的设计更为有效。

1. 等价类划分法

等价类划分法

等价类划分法是黑盒测试的典型方法，只需按照需求文档中对系统的要求和说明对输入的范围进行划分，然后从每个区域内选取一个有代表性的测试数据，完全不用考虑系统的内部结构。如果等价类划分得合理，选取的这个数据就代表了这个区域内所有的数据。

具体来讲，等价类划分法就是把所有可能的输入数据，即程序的输入域划分成若干部分（子集），然后从每一个子集中选取少数具有代表性的数据作为测试用例。其中每个输入域的集合（子集）就是等价类，在这个集合中每个输入条件都是等效的，如果其中一个输入不会导致问题发生，那么这个等价类中其他输入也不会发生错误。

等价类分为有效等价类和无效等价类。有效等价类就是由那些对程序的规格说明有意义的、合理的输入数据所构成的集合，利用有效等价类可检验程序是否实现了需求文档中所规定的功能和性能。无效等价类就是那些对程序的规格说明不合理的或无意义的输入数据所构成的集合。

等价类划分最重要的是集合的划分。集合要划分为互不相交的子集，而子集并是整个集合。确定等价类的原则如下：

① 在输入条件规定了取值范围（闭区间）或值的个数的情况下，则可以确定一个有效等价类和两个无效等价类。

② 在输入条件规定了输入值的集合或者规定了“必须如何”的条件的情况下，可确定一个有效等价类和一个无效等价类。

③ 在输入条件是一个布尔量的情况下，可确定一个有效等价类。

④ 在规定了输入数据的一组值（假定 n 个），并且程序要对每一个输入值分别处理的情况下，可确定 n 个有效等价类和一个无效等价类。

⑤ 在规定了输入数据必须遵守的规则的情况下，可确定一个有效等价类（符合规则）和

若干个无效等价类（从不同角度违反规则）。

⑥ 在确知已划分的等价类中各元素在程序处理中的方式不同的情况下，则应再将该等价类进一步划分为更小的等价类。

在这里我们还使用前面介绍边界值法时的例子，来说明如何使用等价类划分法。

前面我们假设用户购买某种商品时只剩余 100 件，并且用户只会输入整数 Q。那么在这个例子中我们如何划分等价类呢？根据输入要求，将输入区域划分为 3 个等价类，如图 2-1 所示。

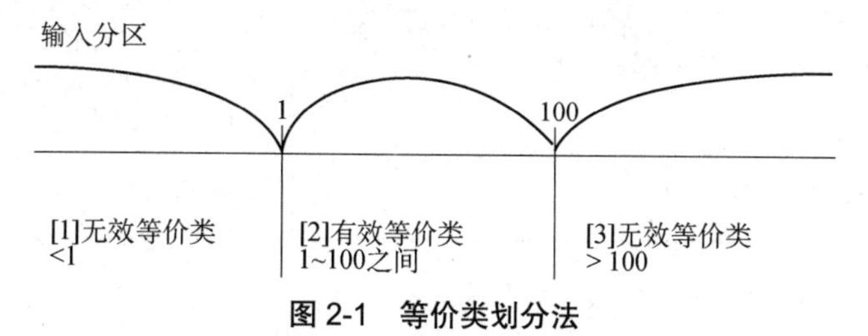

图 2-1　等价类划分法

输入域分成了一个有效等价类（1 到 100 之间）和两个无效等价类（小于 1 和大于 100），将这些等价类填入表 2-4 中。

表 2-4　等价类

测试用例 ID	所属等价类	用户输入数量	预 期 结 果
1	1	−9	提示“请输入 1～100 之间的整数”
2	2	87	成功购物
3	3	189	提示“请输入 1～100 之间的整数”

当然，上面我们只是假设用户只会输入整数，但是用户输入小数、字母、汉字甚至是其他符号的情况是肯定存在的，这说明我们的等价类很不完善，只考虑了输入数据的范围却没考虑输入数据的类型，那么综合考虑所有情况应该如何设计等价类呢？这个问题留给读者去思考。

例 1：请用等价类和边界值方法编写 163 邮箱注册模块（简化版）的测试用例（假设没有重复的用户名），如图 2-2 所示。请注意带*的项目必须填写。

用户名：* 检测

享受升级服务，推荐注册手机号码@163.com >>

用户名由a～z的英文字母(不区分大小写)、0-9的数字、点、减号或下划线组成，长度为3～18个字符，只能以数字或字母开头和结尾，例如：kyzy_001

密　码：*

再次输入密码：*

密码长度6～16位，区分字母大小写。登录密码可以由字母、数字、特殊字符组成。

创建账号

图 2-2　例 1 图

① 用户名：划分等价类并编号。表 2-5 所示的是等价类划分的结果。

表 2-5　等价类划分结果

输 入 条 件	有效等价类	无效等价类
用户名长度	（1）3～18 之间	（2）大于 18 （3）小于 3
用户名类型	（4）用户名由字母、数字、点、减号或下划线组成，只能以数字或字母开头和结尾	（5）用户名中含有空格 （6）用户名中含有特殊字 （7）用户名为空 （8）不以数字和字母开头 （9）不以数字和字母结尾
是否区分大小写	（10）不区分大小写	（11）区分大小写

②用户名：设计测试用例，如表 2-6 所示。

表 2-6　测试用例

序　　号	所属等价类	输 入 数 据	预期输出结果
1	（1）	a122333	该用户可以注册
2	（2）	123456aaaaaaaabbbb	提示请输入 3～18 个字符
3	（3）	12	提示请输入 3～18 个字符
4	（6）	12345@	提示用户名格式不正确
5	（5）	空格	提示用户名格式不正确
6	（6）	汉字	提示用户名格式不正确
7	（8）	_234a	只能以数字或字母开头和结尾
8	（7）		用户名不能为空
9	（9）	A123456-	只能以数字或字母开头和结尾
10	（10）	aaaaaa（用户名为 aaaaaa）	该用户可以注册

③ 密码：划分等价类并编号。表 2-7 所示的是等价类划分的结果，测试用例如表 2-8 所示。

表 2-7　等价类划分结果

输 入 条 件	有效等价类	无效等价类
密码长度	（1）6～18 之间	（2）大于 18 （3）小于 6
密码类型	（4）由数字、字母、特殊字符组成	（5）用户名中含有空格
密码是否为明文	（6）不是明文	（7）是明文
输入密码和再次输入密码是否一致	（8）输入密码和再次输入密码一致	（9）密码和再次输入密码不一致

表 2-8　测试用例

序　　号	所属等价类	输 入 数 据	预 期 结 果
1	1	a122333	该用户可以注册
2	3	a1	提示请输入 6～18 个字符
3	2	123456aaaaaaaajkkfhj	提示请输入 6～18 个字符
4	5	空格	提示密码格式不正确
5	4	1234a	该用户可以注册
6	6	A1234123	该用户可以注册
7	8	密码和输入密码一致	可以注册
8	9	密码和输入密码不一致	不可以注册
9	7	***********（正确密码明文显示）	该用户可以注册

例 2：设有一个档案管理系统，要求用户输入以年月表示的日期，假设日期限定在 2011 年 1 月—2099 年 12 月，并规定日期由 6 位数字字符组成，前 4 位表示年，后两位表示月。现用等价类划分法设计测试用例，来测试程序的“日期检查功能”。

① 划分等价类并编号。表 2-9 所示的是等价类划分的结果。

表 2-9　等价类划分结果

输 入 条 件	有效等价类	无效等价类
日期的类型及长度	（1）6 位数字组成的字符	（2）有非数字字符 （3）少于 6 位数字字符 （4）多于 6 位数字字符
年份范围	（5）在 2011～2099 之间	（6）小于 2011 （7）大于 2099
月份范围	（8）在 01～12 之间	（9）等于 00 （10）大于 12

② 设计测试用例，如表 2-10 所示。

表 2-10　测试用例

序　　号	输入数据	所属等价类	测 试 方 法	预期输出结果
1	123456	（1）	等价类	可查询
2	A12346	（2）	等价类	日期格式不正确
3	122	（3）	等价类	日期格式不正确
4	1234567	（4）	等价类	日期格式不正确
5	2012	（5）	等价类	可查询
6	2000	（6）	等价类	请输入 2011～2099 范围内的年份
7	3000	（7）	等价类	请输入 2011～2099 范围内的年份
8	06	（8）	等价类	可查询
9	00	（9）	等价类	请输入 01～12 月份的数字
10	13	（10）	等价类	请输入 01～12 月份的数字

2. 边界值分析法

边界值分析法是一种非常实用的测试用例设计技术，具有很强的发现程序错误的能力，它的测试用例来自于等价类划分的边界。大量测试工作的经验告诉我们，大量的错误发生在输入或输出范围的边界上，而不是输入或输出范围的内部。边界值分析就是假定错误发生在输入或输出区间的边界上，因此使用边界值分析法设计测试用例，可以发现更多的错误。

在使用边界值分析法设计测试用例时，应该首先确定好输入边界和输出边界情况，然后选取正好等于、刚刚大于或刚刚小于边界的值作为测试数据，而不是选取等价类中的典型值或任意值作为测试数据。

一般情况下，可以遵循以下几个规则来设计测试用例：

（1）如果输入条件规定了值的范围，应取刚达到这个范围的边界值，以及刚刚超过这个范围边界的值作为测试输入的数据。

（2）如果输入条件规定了值的个数，应用最大个数、最小个数、比最小个数少 1、比最大个数多 1 的数作为测试输入的数据。

（3）根据每个输入条件，使用规则（1）或（2）。

（4）如果程序的规格说明中给出的输入域或输出域是有序集合，则应选取集合的第一个元素和最后一个元素作为测试用例数据。

（5）如果程序中使用了一个内部数据结构，应当选择这个内部数据结构的边界上的值来作为测试用例。

（6）分析规格说明，找出其他可能的边界条件。

下面举个例子让大家更深入地理解边界值法。

用户登录“权限管理系统”要购买某种商品，假设该商品剩余数量为 100 件，且用户只会输入整数，则用户只能购买 1～100 范围内的商品件数。使用边界值分析法设计测试用例，测试用户输入商品数量 Q 后，系统反应是否合乎标准。

提出边界时，一定要测试邻近边界的合法数据，即测试最后一个可能合法的数据，以及刚刚超过边界的非法数据。越界测试通常简单地加 1 或者用最小的数减 1。如图 2-3 所示，输入分区将 1～100 分成三个区间，再考虑恰好等区间边界的情况，我们可以考虑商品数量 Q 的输入区间如下：$Q<1$、$Q=1$、$1<Q<100$、$Q=100$、$Q>100$。

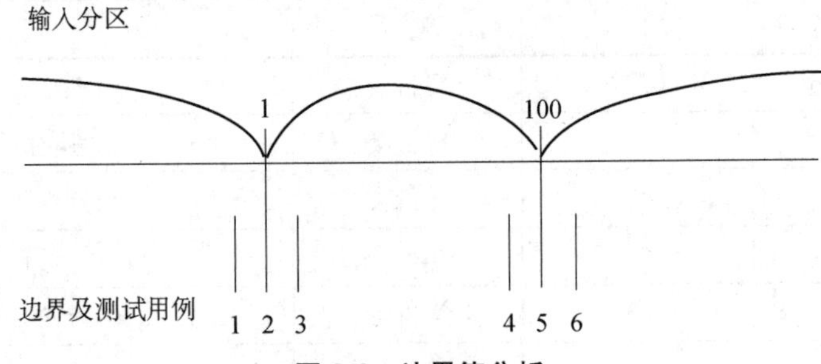

图 2-3　边界值分析

根据上面的分析可以设计 6 个用例。

① Test Case 1：输入 0，返回错误信息“您必须输入大于等于一个数量值”。

② Test Case 2：输入 1，页面正确运行。

③ Test Case 3：输入 2，页面正确运行。

④ Test Case 4：输入 99，页面正确运行。

⑤ Test Case 5：输入 100，页面正确运行。

⑥ Test Case 6：输入 101，返回错误信息“您所选购的商品数量仅剩 100 件”。

测试员可以将上面的信息填入用例设计表格中，形成标准的测试用例。

通过上面的例子我们可以想到，边界值分析法和等价类划分法是有紧密联系的。边界值分析法是对等价类划分法的补充，边界值其实就是在划分等价类的过程中产生的，正如前面边界值法中所述，正是由于等价类划分的区域边界的地方最容易出错，在从等价类中选取测试数据的时候也经常选取边界值。

3. 错误推测法

软件缺陷

错误推测法就是根据经验和直觉推测程序中所有可能存在的各种错误，从而有针对性地设计测试用例的方法。

使用错误推测法时，可以凭经验列举出程序中所有可能有的错误和容易发生错误的特殊情况，帮助猜测错误可能发生的位置，提高错误猜测的有效性，根据它们选择测试用例。

例如，输入表格为空格；输入数据和输出数据为 0 的情况。

4. 场景法

场景法一

场景是通过描述经过用例的路径来确定的过程，这个过程要从用例开始到结束遍历其中所有基本流和备选流。场景法就是根据这些基本流和备选流的流动过程来设计测试用例。

目前的软件几乎都是由事件触发来控制流程的，事件触发时的情景便形成了场景，而同一事件不同的触发顺序和处理结果形成事件流。这种在软件设计方面的思想也可被引入到软件测试中。生动地描绘出事件触发时的情景，有利于测试设计者设计测试用例，同时测试用例也更容易地得到理解和执行。提出这种测试思想的是 Rational 公司。

场景法二

下面使用“权限管理系统”的购物场景举例说明。

（1）场景描述

用户进入“权限管理系统”网站进行购物，选好物品后进行购买，这时需要使用账号登录，登录成功后付款，交易成功后生成订单，完成此次购物活动。

（2）使用场景法设计测试用例

①确定基本流和备选流事件。表 2-11 列出了用户购物活动中的基本流和备选流。

表 2-11　基本流和备选流

基　本　流	登录权限管理系统网站，选择物品，登录账号，付钱交易，生成订单
备选流 1	账号不存在
备选流 2	账号或密码错误
备选流 3	用户账号余额不足
备选流 4	用户账号没有钱
备选流 5	用户退出系统

② 根据基本流和备选流来确定场景。表 2-12 列出了每个场景中包括的基本流和备选流，需要特别说明的是，由于场景 1 中用户成功购买了物品，所以只有基本流而不需经过备选流。

表 2-12　场景

场景 1：成功购物	基本流	
场景 2：账号不存在	基本流	备选流 1
场景 3：账号或密码错误	基本流	备选流 2
场景 4：用户账号余额不足	基本流	备选流 3
场景 5：用户账号没有钱	基本流	备选流 4

③ 设计用例。对每一个场景都要做测试用例，可以使用矩阵（表格）来管理用例。用行表示各个测试用例，列表示测试用例的信息。首先将测试用例的 ID、条件、涉及的数据元素及预期结果列在矩阵中，然后将这些数据确定下来，填写在表格中。

在表 2-13 中，“有效”表示这个条件必须是有效的才可执行基本流，而“无效”用于表示这种条件下将激活所需备选流。“不适用”表示这个条件不适用于测试用例。

表 2-13　测试用例信息

测试用例 ID	场景/条件	账　号	密　码	用户账号余额	预 期 结 果
1	场景 1：成功购物	有效	有效	有效	成功购物
2	场景 2：账号不存在	无效	不适用	不适用	提示账号不存在
3	场景 3：账号或密码错误（账号正确，密码错误）	有效	无效	不适用	提示账号或密码错误，返回基本流步骤 3
4	场景 3：账号或密码错误（账号错误，密码正确）	无效	有效	不适用	提示账号或密码错误，返回基本流步骤 3
5	场景 4：用户账号余额不足	有效	有效	无效	提示账号余额不足请充值
6	场景 5：用户账号没有钱	有效	有效	无效	提示账号余额请充值

④ 设计数据，填入表 2-13，结果如表 2-14 所示。

表 2-14　测试用例数据

测试用例 ID	场景/条件	账号	密码	用户账号余额	预期结果
1	场景 1：成功购物	wangsh	Passw0rd	193	成功购物，用户账号余额正确
2	场景 2：账号不存在	song	不适用	不适用	提示账号不存在
3	场景 3：账号或密码错误（账号正确，密码错误）	wangsh	666666	不适用	提示账号或密码错误，返回基本流步骤 3
4	场景 3：账号或密码错误（账号错误，密码正确）	song	passw0rd	不适用	提示账号或密码错误，返回基本流步骤 3
5	场景 4：用户账号余额不足	wsh	pass0rd	2	提示账号余额不足请充值
6	场景 5：用户账号没有钱	sunxx	817217	0	提示账号余额请充值

这样，我们就完成了整个测试用例的设计过程。

因果图法

5. 因果图法

前面介绍的等价类划分方法和边界值分析方法，都着重考虑输入条件，但未考虑输入条件之间的联系、相互组合等。考虑输入条件之间的相互组合，可能会产生一些新的情况。但要检查输入条件的组合不是一件容易的事情，即使把所有输入条件划分成等价类，它们之间的组合情况也相当多。因此必须考虑采用一种适合描述多种条件的组合，相应产生多个动作的形式来考虑设计测试用例。这就需要利用因果图（逻辑模型）。

因果图方法最终生成的就是判定表，它适合于检查程序输入条件的各种组合情况。

（1）因果图图例说明

① 4 种符号分别表示了规格说明中的 4 种因果关系，如图 2-4 所示。

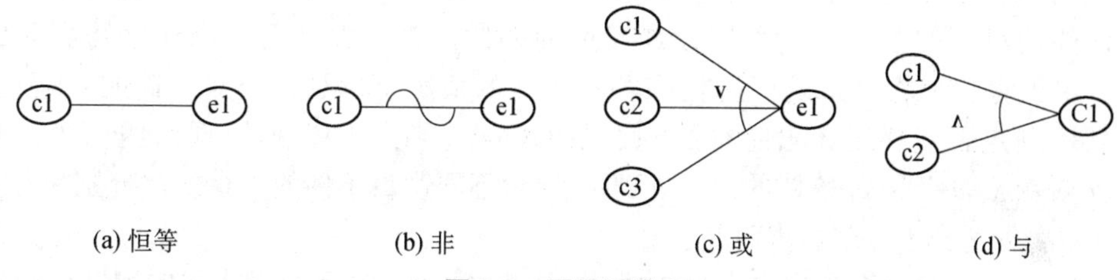

图 2-4　因果图关系

② 因果图中使用了简单的逻辑符号，以直线连接左右节点。左节点表示输入状态（或称原因），右节点表示输出状态（或称结果）。

③ ci 表示原因，通常置于图的左部；ei 表示结果，通常在图的右部。ci 和 ei 均可取值 0 或 1，0 表示某状态不出现，1 表示某状态出现。

（2）因果图概念

① 关系。

- 恒等：若 ci 是 1，则 ei 也是 1；否则 ei 为 0。
- 非：若 ci 是 1，则 ei 是 0；否则 ei 是 1。
- 或：若 c1 或 c2 或 c3 是 1，则 ei 是 1；否则 ei 为 0。“或”可有任意个输入。
- 与：若 c1 和 c2 都是 1，则 ei 为 1；否则 ei 为 0。“与”也可有任意个输入。

② 约束。输入状态相互之间还可能存在某些依赖关系，称为约束。例如，某些输入条件本身不可能同时出现。输出状态之间也往往存在约束。在因果图中，用特定的符号标明这些约束，如图 2-5 所示。

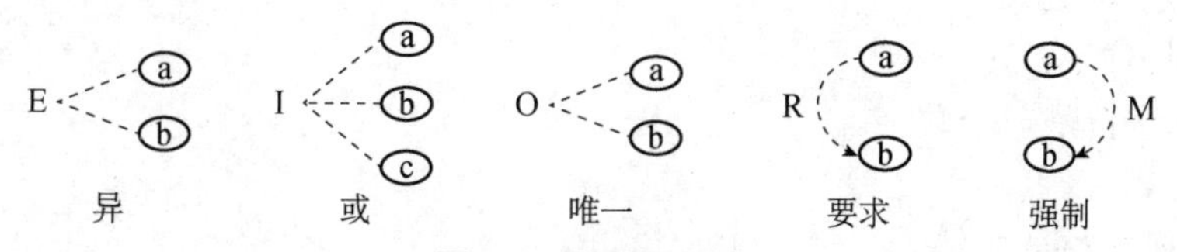

图 2-5　因果图约束

a. 输入条件的约束有以下 4 类。

- E 约束（异）：a 和 b 中至多有一个可能为 1，即 a 和 b 不能同时为 1。
- I 约束（或）：a、b 和 c 中至少有一个必须是 1，即 a、b 和 c 不能同时为 0。

● O 约束（唯一）：a 和 b 必须有一个，且仅有 1 个为 1。

● R 约束（要求）：a 是 1 时，b 必须是 1，即不可能 a 是 1 时 b 是 0。

b. 输出条件约束类型。输出条件的约束只有 M 约束（强制）：若结果 a 是 1，则结果 b 强制为 0。

（3）利用因果图生成测试用例的基本步骤

① 分析软件规格说明描述中，哪些是原因（即输入条件或输入条件的等价类），哪些是结果（即输出条件），并给每个原因和结果赋予一个标识符。

② 分析软件规格说明描述中的语义。找出原因与结果之间，原因与原因之间对应的关系。根据这些关系，画出因果图。

③ 由于语法或环境限制，有些原因与原因之间，原因与结果之间的组合情况不可能出现。为显示这些特殊情况，在因果图上用一些记号表明约束或限制条件。

④ 把因果图转换为判定表。判定表（Decision Table）是分析和表达多逻辑条件下执行不同操作的情况下的工具。在程序设计发展的初期，判定表就已被当作编写程序的辅助工具了。由于它能够将复杂的问题按照各种可能的情况全部列举出来，简明并避免遗漏。因此，利用判定表能够设计出完整的测试用例集合。在一些数据处理问题当中，某些操作的实施依赖于多个逻辑条件的组合，即：针对不同逻辑条件的组合值，分别执行不同的操作。判定表很适合于处理这类问题。

⑤ 把判定表的每一列拿出来作为依据，设计测试用例。从因果图生成的测试用例（局部，组合关系下的）包括了所有输入数据的取 TRUE 与取 FALSE 的情况，构成的测试用例数目达到最少，且测试用例数目随输入数据数目的增加而线性地增加。

Beizer 指出了适合使用判定表设计测试用例的条件。

● 规格说明以判定表形式给出，或很容易转换成判定表。

● 条件的排列顺序不会也不影响执行哪些操作。

● 规则的排列顺序不会也不影响执行哪些操作。

● 每当某一规则的条件已经满足，并确定要执行的操作后，不必检验别的规则。

如果某一规则得到满足要执行多个操作，这些操作的执行顺序无关紧要。

例 3：某软件规格说明书包含这样的要求：第一列字符必须是 R 或 Q，第二列字符必须是一个数字，在此情况下进行文件的修改，但如果第一列字符不正确，则给出信息 D；如果第二列字符不是数字，则给出信息 C。

（1）根据题意，原因和结果如下：

原因：

1：第一列字符是 R；

2：第一列字符是 Q；

3：第二列字符是一个数字。

中间节点：

10：第一列字符是 R 或 Q。

结果：

21：修改文件；

22：给出信息 D；

23：给出信息 C。

（2）画出因果图（编号为 10 的中间节点是导出结果的进一步原因），如图 2-6 所示。

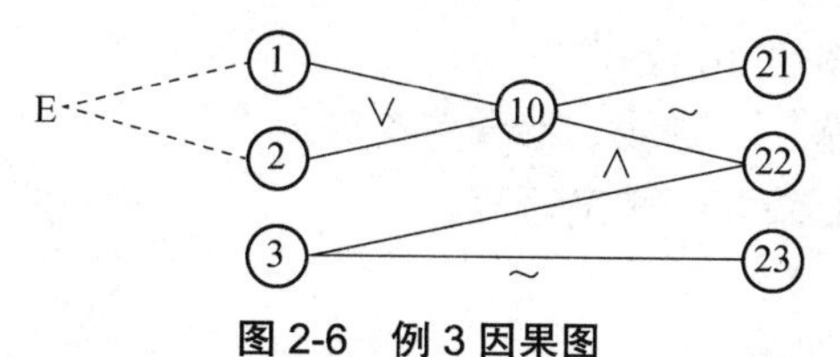

图 2-6　例 3 因果图

（3）将因果图转换成如表 2-15 所示的决策表。

表 2-15　决策表

规则选项		1	2	3	4	5	6	7	8
条件	1:第一列字符是 R	1	1	1	1	0	0	0	0
	2:第一列字符是 Q	1	1	0	0	1	1	0	0
	3:第二列字符是一个数字	1	0	1	0	1	0	1	0
中间节点	10:第一列字符是 R 或 Q	0	0	1	1	1	1	0	0
动作	21:修改文件			√		√			
	22 给出信息 D							√	√
	23:给出信息 C				√		√		√

（4）根据决策表中的每一列设计测试用例，如表 2-16 所示。

表 2-16　测试用例

测试用例编号	输 入 数 据	预 期 输 出
1	A3	修改文件
2	AA	给出信息 L
3	B6	修改文件
4	BC	给出信息 L
5	D1	给出信息 M
6	GG	给出信息 L 和信息 M

例 4：用因果图设计一个网站用户登录界面的测试用例。用户账号（账号为 6～10 位自然数）、用户密码（密码为 6～16 位密码，非空，非保留字，非功能键，非汉字）、“登录”按钮。在测试的时候，要简化输入条件，这样才能有重点地去测试。测试时主要关注用户的基本需求。我们看到有 3 个可以组合的项。

（1）分析程序规格说明中的原因和结果：

原因：

c1:输入 6～10 位由自然数组成的账户。

c2:输入 6～16 位由字母和数字组成的密码。

c3:单击“登录”按钮。

c4:账户不足 6 位或者多于 10 位。

c5:密码不足 6 位或者多于 16 位。

c6:账户含有字母、空格、下划线、特殊字符等。

c7:字母含有空格、下划线、特殊字符等。

中间节点：

10:不满足 c4～c7 中的任意一条。

结果：

e1:登录成功。

e2:提示错误信息。

（2）画出因果图（编号为 10 的中间节点用于导出结果的进一步原因），如图 2-7 所示。

（3）将因果图转换成如表 2-17 所示的决策表。

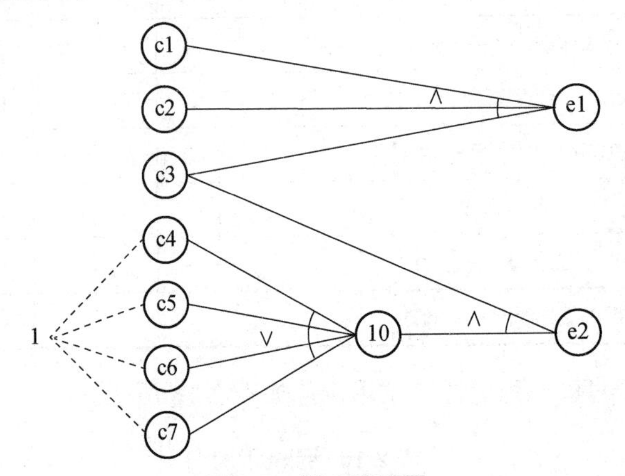

图 2-7　例 4 因果图

表 2-17　决策表

规则选项		1	2	3	4	5	6
条件	c1：输入 6～10 位由自然数组成的账户	1	0	0	0	0	1
	c2:输入 6～16 位由字母和数字组成的密码	1	0	0	1	1	0
	c3：单击“登录”按钮	1	1	1	1	1	1
	c4：账户不足 6 位或者多于 10 位	0	1	0	1	0	0
	c5：密码不足 6 位或者多于 16 位	0	1	0	0	0	0
	c6：账户含有字母、空格、下划线、特殊字符等	0	0	1	0	1	0
	c7：字母含有空格、下划线、特殊字符等	0	0	1	0	0	1
中间节点	10：不满足 c4～c7 中的任意一条	0	1	1	1	1	1
动作	e1：登录成功	√					
	e2：提示错误信息		√	√	√	√	√

（4）根据决策表中的每一列设计测试用例，如表 2-18 所示。

表 2-18 测试用例

测试用例编号	输 入 数 据	预 期 输 出
1	账号：944121015 密码：Sj1345678	登录成功
2	账号：Sj944121015 密码：121212121212	账号不正确
3	账号：2345 密码：121212121212	账号应为 6～16 位
4	账号：944121015 密码：空	密码不能为空
5	……	……

例 5：有一个处理单价为 2 元 5 角钱的盒装饮料的自动售货机软件。若投入 2 元 5 角硬币，按下“咖啡”“果汁”或“红牛”按钮，相应的饮料就送出来。若投入的是两元硬币，在送出饮料的同时退还 5 角硬币。

（1）根据题意，原因和结果如下：

原因：

1：投 1.5 元硬币；

2：投 2.0 元硬币；

3：按“咖啡”按钮；

4：按“果汁”按钮；

5：按“红牛”按钮。

中间节点：

11：已投币；

12：已按按钮。

结果：

21：送出“咖啡”；

22：送出“果汁”；

23：送出“红牛”；

24：退还 5 角硬币。

（2）其对应的因果图如图 2-8 所示。

11 为中间节点；考虑到原因 1 和原因 2 不可能同时为 1，因此在因果图上施加 E 约束，

12 为中间节点；考虑到原因 3、原因 4 和原因 5 只能有一个为 1，因此在因果图上施加 E 约束，如图 2-8 所示。

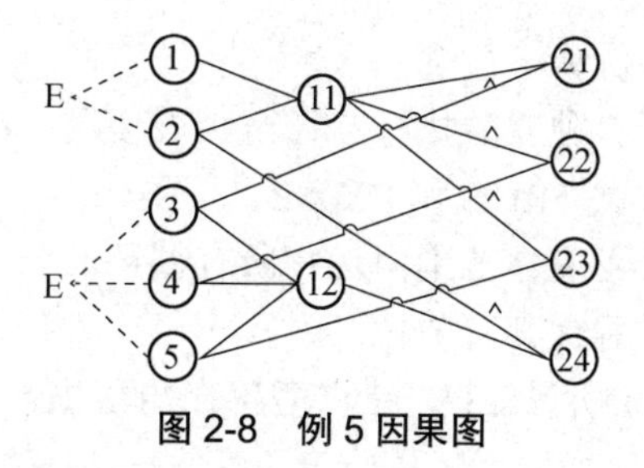

图 2-8 例 5 因果图

（3）根据因果图建立判定表，如表 2-19 所示。

表 2-19 判定表

规 则 选 项		1	2	3	4	5	6	7	8	9	10	11
输入	（1）投 1.5 元硬币	1	1	1	1	0	0	0	0	0	0	0
	（2）投 2.0 元硬币	0	0	0	0	1	1	1	1	0	0	0
	（3）按“咖啡”按钮	1	0	0	0	1	0	0	0	1	0	0
	（4）按“果汁”按钮	0	1	0	0	0	1	0	0	0	1	0
	（5）按“红牛”按钮	0	0	1	0	0	0	1	0	0	0	1
中间节点	（11）已投币	1	1	1	1	1	1	1	1	0	0	0
	（12）已按按钮	1	1	1	0	1	1	1	0	1	1	1
输出	（21）送出“咖啡”	√				√						
	（22）送出“果汁”		√				√					
	（23）送出“红牛”			√				√				
	（24）退还 5 角硬币					√	√	√				

表中 8 种情况的左面两列情况中，原因（1）和原因（2）同时为 1，或原因（3）、原因（4）和原因（5）同时为 1，这是不可能出现的，故应排除这两种情况。

（4）根据决策表中的每一列计测试用例，如表 2-20 所示。

表 2-20 测试用例

测试用例编号	输 入 数 据	预 期 输 出
1	（1）（3）	（21）
2	（1）（4）	（22）
3	（1）（5）	（23）
4	（2）（3）	（21）（24）
5	（2）（4）	（22）（24）
6	（2）（5）	（23）（24）

2.1.2 白盒测试

一、白盒测试基本概念

白盒测试是用来测试证明每种内部操作和过程是否符合设计规格和要求，又称结构测试或逻辑驱动测试或基于程序的测试。白盒测试技术一般用于单元测试阶段。目前国内很少有公司花很大精力去做白盒测试，商业软件测试技术主要是黑盒测试，白盒测试全由开发人员来完成。

白盒测试主要对程序模块做如下检查：

（1）保证一个模块中的所有独立的执行路径至少被使用一次。

（2）对所有逻辑值均需测试 TRUE 和 FALSE。

（3）在循环的上下边界及可操作范围内运行所有循环。

（4）测试内部数据结构以确保其有效性。

正如测试专家 Boris Beizer 所说的：“错误潜伏在角落里，聚集在边界上”，而白盒测试更可能发现它。

所以，白盒测试就是知道产品内部工作过程，可通过测试来检测产品内部动作是否按照规格说明书的规定正常进行，按照程序内部的结构测试程序，检验程序中的每条通路是否都能按预定要求正确工作，而不顾它的功能，白盒测试的主要方法有逻辑驱动、基路测试等，主要用于软件验证。

白盒测试必须全面了解程序内部逻辑结构、对所有逻辑路径进行测试。白盒测试是穷举路径测试。在使用这一方案时，测试者必须检查程序的内部结构，从检查程序的逻辑着手，得出测试数据。贯穿程序的独立路径数是天文数字，但即使每条路径都测试了仍然可能有错误。第一，穷举路径测试不可能查出程序违反了设计规范，因为程序本身是个错误的程序。第二，穷举路径测试不可能查出程序中因遗漏路径而出错。第三，穷举路径测试可能发现不了一些与数据相关的错误。

白盒测试的目的就是通过检查软件内部的逻辑结构，对软件中的逻辑路径进行覆盖测试，在程序不同地方设立检查点，检查程序的状态，以确定实际运行状态与预期状态是否一致。测试方法总体上分为静态分析方法和动态分析方法。静态分析是不通过执行程序而进行测试的技术；动态分析是当软件系统在模拟的或真实的环境中执行之前、之中和之后，对软件系统行为的分析。

二、白盒测试用例设计方法

白盒测试用例编写方法主要有：基本路径测试、等价类划分/边界值分析测试、覆盖测试、循环测试、数据流测试、程序插桩测试和变异测试等。其中，基本路径测试法和覆盖测试法最常用也是最基本的设计方法。

白盒测试用例编写的注意事项：

（1）由于测试路径可能非常多，限于时间和资源问题，需要选出足够多的路径测试。

（2）由于深入到程序编码，开发人员通常会协助测试人员书写白盒测试用例。

关于白盒测试用例设计方法在这里就不再详细介绍了，请读者参看第 6 章的相关内容。

三、ALAC（Act-like-a-customer）测试

黑盒测试和白盒测试是最基本的两类软件测试方法，除了前面介绍的这两种测试方法之外，目前人们又提出一种新的测试方法，即 ALAC(Act-like-a-customer)测试。ALAC 测试是一种基于客户使用产品的知识开发出来的测试方法。ALAC 测试是基于复杂的软件产品有许多错误的原则而进行的测试。其最大的受益者是客户，缺陷查找和改正将针对那些客户最容易遇到的错误。如图 2-9 所示就是 ALAC 测试方法的示意图，形象地说明了该方法的含义。

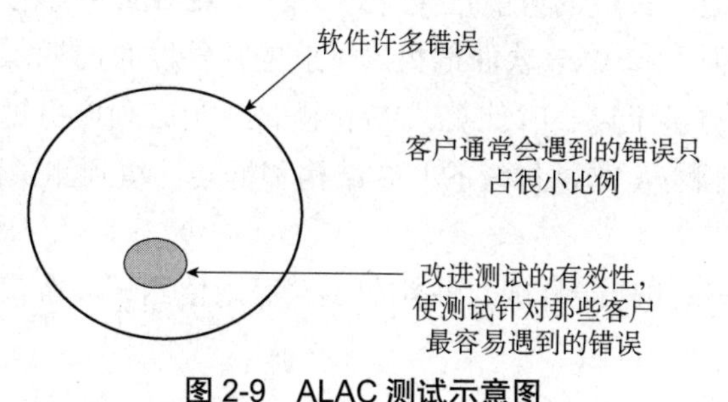

图 2-9　ALAC 测试示意图

2.1.3 Web系统测试

一、Web系统测试概述

软件大体分为Web应用程序（B/S）和Windows应用程序（C/S）。随着Internet的快速发展，许多传统的信息和数据库系统都被移植到了互联网上，产生了越来越多的Web网站，网站的测试也越来越受到重视，权限管理系统就是基于Web的应用系统。即使是最简单的一个Web应用程序都会包括客户端、中间件和服务器端三个部分，如果要开发一个大型的系统，则包括的内容更复杂。因此，Web系统测试是一项纷繁复杂的工作，对Web系统的测试主要就是对它从全面性、适合性和标准性等多方面进行检查。

基于Web的系统测试与传统的软件测试既有相同之处，也有不同的地方，对软件测试提出了新的挑战。基于Web的系统测试不但需要检查和验证是否按照设计的要求运行，而且还要评价系统在不同用户的浏览器端的显示是否合适。重要的是，还要从最终用户的角度进行安全性和可用性测试。

二、Web系统测试阶段

测试阶段也叫测试策略。针对Web系统的特点，需要对它的各个方面进行测试。按软件的质量特性可以分为功能测试、性能测试、安全性测试、兼容性测试和易用性测试等；按职能来分，可分为应用功能的测试、Web应用服务的测试、安全系统的测试和数据库服务的测试；按系统架构来分，可分为客户端的测试、服务器端的测试和网络上的测试；按开发阶段来分，可分为Web应用设计测试、Web应用开发测试和Web应用运行测试。由于本书着重讲解黑盒测试，所以在前面详细介绍了功能测试的基础上，工作任务2.2中将详细介绍Web应用运行测试中的其他测试部分，包括性能测试、链接测试、导航测试、界面测试、兼容性测试、文档测试这6个方面。

总的来说，系统测试共有16个测试策略，它们是功能测试、性能测试、压力测试、容量测试、安全性测试、可用性测试、GUI测试、安装测试、配置测试、异常测试、备份测试、健壮性测试、文档测试、在线帮助测试、网络测试、稳定性测试。在实际项目中，可以视情况选择一部分测试策略进行测试。

三、基于Web的系统测试综述

基于Web的系统开发，如果缺乏严格的过程控制，在开发、发布、实施和维护过程中可能会发生一些严重的问题，失败的可能性也非常大。如果Web系统很复杂，项目的失败肯定会引发诸多的问题，从而引起Web软件危机。一般的软件发布周期以月或以年计算，而Web系统的发布周期以天计算甚至以小时计算。Web测试人员必须以更短的时间发布系统，测试人员和测试管理人员面临着从测试传统的C/S结构和框架环境到测试快速改变的Web应用系统的转变。

下面从Web系统测试的功能测试、性能测试、可用性测试、客户端兼容性测试、安全性测试等方面讨论。

1. 功能测试

（1）链接测试

链接是在页面之间切换和指导用户到一些不知道网址的页面的主要方式，它是 Web 应用系统的主要和明显特征，可以从以下几个方面考虑：

① 测试所有链接是否按指示的那样确实链接到了该链接的页面。

② 测试所链接的页面是否存在。

③ 保证 Web 系统上没有孤立的页面。

其中，所谓孤立的页面是指没有链接指向该页面，只有知道正确的 URL 地址才能访问。

链接测试可以采用测试工具进行自动化测试。链接测试发生的时间是在集成测试阶段完成，即在整个 Web 系统的所有页面开发完成之后进行。

（2）表单测试

表单操作是在用户向 Web 系统管理员提交信息时进行的，最常见的表单操作有用户注册、登录等。表单测试是用来测试用户提交操作的完整性，以校验提交给服务器的信息的正确性，可以从以下几个方面考虑：

① 用户提交的出生日期是否符合常理，填写的所属省份与所在城市是否匹配等。

② 用户所填写的信息是否在表单可以接受的值的范围内。如果不接受，系统是否会报出错误提示。

（3）Cookies 测试

Cookies 是用来存储用户信息和用户在应用系统中的操作。当用户使用 Cookies 访问一个应用系统时，Web 服务器会发送关于用户的信息，把该信息以 Cookies 的形式存储在客户端计算机上，这可用来创建动态和自定义页面或者存储登录等信息。

Cookies 测试可从以下几个方面考虑：

① Cookies 是否起作用。

② Cookies 是否按预定的时间进行保存。

③ 刷新对 Cookies 有什么影响。

（4）设计语言测试

设计语言指开发该 Web 系统所使用的语言，设计语言测试就是用来测试设计 Web 系统的不同语言版本的兼容性。因为一个系统不可能由一个人来完成，所以开发人员设计系统时所采用的语言版本之间可能会存在不兼容的问题。

设计语言测试可以从以下几个方面考虑：

① 所使用的 HTML 的版本。

② 脚本语言的版本，如 Java、JavaScript、ActiveX、VBScript 或 Perl 等脚本语言。

（5）数据库测试

数据库测试顾名思义就是对系统所使用的数据库进行测试。在当前的 Web 系统中，一般情况下都会使用数据库为系统的管理、运行、查询和实现用户对数据存储的请求等提供空间。

数据库测试可以从以下两方面进行考虑：

① 数据一致性。这种错误主要是由于用户提交的表单信息不正确造成的。

② 输出错误。这种错误主要是由网络速度和程序设计的问题引起的。

2. 性能测试

（1）连接速度测试

连接速度指用户打开一个页面的快慢程度，很多时候是受用户上网方式的影响的。连接速度测试可以从以下几个方面进行考虑：

① 访问页面时用户需要等待的时间长短。一般不要超过 5 秒钟，如果系统响应时间太长，用户可能就会因为没有耐心等待而离开页面。

② 页面有超时限制时，响应速度会不会慢到用户没来得及浏览内容而因为超时需要重新登录系统。

③ 连接速度会不会太慢而导致页面数据丢失，用户得不到真实的页面。

（2）负载测试

负载指的是某一时刻同时访问 Web 系统的用户数量，或者是在线数据处理的数量。负载测试是为了测量 Web 系统在某一负载级别上的性能，以保证 Web 系统在需求范围内能正常工作。负载测试可以从以下几个方面进行考虑：

① Web 系统可以允许多少个用户同时在线。

② 超出上面所描述的数量后，系统会发生什么现象。

③ Web 系统能否处理大量用户对同一个页面的同时请求。

负载测试应该在 Web 系统发布后，在实际的网络环境中进行。

（3）压力测试

压力测试是指系统的限制和故障恢复能力，用来测试 Web 系统会不会崩溃，以及在什么情况下会崩溃。如果系统能承受的压力不够大，黑客会利用系统的这一缺陷提供错误的数据负载，使 Web 系统崩溃。

压力测试的范围包括表单、登录和信息传输的页面等。

3. 可用性测试

（1）导航测试

导航描述用户在一个页面内的操作方式。Web 应用系统的用户趋向于目的驱动，快速地扫描一个 Web 系统，如果没有捕捉到自己需要的或者感兴趣的信息，就会很快离开转向别的系统。尤其是在快节奏的今天，很少有用户愿意花时间去熟悉 Web 应用系统的结构，所以 Web 应用系统导航对用户的帮助要尽可能地准确。

Web 应用系统最好在层次决定后就进行测试，如果让最终用户参加到导航测试中，效果会更加明显。导航测试可以从以下几个方面进行考虑：

① 导航是否直观。

② Web 系统的主要部分是否可通过主页存取。

③ Web 系统是否需要站点地图、搜索引擎或其他的导航帮助。

（2）图形测试

图形指 Web 应用系统页面上包括的图片、动画、边框、颜色、字体、背景及按钮等。一个 Web 系统如果适当地使用这些多媒体信息，可以使页面增辉不少。图形测试主要从以下几个方面进行考虑：

① 要确保页面上所使用的图形有明确的用途，而不是将图片或动画胡乱地堆砌在一起，这样既浪费传输速度又影响页面的美观。

② 验证所有的页面风格是否一致。

③ 背景颜色和字体颜色及前景颜色是否搭配。

④ 图片的大小和质量也需要认真考虑，一般采用 JPG 或 GIF 格式的图片。

（3）内容测试

内容测试是用来检验 Web 应用系统所提供信息的正确性、准确性和相关性。内容测试也可以从以下三方面入手：

① 正确性指信息是可靠的还是误传的。

② 准确性指信息是否有语法或拼写错误。

③ 相关性指在当前页面是否可以找到与当前浏览信息相关的信息列表或入口。

（4）整体界面测试

整体界面指整个 Web 应用系统整体的页面结构设计。整体界面测试是调查用户对界面的整体风格的评价。一般 Web 应用系统采取在主页上做问卷调查的形式进行。这种测试也最好由最终用户进行真实参与进行。整体界面测试可以从以下几方面进行考虑：

① 用户浏览 Web 系统时是否感觉舒适。

② 用户能否凭直觉就知道要找的信息在什么位置。

③ 整个 Web 系统的设计风格是否一致。

4. 客户端兼容性测试

（1）平台测试

目前市场上有很多种不同类型的操作系统，比如 Windows、UNIX、Linux、Macintosh 等。Web 应用系统的最终用户使用哪种类型的操作系统，取决于用户系统的配置。这样就会引发兼容性问题，同一个系统可能在某些操作系统下能正常运行，而在另外一些操作系统中可能会运行失败。因此就有必要在 Web 系统发布之前对它进行平台测试。

平台测试主要就是测试 Web 系统能在什么类型的操作系统上正常运行，在哪些操作系统中会运行失败。

（2）浏览器测试

Web 应用系统最核心的构件就是浏览器，浏览器的版本有很多，它们对设计语言的规格支持度不同，所以要进行浏览器的兼容性测试。浏览器测试可以从以下几个方面进行考虑：

① 不同厂商的浏览器对 Java、JavaScript、ActiveX、plug-ins 或 HTML 的支持不同。

② 框架和层次结构风格在不同厂商的浏览器中的显示不同。

③ 不同厂商的浏览器对安全性和 Java 的设置不同。

5. 安全性测试

安全性测试是为了保证用户访问 Web 应用系统的安全性，可以从以下几个方面进行考虑：

① 现在的 Web 应用系统基本采用先注册后登录的方式。因此，必须测试有效和无效的用户名和密码，要注意输入是否大小写敏感，可以设置输入多少次的限制，是否可以不登录而直接浏览某个页面等。

② Web 应用系统是否有超时的限制，也就是说，用户登录后在一定时间内（例如，15 分钟）没有单击任何页面，是否需要重新登录才能正常使用。

③ 为了保证 Web 应用系统的安全性，日志文件是至关重要的。需要测试相关信息是否写进了日志文件、是否可追踪。

④ 当使用了安全套接字时，还要测试加密是否正确，检查信息的完整性。

⑤ 服务器端的脚本常常构成安全漏洞，这些漏洞又常常被黑客利用。所以，还要测试没有经过授权，就不能在服务器端放置和编辑脚本的问题。

Web 应用系统与 Windows 应用系统有相同和不同的地方，读者可以结合 Web 系统测试的介绍比较二者的异同之处，进一步学习测试知识。

四、系统测试

如前所述，系统测试种类繁多，最多可达 30 多种。如此纷繁复杂的测试种类，初学者肯定会感觉无从下手，表 2-21 所示的是对测试类型的分析与总结。

表 2-21　系统测试设计—测试类型分析

测 试 类 型	测试关注点	完 成 情 况
用户层		
用户支持测试	用户手册、使用帮助、支持客户的其他产品技术手册是否正确、是否易于理解、是否人性化	
用户界面测试	测试对象控件或访问入口正确，符合用户需求	
	界面风格统一，界面美观、直观	
	操作友好、人性化	
	易操作性	
用户层		
可维护性测试	系统软、硬件实施和维护功能的方便性	
安全性测试	操作安全性 （注：核实只有具备系统和应用程序访问权限的主角才能访问系统和应用程序；核实主角只能访问其所属用户类型已被授权使用的那些功能操作）	
	数据安全性 （注：关注数据访问的安全性，防止交易敏感数据不被第三方截获、窃取、篡改和伪造。测试内容为数据加密、安全通信、安全存储）	

续表

测 试 类 型	测试关注点	完 成 情 况
	用户层	
安全性测试	网络安全测试 （注：该层次的测试主要是为了防止黑客的恶意攻击和破坏，如病毒、DOS 攻击等。测试的方式主要是模拟黑客对系统进行入侵攻击，然后对攻击的结果进行分析，并逐步完善系统的安全性能）	
	安全认证测试 （注：确保交易双方不被其他人冒名顶替。测试内容为安全认证）	
	安全交易协议测试 （注：有效避免交易双方出现互相抵赖的情况）	
应用层		
性能测试	并发性能测试 [注：并发用户操作下，不断增加并发用户数量，分析系统性能指标、资源状况。主要关注点有交易结果、每分钟交易数、交易响应时间（最小服务器响应时间、平均服务器响应时间、最大服务器响应时间）]	
	压力测试 （注：不断对系统施压，通过确定一个系统的瓶颈或者不能接收的性能点，来获得系统能提供的最大服务级别的测试）	
	强度测试 （注：系统在极限或异常资源情况下，即系统资源处于特别低的状况下，软件系统运行情况确定系统综合交易指标和资源监控指标，保证系统能否在规格强度下运行）	
性能测试	负载测试 （注：关注各种工作负载情况下的性能指标，测试当负载逐渐增加到超负荷状态时，系统组成部分的相应输出项，例如通过量、响应时间、CPU 负载、内存使用等来决定系统的性能）	
	疲劳测试 （注：采用系统稳定运行情况下能够支持的最大并发用户数，持续执行一段时间业务，通过综合分析交易执行指标和资源监控指标来确定系统处理最大工作量强度性能的过程）	
	大数据量测试 （注：针对某些系统存储、传输、统计、查询等业务分别进行大数据量测试）	
应用层		
性能测试	容量测试 （注：确定系统可处理同时在线的最大用户数）	
	破坏性测试 （注：超出系统能承受的压力点后，系统出现错误状态、出现错误比率及恢复能力；对软件进行异常的操作，如删除配置文件）	
系统可靠性、稳定性测试	可靠性测试 （注：主要测试系统在负载压力下系统运行是否正常）	
	稳定性测试 （注：确保系统在长期使用周期内能够在要求的性能指标下正常工作）	
系统兼容性测试	操作系统兼容性 （注：Win9x/Win2k/WinXP/UNIX/Linux……）	

续表

测 试 类 型	测试关注点	完 成 情 况
应用层		
系统兼容性测试	浏览器兼容性 （注：IE4/IE5/IE6/Firefox/MyIE/TT……）	
	其他支持软件/平台/文件/数据/接口的兼容性	
系统组网测试		
系统安装升级测试	初次安装	
	更新 （注：以前安装过相同版本）	
	升级 （注：以前安装过较早版本）	
功能层		
功能性测试	初验测试 （注：系统核心功能、基本业务流程的验证）	
	业务场景测试 （注：模拟用户实际操作的业务场景，遍历主要业务流程和业务规则）	
	业务功能的覆盖 （注：关注需求规格定义的所有功能系统是否都已实现）	
	业务功能的分解 （注：将每个功能分解成测试项。关注每个测试项的测试类型都被测试通过）	
	业务功能的组合 （注：相关联的功能项的组合功能都被正确实现）	
	业务功能的冲突 （注：业务功能间存在的功能冲突情况，均测试通过。例如，共享资源访问等）	
	异常处理及容错性 （输入异常数据或执行异常操作后，系统容错性及错误处理机制的健壮性。例如，重复单击“提交”按钮，提交申请单）	
子系统层		
	单个子系统的性能 （注：应用层关注的是整个系统各种软件、硬件、接口配合情况下的整体性能，这里关注单个系统）	
	子系统间的接口瓶颈 （例如，子系统间通信请求包的并发瓶颈）	
	子系统间的相互影响 （注：子系统的工作状态变化对其他子系统的影响）	
协议/指标层		
	协议一致性测试	
	协议互通测试	

续表

测 试 类 型	测试关注点	完 成 情 况
其他测试类型		
BVT	构建验证测试	
Ad hoc Test	随机测试	
Exploratory Test	探索性测试	
回归测试		

一、性能测试

性能测试即测试软件处理事务的速度，一是为了检验性能是否符合需求，二是为了得到某些性能数据供人们参考（例如，用于宣传）。性能测试类型包括负载测试、压力测试和容量测试等。负载测试是用来测试数据在超负荷环境中运行，程序是否能够承担。强度测试是用来测试在系统资源特别低的情况下，软件系统的运行情况。容量测试是用来确定系统可处理同时在线的最大用户数。

性能测试是一项综合性很强的工作，甚至可以作为一项工程来看待。中国软件评测中心将性能测试概括为三个方面：应用在客户端性能的测试、应用在网络上性能的测试和应用在服务器端性能的测试。通常情况下，三方面有效、合理的结合，可以达到对系统性能全面的分析和瓶颈的预测。

林锐博士提出，性能测试的一些注意事项：

① 不要试图让人拿着钟表去测时间，应当编写一段程序用于计算时间及相关数据。

② 应当测试软件在标准配置和最低配置下的性能。

③ 为了排除干扰，应当关闭那些消耗内存、占用 CPU 的其他应用软件（如杀毒软件）。

④ 不同的输入情况会得到不同的性能数据，应当分档记录。例如，传输文件的容量从 100KB 到 1MB 可以分成若干等级。

⑤ 由于环境的波动，同一种输入情况在不同的时间可能得到不同的性能数据，可以取其平均值。

根据不同的工程和项目，我们所选用的度量及评估方法也有不同之处。但一般情况下，完成性能测试项目可以参考如下通用步骤：

① 制定目标和分析系统。

② 选择测试度量的方法。

③ 学习的相关技术和工具。

④ 制定评估标准。

⑤ 设计测试用例。

⑥ 运行测试用例。

⑦ 分析测试结果。

要做好一件事情，选择合适的工具去完成是很重要的。要进行性能测试，有很多种工具可供选择，比如 LoadRunner、OpenSTA、Microsoft Web Application Stress Tool 等。Matt Maccaux 在 2005 年发表的著作 *Approahes to Performance Testing* 中，有对使用工具进行服务器负载测试的结果描述。

选用的测试工具对测试结果可能会产生很大的影响。假设测试的两个指标是服务器的响应时间和吞吐量，二者都会受到服务器上的负载的影响。而服务器上的负载又受两个因素的影响，即与服务器通信的用户的数目及每个用户请求之间的考虑时间的长短。显然，与服务器通信的用户越多，负载就越大。同样，请求之间的考虑时间越短，负载也越大。这两个因素的不同组合会产生不同等级的服务器负载。如图 2-10 所示，随着服务器上负载的增加，吞吐量也会随之上升，并以稳定的速度增长，直到达到一定高度后，在某一个点上稳定下来。如果这个时候服务器上的负载再增加，则吞吐量会急速地下降。

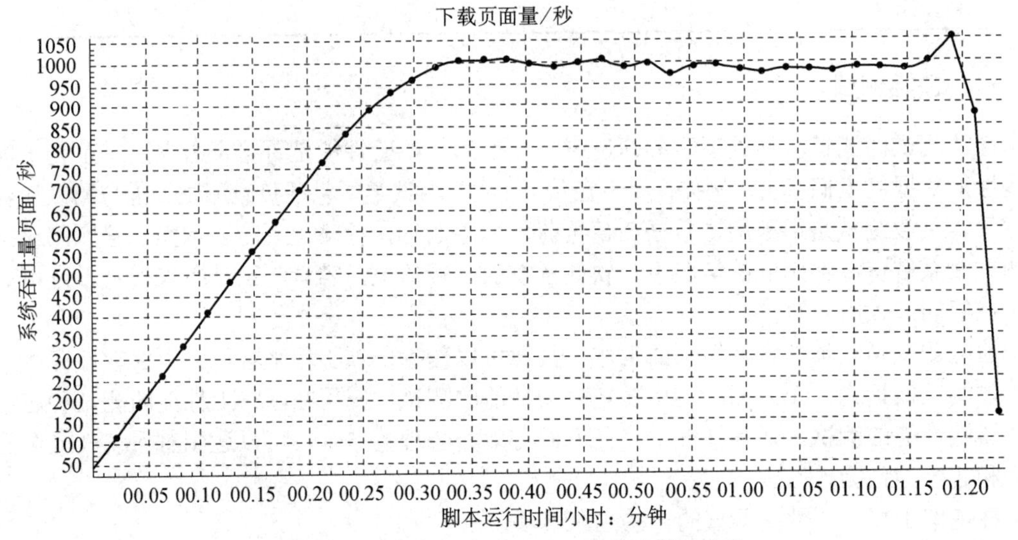

图 2-10　随着负载的增加，系统吞吐量的曲线

二、链接测试

什么是链接呢？链接是 Web 应用系统的一个主要特征，它是在页面之间切换和指导用户去一些不知道地址的页面的主要手段。

链接测试就是从待测的项目根目录开始，对所有页面中的超链接、图片、页面内部链接等所有的链接进行测试，测试链接是否正确链接到指定的页面，这种情况下，测试工具或程序是无法判断的，所以需要人工进行推测所链接的页面是否正确。如果网站内文件不存在、指定文件链接不存在、指定页面不存在或者存在孤立页面，则要将该链接具体位置及测试结果记录下来，一直到所有链接测试都结束，并写出测试报告。

链接测试的工具也有很多，比如 Xenu Link Sleuth、HTML Link Validator、Web Link Validat 等。每种工具都有优劣，在实际项目测试过程中可以取其优避其劣灵活运用。

总之，链接测试是在集成测试阶段进行的，即整个应用系统的所有页面完成之后进行。链接测试技术含量不是太高，但却非常重要。一个软件如果出现链接错误，其可用性会大打折扣。

三、导航测试

导航描述用户在一个页面内操作的方式。导航测试可以从以下几个问题进行考虑：导航是否直观？系统的主要部分是否可通过主页存取？是否需要站点地图、搜索引擎或其他的导航帮助？页面结构、菜单、链接的风格是否一致？用户凭直觉是否能知道系统里面的内容在什么地方？

其实导航就是为了让用户知道自己在哪儿，这是什么地方及可以去哪儿。那么可以按以下几个步骤测试页面的导航能力。

① 从网站上随机选择一个页面。

② 把这个页面打印成黑白的，并把页面头部的浏览器地址栏和下面的版权及公司信息部分去掉。

③ 假装是第一次进入这个网站，并试图回答在哪儿、是什么地方及可以去哪儿等问题。

④ 在一张纸上写下你所想的和答案。

这样就可以测试出网站上哪些导航是不合理的。

四、界面测试

用户界面测试（User Interface Testing，又称 UI 测试）指测试软件中的可见外观及其底层与用户交互的部分（菜单、对话框、窗口及其他控件）。

俗话说“人靠衣裳马靠鞍”，良好的外观往往能够吸引眼球，激发顾客（用户）的购买欲望，最终实现商业利益。软件的设计亦如此，Windows XP 在商业上的巨大成功很大一方面来自于它一改往日的呆板，以突出“应用”的灰色界面，从“用户体验”角度来设计界面，使界面具有较大的亲和力。就目前的软件设计的发展趋势来说，良好的人机界面设计越来越受到系统分析、设计人员的重视。在软件界面设计强调张扬个性的同时，我们不能忘记软件界面的设计要讲究规矩、简洁、一致、易用，这是一切软件界面设计和测试的必循之道，是软件人机界面在突出自我时的群体定位。美观、规整的软件人机界面破除新用户对软件的生疏感，使老用户更易于上手、充分重用已有使用经验，并尽量少犯错误。由此我们在对软件人机界面进行测试时（设计评审阶段和系统测试阶段结合进行），一定要着重考虑界面的美观度。

用户界面测试是指测试用户界面的风格是否满足客户要求，文字是否正确，页面是否美观，文字、图片组合是否完美，操作是否友好等。UI 测试的目标是确保用户界面会通过测试对象的功能来为用户提供相应的访问或浏览功能，确保用户界面符合公司或行业的标准，包括用户友好性、人性化、易操作性测试。

下面将界面的一致性测试、信息反馈测试、界面简洁性测试、界面美观度测试、用户动作测试及行业标准测试需要考虑的角度列举出来，供读者在界面测试中参考。

1. 一致性测试

一致性是软件人机界面的一个基本要求，目的是使用户在使用时，能够很快熟悉软件的操作环境，同时避免对软件操作出现理解上的歧义。这就要求在进行测试时，需要判断软件的人机界面是否可以作为一个整体而存在。一致性测试需要考虑：

① 提示的格式是否一致。

② 菜单的格式是否一致。

③ 帮助的格式是否一致。

④ 提示、菜单、帮助中的术语是否一致。

⑤ 各个控件之间的对齐方式是否一致。

⑥ 输入界面和输出界面在外观、布局、交互方式上是否一致。

⑦ 命令语言的语法是否一致。

⑧ 功能类似的相关界面在外观、布局、交互方式上是否一致（比如商品代码检索和商品名称检索）。

⑨ 存在同一产品族的时候，与其他产品在外观、布局、交互方式上是否一致（如Office产品族）。

⑩ 同一层次的文字在同一种提示场合（一般情况、突显、警告等）在文字大小、字体、颜色、对齐方式方面是否一致。

⑪ 多个连续界面依次出现的情况下，界面的外观、操作方式是否一致（当然可能会有例外，比如操作结束的界面）。

2. 信息反馈测试

系统的使用者或许是一个新手，在操作时难免出错，如果界面有友好的输入检查和错误提示功能，那么通过这些信息反馈，用户得到出错提示或任务完成之类的语言，会感觉界面比较亲切而且容易掌握。信息反馈测试时可从以下角度考虑：

① 系统是否接收客户的正确输入并做出提示（例如，鼠标焦点跳转）。

② 系统是否拒绝客户的错误输入并做出提示（例如，弹出警告框，声响）。

③ 系统显示用户的错误输入的提示是否正确，浅显易懂（例如，"ERR004"这样的提示让人不知所云）。

④ 系统是否在用户输入前给出用户具体输入方式的提示（例如，网站注册程序）。

⑤ 系统提示所用的图标或图形是否具有代表性和警示性。

⑥ 系统提示用语是否按警告级别和完成程度进行分级（若非某些破坏性操作，请对用户温和一些）。

⑦ 系统在界面（主要是菜单、工具条）上是否提供突显功能（比如鼠标移动到控件时，控件图标变大或颜色变化至与背景有较大反差，当移动开后恢复原状）。

⑧ 系统是否在用户完成操作时给出操作成功的提示（很多系统都缺少这一步，使用户毫无成就感）。

3. 界面简洁性测试

人机界面需要设计得生动而引人入胜，但绝对不是花哨杂乱，所以界面简洁性测试可以从以下角度考虑：

① 用户界面是否存在空白空间（没有空白空间的界面是杂乱无章的，易用性极差）。

② 各个控件之间的间隔是否一致。

③ 各个控件在垂直和水平方向上是否对齐。

④ 菜单深度是否在三层以内（建议不要超出三层，可以参考微软的例子）。

⑤ 界面控件分布是否按照功能分组（菜单、工具栏、单选框组、复选框组、Frame等）。

⑥ 界面控件本身是否需要通过滑动条的滑动来显示数据（建议采用分页显示并提供数据排序显示功能）。

实际上，一个处理该类测试的原则就是清除多余的东西，尽可能分组。

4. 界面美观度测试

如果界面美观漂亮，能给人以美的享受，那么用户就乐于访问你的系统，客户更容易同意你的方案。"美是对比的产物"，界面美观度测试从以下角度考虑：

① 前景与背景色搭配是否反差过大。

② 前景与背景色是否采用较为清淡的色调而不是深色（比如用天蓝色而不用深蓝色和墨绿色）。

③ 系统界面是否采用了超过 3 种基本色（一般情况下不要超过 3 种）。

④ 字体大小是否与界面的大小比例协调（一般中文采用 9～12 号宋体，英文采用 Arial 或 Times New Roman，日文采用 SimSun 或明朝）。

⑤ 按钮较多的界面是否禁止缩放（一般情况下不宜缩放，最好禁止最大、最小化按钮）。

⑥ 系统是否提供用户界面风格自定义功能，满足用户个人偏好。

5. 用户动作测试

用户不会有太多的耐心对待他们期待的系统，如果软件系统能让用户尽量少动手少记命令，那么用户就会喜欢使用它。用户动作测试可以从以下角度判断是否能让用户“偷懒”：

① 是否存在用户频繁操作的快捷键。

② 是否允许动作的可逆性（Undo，Redo）。

③ 界面是否有对用户的记忆要求。

④ 系统的反应速度是否符合用户的期望值。

⑤ 是否存在更便捷、直观的方式来取代当前的界面的显示方式（例如，用菜单界面代替命令语言界面）。

⑥ 用户在使用的任何时刻是否能开启帮助文档（F1）。

⑦ 系统是否提供模糊查询机制和关键字提示机制减少用户的记忆负担（例如，清华紫光输入法的模糊音设定）。

⑧ 是否对可能造成长时间等待的操作提供操作取消功能。

⑨ 是否支持对错误操作进行可逆性处理，返回原有状态。

⑩ 是否采用相关控件（例如，日历、计算器等）替代用户手工键盘输入。

⑪ 选项过多的情况下是否采用下拉列表或者关键字检索的方式供用户选择。

⑫ 系统出错是否存在恢复机制使用户返回出错前状态（例如，Office XP 的文件恢复）。

⑬ 在用户输入数据之前，用户输入数据后才能执行的操作是否被禁止（例如，特定的按钮变灰）。

⑭ 系统是否提供“所见即所得”或“下一步提示”的功能（例如，预览）。

6. 行业标准测试

“国有国法，行有行规”，设计系统界面也要注意使用系统的客户所在行业的标识体系，测试人员对这些行业符号体系必须有所了解，行业标准测试可以从以下一些角度来考虑是否与行业标识体系冲突：

① 界面使用的图符、声音是否符合软件所面向领域的行业符号体系标准。

② 界面使用的术语是否符合软件所面向领域的行业命名标准。

③ 界面的颜色是否与行业代表色彩较为相近。

④ 界面的背景是否能够反映行业相关主题（例如，反映环保的背景一般采用自然风光）。

⑤ 界面的设计是否反映行业最新的理念和大众趋势。

除此之外，还要考虑软件开发商自身的个性或徽标，而开发商既要突显自身的特性又不能喧宾夺主，对此可从以下角度出发：

① 软件的安装界面是否有单位介绍或产品介绍，并拥有自己的图标。

② 软件的安装界面是否在界面上不同于通用的安装工具生成的界面（例如金山快译的安装界面就比较有特色）。

③ 主界面的图标是否为制作商的图标。

④ 系统启动需要长时间等待时，是否存在Splash界面，它是否包含或反映制作者信息。

⑤ 软件是否有版本查看机制，版本说明上是否有制作者或是用户的标识。

⑥ 软件的界面的色彩、背景、布置是否与同类产品有不同之处，如果有，是否更为简洁、美观。

⑦ 软件界面操作与同类产品相比，是否能够减少用户输入的频繁度。

⑧ 软件界面操作与同类产品相比，是否在出错预防机制和提示上更为直观、醒目。

⑨ 软件界面是否为特殊群体或是特殊的应用提供相应的操作机制（例如，Windows系统的放大镜）。

五、兼容性测试

兼容性就是指协调性。通俗地讲兼容性分为硬件兼容性和软件兼容性两个方面：

① 硬件兼容性就是指计算机的各个部件，比如CPU、显卡或主板等组装到一起以后的情况，会不会相互有影响，能不能很好地协同运作。

② 软件兼容性就是指计算机的软件之间能否很好地协作，互相之间会不会有影响，还有软件和硬件之间能否很好地提高工作效率，会不会互相影响导致系统崩溃。

兼容性测试包括平台测试、浏览器测试、分辨率测试、连接速度测试和组合测试等。

目前市场上有很多不同种类的操作系统，比如常见的有Windows、Linux及UNIX等。那么Web程序在这些操作系统上能否正常运行，发布之前就要进行平台的兼容性测试。

浏览器是Web应用系统客户端使用的最主要的构件，市场上浏览器的种类也极其繁多，它们的规格也不尽相同。比如框架和层次风格在不同的浏览器中就有不同的显示或根本不显示，所以发布Web应用系统之前也要进行浏览器的兼容性测试。

客户端用户使用的显示分辨率有多种多样，常见的有800×600、1024×768、1280×800、1024×640、1440×900等，那么这些不同分辨率模式下页面能否正常显示？Web应用程序就有必要进行分辨率的兼容性测试，以保证不同分辨率下页面可以正常运行。

客户端用户在浏览网站或下载资源的时候，如果等待时间比较长则会失去耐心，可能会转到其他网站去。所以对连接速率的测试也是很重要的。测试速度的时候测试人员可能使用的带宽比较宽，而用户却使用较窄带宽，这时就需要对连接速度的兼容性问题进行测试，判断是否在较窄带宽下Web应用系统也能在用户可以忍受的范围内运行。

组合测试就是将以上几种兼容性测试组合起来进行，比如在不同平台的不同浏览器下运行，或者兼具不同的分辨率与带宽。这样也是为了使测试内容更全面，更多地发现系统漏洞。

六、文档测试

文档测试（Documentation Testing）是一个很重要的阶段，也可以叫评审，就是阅读需求分析文档、概要设计文档及详细设计文档等，找出错误的或者不合适的地方。软件测试技术自出现并发展到现在，不仅仅只是在软件开发结束后再测试，而是深入软件开发的各个阶段中，从需求分析就要进行测试，直到软件开发完毕，最后到实施维护。

文档测试关注于文档的正确性，文档有三大类，分别是开发文件、用户文件和管理文件。

（1）开发文件包括：①可行性研究报告；②软件需求说明书；③数据要求说明书；④概要设计说明书；⑤详细设计说明书；⑥数据库设计说明书；⑦模块开发卷宗。

（2）用户文件包括：①用户手册；②操作手册。

（3）管理文件包括：①项目开发计划；②测试计划；③测试分析报告；④开发进度月报；⑤项目开发总结报告。

软件测试中的文档测试主要是对相关的设计报告和用户使用说明进行测试，对于设计报告主要是测试程序与设计报告中的设计思想是否一致；对于用户使用说明进行测试时，主要是测试用户使用说明书中对程序操作方法的描述是否正确，重点是对用户使用说明中提到的操作例子要进行测试，保证采用的例子能够在程序中正确完成操作。

这里重点介绍一下帮助文档测试。帮助文档应该提供所有规格说明和各种操作命令用法，可以帮助和引导用户在使用软件遇到困难时自己寻找解决办法。

对帮助文档的测试可以从以下几个方面着手：①前后一致性；②内容完整性；③可理解性；④方便性。

一个好的系统应该提供一套完整而详细的帮助文档，使系统尽善尽美。

至此，我们已经介绍了软件测试所使用的大部分测试策略和设计用例的方法，值得一提的是，通常在按照所有测试用例测试完毕，测试中发现的问题全部解决后，还要进行下一轮的测试，即回归测试。

进行文档测试时，应该先列出项目过程中的文档清单，然后对各文档进行测试总结，完成如表 2-22 所示的检查表。

表 2-22 文档测试结果

文档（版本/日期）	已创建或可用	已被接收或已经过复审	作者来源	备 注
可行性分析报告	是□ 否□	是□ 否□		
软件需求定义	是□ 否□	是□ 否□		
软件系统分析（STD，DFD，CFD，DD）	是□ 否□	是□ 否□		
软件概要设计	是□ 否□	是□ 否□		
软件详细设计	是□ 否□	是□ 否□		

续表

文档（版本/日期）	已创建或可用	已被接收或已经过复审	作者来源	备　注
软件测试需求	是□　否□	是□　否□		
硬件可行性分析报告	是□　否□	是□　否□		
硬件需求定义	是□　否□	是□　否□		
硬件概要设计	是□　否□	是□　否□		
硬件原理图设计	是□　否□	是□　否□		
硬件结构设计（包含 PCB）	是□　否□	是□　否□		
FPGA 设计	是□　否□	是□　否□		
硬件测试需求	是□　否□	是□　否□		
PCB 设计	是□　否□	是□　否□		
USB 驱动设计	是□　否□	是□　否□		
Tunner BSP 设计	是□　否□	是□　否□		
MCU 设计	是□　否□	是□　否□		
模块开发手册	是□　否□	是□　否□		
测试时间表及人员安排	是□　否□	是□　否□		
测试计划	是□　否□	是□　否□		
测试方案	是□　否□	是□　否□		
测试报告	是□　否□	是□　否□		
测试分析报告	是□　否□	是□　否□		
用户操作手册	是□　否□	是□　否□		
安装指南	是□　否□	是□　否□		

七、本地化测试

本地化测试（Localization Testing），其测试对象是软件的本地化版本。本地化测试的目的是测试特定目标区域设置的软件本地化质量。本地化测试的环境是在本地化的操作系统上安装本地化的软件。从测试方法上可以分为基本功能测试，安装/卸载测试，当地区域的软硬件兼容性测试。测试的内容主要包括软件本地化后的界面布局和软件翻译的语言质量，包含软件、文档和联机帮助等部分。

本地化就是翻译产品的 UI，有时也更改某些初始设置以使产品适合于另一个地区。本地化测试检查针对特定目标区域或区域设置的产品本地化质量。此测试基于全球化测试的结果，后者验证对特定区域或区域设置的功能性支持。本地化测试只能在产品的本地化版本上进行，不对本地化质量进行测试。

软件本地化测试是软件本地化项目的一个重要组成部分，是提高软件本地化质量的重要手段，是控制软件本地化质量的关键措施。软件本地化测试的目的是发现本地化软件中的错误和缺陷，通过修复这些错误和缺陷，提高软件本地化质量。更详细的定义可以描述为，软件本地化测试是根据软件本地化各阶段的测试计划和规格说明，精心设计一批测试用例（即输入数据及其预期的输出结果），并利用这些测试用例去运行本地化软件，以发现程序错误和缺陷的过程。综合的软件本地化测试解决方案，可以保证软件发布进度、降低支持和维护成本，并保证产品有上乘的质量。

软件本地化测试是一个系统工程，包含多个紧密联系的环节和内容。软件本地化测试作为保证软件本地化质量和可靠性的技术手段，随着软件国际市场的激烈竞争和软件用户对质量要求的不断提高，软件本地化测试在软件本地化项目中的作用更加突出。软件本地化测试的关键在于软件供应商（Software Provider）和本地化提供商（Localization Vendor）对测试的高度重视，包括测试资源、测试文档、测试流程、测试方法和测试管理等方面有效准备和正确实施。

随着跨国公司产品国际化战略的深入发展，产品本地化需求快速增长。根据 LISA 提供的 2003 年的数据，在 GILT 服务领域，大型国际公司产品的翻译外包比例达到 48%，产品的桌面排版（DTP）占到 7%，产品本地化达 13%，项目管理占 7%，详细数据比例如图 2-11 所示。所以，软件本地化测试也受到越来越多的重视。

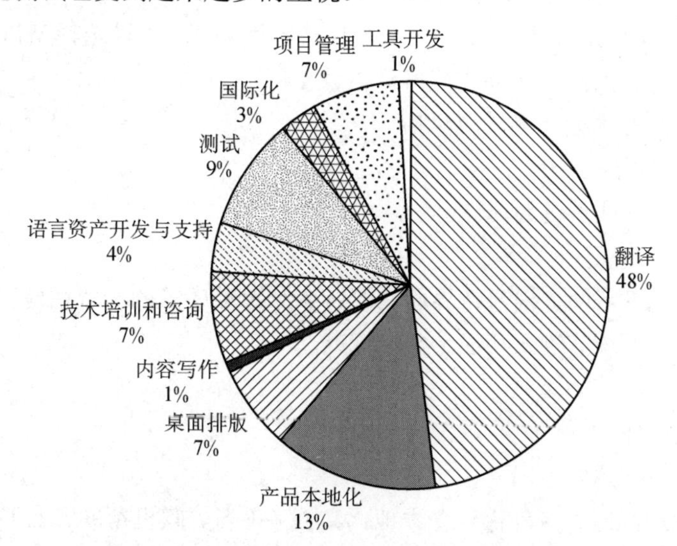

图 2-11　大型国际公司产品的业务外包比例

1. 软件本地化工程

软件本地化工程是对本地化的文件进行资源文件抽取、格式转换、本地化编译和修正缺陷的过程。它融合了软件工程、翻译技术和桌面出版等技术，是软件本地化不可缺少的环节。

软件本地化工程包括软件、联机帮助和图像的本地化工程，分别对软件程序、软件的联机帮助和本地化软件的图像进行格式转化、内容本地化、重新编译和修正缺陷等处理。

包含软件本地化翻译、工程处理、测试和桌面排版的大型软件本地化项目的流程如图 2-12 所示。

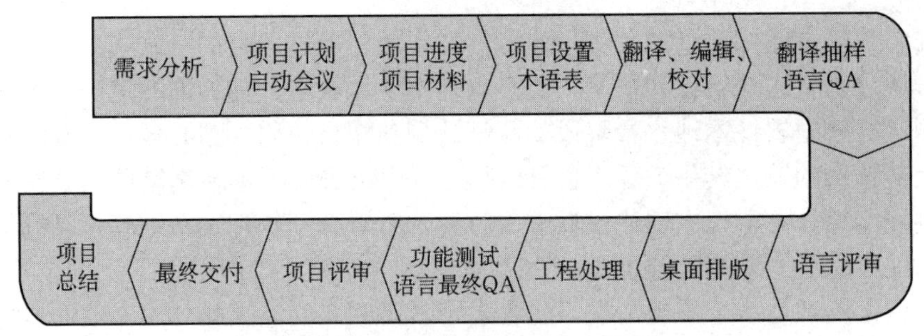

图 2-12　软件本地化项目的处理流程

2. 本地化测试包括的内容

进行本地化测试时可以着重从这两个方面进行考虑：

- 受本地化影响的方面，如 UI 和内容。
- 区域性或区域设置特定的、语言特定的和地区特定的方面。

另外，本地化测试还应包括：

- 基本功能测试。
- 在本地化环境中运行的安装和升级测试。
- 根据产品的目标地区计划应用程序和硬件兼容性测试。可以选择 Windows 10 的任何语言版本作为测试平台。然而，必须安装目标语言支持。

用户界面和语言的本地化测试应包括：

- 验证所有应用程序资源。
- 验证语言的准确性和资源属性。
- 版式错误。
- 书面文档、联机帮助、消息、界面资源、命令键顺序等的一致性检查。
- 确认是否遵守系统、输入和显示环境标准。
- 用户界面可用性。
- 评估文化适合性。
- 检查政治上敏感的内容。

当交付本地化产品时，应确保包含本地化文档（手册、联机帮助、上下文帮助等），要检查的项目包括：

- 翻译的质量。
- 翻译的完整性。
- 所有文档和应用程序 UI 中使用的术语一致。

3. 发现缺陷的基本方法

对于软件本地化测试，本地化提供商主要进行外观测试和本地化语言测试，软件供应商主要进行国际化测试和功能测试。软件在本地化之前，必须先经过软件国际化测试和本地化性能测试等功能测试，然后再编译本地化版本。软件本地化提供商应该重点处理本地化提供商可以解决和擅长的调整本地化软件用户界面布局和语言翻译等问题，对于测试过程报告的软件硬编码（指直接嵌入在代码中的需要本地化的字符）和软件自身的功能错误只能由软件提供商处理。由于软件本地化和源语言软件开发一起进行，因此，软件本地化测试通常要测试多个功能不断完善和丰富的本地化版本。这些不同的本地化版本测试的重点和具体测试内容各不相同。本地化软件缺陷，具有比较鲜明的特征，因此发现本地化软件缺陷具有内在规律。

（1）按照一定的顺序排查软件缺陷

本地化软件缺陷可以分为用户界面错误、语言质量错误和功能错误等。这些不同类型的错误有时同时出现在软件的某个部分，为了更全面地发现这些缺陷需要遵循一定的测试排查步骤。下面以测试一个本地化文本框为例介绍测试过程。

① 首先查看文本框控件的用户界面错误。

- 是否有被截断（Truncation）的错误。
- 是否控件布局不整齐或者重叠。
- 是否丢失热键。
- 与英文软件的热键不一致。
- 文本字体类型和大小错误。
- 字符显示乱码错误。

② 其次，查看对话框语言质量错误。

- 是否有遗漏的需要本地化的英文文字。
- 本地化的文字是否内容正确、专业和流畅。
- 是否存在多余的翻译，例如，对不该翻译的内容进行了翻译。
- 是否翻译的内容带有敏感的政治问题和与目标市场的风俗传统不一致。
- 标点符号是否符合本地化语言用户的使用习惯。

③ 最后，查看对话框功能错误。

- 每个要测试的按钮功能是否起作用。
- 每个要测试的按钮功能是否正确。
- Tab 键的跳转是否正确。
- 控件的热键是否起作用。

按照以上的顺序测试，主要是为了按照从易到难的原则，全面地查找软件缺陷，而不是说功能错误是不重要的，相反功能错误是优先级比较高的错误，应该正确处理。

（2）对照源语言软件确认缺陷

绝大多数本地化软件缺陷都是由本地化过程引起的，但是也有少量错误是由源语言软件不正确的设计引起的。这类错误表现为同一个错误在源语言软件和本地化版本中都可以复现，如某些功能不起作用、热键重复等。还有一种错误只在本地化软件中复现，但是本地化工程师无法解决，需要软件开发人员通过修改编码进行修正，如不支持双字节的输入、显示、输出等，这些均属于源语言软件的国际化设计错误。

因此，如果发现了功能错误和热键等软件缺陷，应该在相同测试环境的源语言软件上，进行同样步骤的测试，将测试结果进行比较，并且报告中应该指出该软件缺陷是否也存在于源语言软件上。

（3）利用软件缺陷的“扎堆”现象

软件缺陷的“扎堆”现象就是被测软件的某些部分往往出现不止一个错误。因此，如果在某一部分发现了很多错误，应该进一步仔细测试是否还包含了更多的软件缺陷。

软件缺陷的“扎堆”现象的常见形式包括：

- 对话框的某个控件功能不起作用，可能其他控件的功能也不起作用。
- 某个文本框不能正确显示双字节字符，则其他文本框也可能不支持双字节字符。
- 联机帮助某段文字的翻译包含了很多错误，与其相邻的上下段的文字可能也包含很多的语言质量问题。
- 安装文件某个对话框的“上一步”或“下一步”按钮被截断，则这两个按钮在其他对话框中也可能被截断。

软件测试中重视软件缺陷的“扎堆”现象，有助于发现更多的软件缺陷。

（4）关注测试容易产生软件缺陷的部分

软件缺陷几乎无处不在，可以出现在软件的任何地方。但是，软件缺陷的产生也有些规律，软件的某些部分更容易产生软件缺陷，这些部分是软件错误的“重灾区”，在测试期间应该引起重视和测试。

容易产生软件本地化缺陷的软件部分包括：

- 软件的“关于”对话框中容易产生版权（C）和商标（TM）等字符的显示错误。
- 软件中与语言设置相关的部分容易产生软件国际化错误，例如，排序方式、数字格式、日期格式、时间格式、货币符号、度量衡、电话号码格式、纸张类型等。
- 对话框和菜单中容易产生热键错误。对话框中容易产生用户界面错误。
- 终端用户许可协议（EULA）容易产生国家和地区名称翻译的政治敏感错误，例如，将地区翻译成国家等。
- 联机帮助文件中容易产生与软件界面不一致的术语翻译错误。

（5）参考其他语言版本测试发现的缺陷

如果测试项目组同时在测试不同语言的相同本地化版本，应该尽量参考其他本地化软件测试过程中发现的缺陷，例如，在报告的缺陷管理库中搜索报告的缺陷，与其他语言的测试工程师交流等，查看自己是否漏测、漏报了某些软件缺陷，并且努力补上。另外，有些本地化错误可能仅仅出现在某个本地化语言版本中，属于该语言版本的本地化过程引起的错误，在报告软件缺陷时，说明本缺陷不出现在其他本地化语言版本上，将有助于软件工程师正确隔离软件缺陷，分配给合适的人员处理缺陷。

（6）使用测试辅助工具

根据测试的不同内容，选择合适的测试辅助工具，可以有效地发现软件缺陷。例如，使用文件和文件夹比较工具（例如，Beyond Compare 或 WinDiff）可以方便地比较英文和本地化 build 的文件和文件夹内容。Html QA 可以很方便、准确地定位编译的本地化联机帮助文件的链接是否完整、正确。

本地化软件的缺陷的类型具有明显的特征，测试工程师只要熟悉这些特征，按照适当的测试顺序，仔细地观察比较可以发现绝大多数软件缺陷。另外，本地化测试也是不断实践、不断丰富测试经验的过程，测试人员之间加强交流，不断自我总结测试经验，可以不断提高寻找和发现软件缺陷的能力。

工作任务 2.2　测试用例设计

2.2.1　Test Suite 登录页面模块测试用例设计

一、工作任务描述

用户管理是“权限管理系统”的基本模块，用户在浏览器的地址栏中输入 http://192.168.56.2:8080/asset_war 时，系统弹出如图 2-13 所示的主页面。

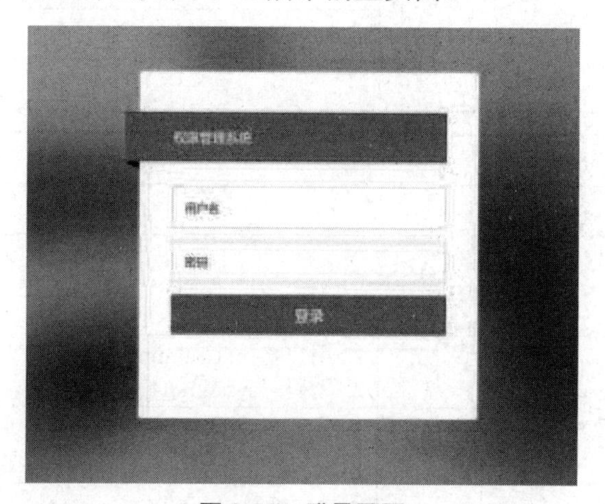

图 2-13　登录页面

用户输入账号密码，单击“登录”按钮进行登录。

系统管理员，账号：sysadmin，密码：sysadmin。

角色管理员，账号：jsadmin，密码：jsadmin。

本节任务就是对登录页面的功能进行测试，编写测试用例集。在此我们使用了场景法、边界值分析法、错误推测法等测试用例设计方法。

二、工作过程

编写测试用例集。以下是登录页面的测试用例集。

用例编号：QXGL-ST-001-001	
功能点：登录功能测试	
用例描述：登录界面文字正确性验证	
前置条件：	输入：
登录页面正常显示	打开登录页面
执行步骤：	预期结果：
打开登录页面	界面显示文字和按钮文字显示正确
	实际结果：

用例编号：QXGL-ST-001-002	
功能点：登录功能测试	
用例描述：登录界面输入框显示是否符合要求	
前置条件：	输入：
预制账号和密码（固定）： 系统管理员：sysadmin/sysadmin 角色管理员：jsadmin/jsadmin	1. 用户名：jsadmin 2. 密码：jsadmin
执行步骤：	预期结果：
输入以上数据	登录界面用户名输入框明文，内容显示正确。密码输入框显示密文
	实际结果：

用例编号：QXGL-ST-001-003	
功能点：登录功能测试	
用例描述：正确登录	
前置条件：	输入：
预制账号和密码（固定）： 系统管理员：sysadmin/sysadmin	1. 用户名：sysadmin 2. 密码：sysadmin
执行步骤：	预期结果：
输入以上数据，单击“登录”按钮	登录后默认进入首页欢迎页，页面 title 显示“首页”，面包屑导航显示“首页”>“控制台” 顶部导航栏显示：欢迎 sysadmin、“首页”按钮、“修改密码”按钮、“退出系统”按钮
	实际结果：

用例编号：QXGL-ST-001-004	
功能点：登录功能测试	
用例描述：正确登录	
前置条件：	输入：
预制账号和密码（固定）： 资产管理员：zcadmin/ZcAdmin456	1. 用户名：zcadmin 2. 密码：ZcAdmin457
执行步骤：	预期结果：
输入以上数据，单击“登录”按钮	登录后默认进入首页欢迎页，页面 title 显示“首页”，面包屑导航显示“首页”>“控制台” 顶部导航栏显示：欢迎 sysadmin、“首页”按钮、“修改密码”按钮、“退出系统”按钮
	实际结果：

<table>
<tr><td colspan="2">用例编号：QXGL-ST-001-005</td></tr>
<tr><td colspan="2">功能点：登录功能测试</td></tr>
<tr><td colspan="2">用例描述：用户名区分大小写</td></tr>
<tr><td>前置条件：</td><td>输入：</td></tr>
<tr><td>预制账号和密码（固定）：
系统管理员：sysadmin/sysadmin
角色管理员：jsadmin/jsadmin</td><td>1. 用户名：SYSADMIN
2. 密码：sysadmin</td></tr>
<tr><td>执行步骤：</td><td>预期结果：</td></tr>
<tr><td rowspan="3">输入以上数据，单击“登录”按钮</td><td>提示“用户名不存在”</td></tr>
<tr><td>实际结果：</td></tr>
<tr><td></td></tr>
</table>

<table>
<tr><td colspan="2">用例编号：QXGL-ST-001-006</td></tr>
<tr><td colspan="2">功能点：登录功能测试</td></tr>
<tr><td colspan="2">用例描述：用户名未输入，进行登录</td></tr>
<tr><td>前置条件：</td><td>输入：</td></tr>
<tr><td>预制账号和密码（固定）：
系统管理员：sysadmin/sysadmin
角色管理员：jsadmin/jsadmin</td><td>1. 用户名：不输入
2. 密码：sysadmin</td></tr>
<tr><td>执行步骤：</td><td>预期结果：</td></tr>
<tr><td rowspan="3">输入以上数据，单击“登录”按钮</td><td>提示“用户名不能为空”</td></tr>
<tr><td>实际结果：</td></tr>
<tr><td></td></tr>
</table>

<table>
<tr><td colspan="2">用例编号：QXGL-ST-001-007</td></tr>
<tr><td colspan="2">功能点：登录功能测试</td></tr>
<tr><td colspan="2">用例描述：用户名错误（用户名不存在），进行登录</td></tr>
<tr><td>前置条件：</td><td>输入：</td></tr>
<tr><td>预制账号和密码（固定）：
系统管理员：sysadmin/sysadmin
角色管理员：jsadmin/jsadmin</td><td>1. 用户名：sadmin
2. 密码：sysadmin</td></tr>
<tr><td>执行步骤：</td><td>预期结果：</td></tr>
<tr><td rowspan="3">输入以上数据，单击“登录”按钮</td><td>提示“用户名不能为空”</td></tr>
<tr><td>实际结果：</td></tr>
<tr><td></td></tr>
</table>

用例编号：QXGL-ST-001-008
功能点：登录功能测试
用例描述：密码未输入，进行登录

续表

前置条件：	输入：
预制账号和密码（固定）： 系统管理员：sysadmin/sysadmin 角色管理员：jsadmin/jsadmin	1. 用户名：jsadmin 2. 密码：不输入
执行步骤：	预期结果：
输入以上数据，单击“登录”按钮	提示“密码不能为空”
	实际结果：

用例编号：QXGL-ST-001-009	
功能点：登录功能测试	
用例描述：用户名、密码不匹配，进行登录	
前置条件：	输入：
预制账号和密码（固定）： 系统管理员：sysadmin/sysadmin 角色管理员：jsadmin/jsadmin	1. 用户名：jsadmin 2. 密码：1234567
执行步骤：	预期结果：
输入以上数据，单击“登录”按钮	提示“密码不正确”
	实际结果：

2.2.2 Test Suite 首页模块测试用例设计

一、工作任务描述

用户输入账号密码，单击“登录”按钮进行登录。

系统管理员，账号：sysadmin，密码：sysadmin。

角色管理员，账号：jsadmin，密码：jsadmin。

这里登录系统管理员账号，登录进入系统管理员首页主界面，如图2-14所示。

本节任务就是对系统管理员账户首页功能进行测试，编写测试用例集。在此我们使用了等价类划分法、场景法、错误推测法等测试用例设计方法。

二、工作过程

编写测试用例集。以下是首页模块的测试用例集。

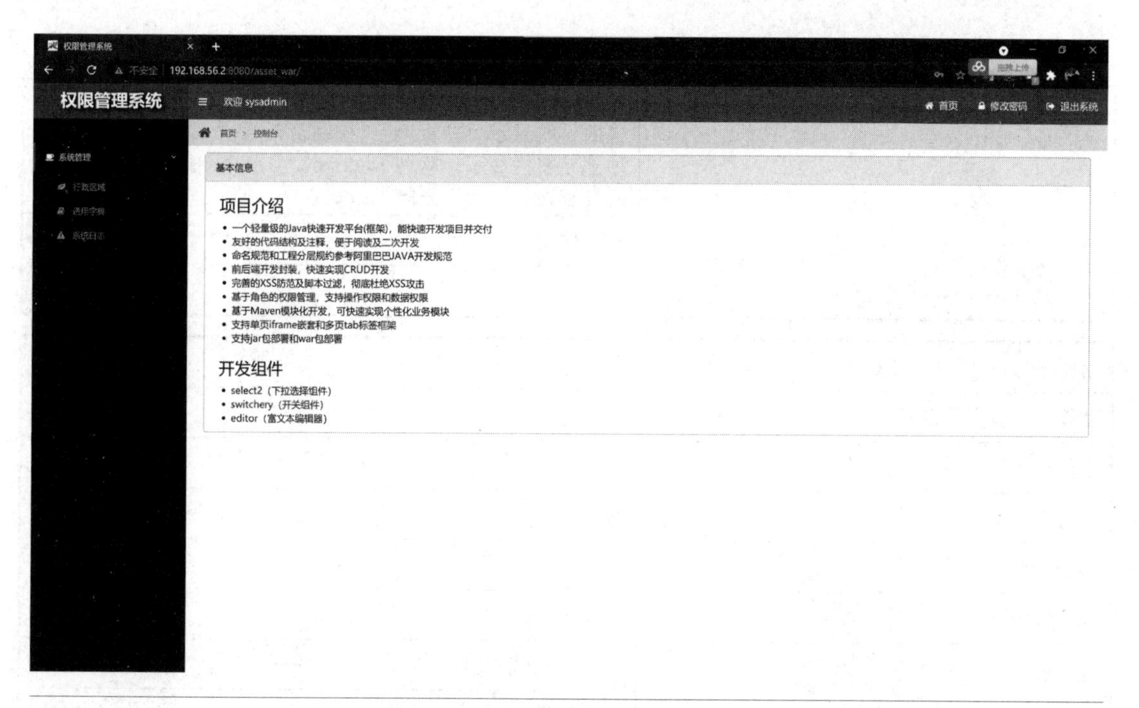

图 2-14　系统管理员账户主页界面

用例编号：QXGL-ST-002-001	
功能点：首页导航栏	
用例描述：显示正确性验证	
前置条件：	输入：
系统管理员登录成功	无
执行步骤：	预期结果：
无	登录后默认进入首页欢迎页，页面 title 显示“首页”，面包屑导航显示“首页”>“控制台” 顶部导航栏显示：欢迎 sysadmin、“首页”按钮、“修改密码”按钮、“退出系统”按钮
	实际结果：

用例编号：QXGL-ST-002-002	
功能点：首页导航栏	
用例描述：显示正确性验证	
前置条件：	输入：
角色管理员登录成功	无
执行步骤：	预期结果：

续表

<table>
<tr><td rowspan="3">无</td><td>登录后默认进入首页欢迎页，页面 title 显示“首页”，面包屑导航显示“首页”>“控制台”
顶部导航栏显示：欢迎 jsadmin、“首页”按钮、“修改密码”按钮、“退出系统”按钮</td></tr>
<tr><td>实际结果：</td></tr>
<tr><td></td></tr>
</table>

<table>
<tr><td colspan="2">用例编号：QXGL-ST-002-003</td></tr>
<tr><td colspan="2">功能点：首页导航栏</td></tr>
<tr><td colspan="2">用例描述：“首页”按钮</td></tr>
<tr><td>前置条件：</td><td>输入：</td></tr>
<tr><td>系统管理员登录成功</td><td>无</td></tr>
<tr><td>执行步骤：</td><td>预期结果：</td></tr>
<tr><td rowspan="3">单击“首页”按钮</td><td>跳转到系统首页</td></tr>
<tr><td>实际结果：</td></tr>
<tr><td></td></tr>
</table>

<table>
<tr><td colspan="2">用例编号：QXGL-ST-002-004</td></tr>
<tr><td colspan="2">功能点：首页导航栏</td></tr>
<tr><td colspan="2">用例描述：“首页”按钮</td></tr>
<tr><td>前置条件：</td><td>输入：</td></tr>
<tr><td>角色管理员登录成功</td><td>无</td></tr>
<tr><td>执行步骤：</td><td>预期结果：</td></tr>
<tr><td rowspan="3">单击“首页”按钮</td><td>跳转到系统首页</td></tr>
<tr><td>实际结果：</td></tr>
<tr><td></td></tr>
</table>

<table>
<tr><td colspan="2">用例编号：QXGL-ST-002-005</td></tr>
<tr><td colspan="2">功能点：首页导航栏</td></tr>
<tr><td colspan="2">用例描述：“修改密码”按钮</td></tr>
<tr><td>前置条件：</td><td>输入：</td></tr>
<tr><td>系统管理员登录成功</td><td>无</td></tr>
<tr><td>执行步骤：</td><td>预期结果：</td></tr>
</table>

续表

单击“修改密码”按钮	弹出修改密码框,修改密码框内显示当前登录账号及原密码和新密码的输入框。新密码和原密码均是必填项，由红色*号标注。显示“确定”“取消”按钮及右上角有一个×
	实际结果：

用例编号：QXGL-ST-002-006	
功能点：首页导航栏	
用例描述：“修改密码”按钮	
前置条件：	输入：
角色管理员登录成功	无
执行步骤：	预期结果：
单击“修改密码”按钮	弹出修改密码框,修改密码框内显示当前登录账号及原密码和新密码的输入框。新密码和原密码均是必填项，由红色*号标注。显示“确定”“取消”按钮及右上角有一个“×”
	实际结果：

用例编号：QXGL-ST-002-007	
功能点：首页导航栏	
用例描述：修改密码	
前置条件：	输入：
系统管理员登录成功	原密码：sysadmin 新密码：sysadmi
执行步骤：	预期结果：
单击“保存”按钮	提示“长度和格式不符合规则，请重新输入”
	实际结果：

用例编号：QXGL-ST-002-008	
功能点：首页导航栏	
用例描述：修改密码	
前置条件：	输入：
系统管理员登录成功	原密码：sysadmin 新密码：sysadmi5

续表

执行步骤：	预期结果：
单击“保存”按钮	提示修改成功，回到登录页面
	实际结果：

用例编号：QXGL-ST-002-009	
功能点：首页导航栏	
用例描述：修改密码	
前置条件：	输入：
系统管理员登录成功	原密码：sysadmin 新密码：sysadmi67
执行步骤：	预期结果：
单击“保存”按钮	提示“长度和格式不符合规则，请重新输入”
	实际结果：

用例编号：QXGL-ST-002-010	
功能点：首页导航栏	
用例描述：修改密码	
前置条件：	输入：
系统管理员登录成功	原密码：sysadmin 新密码：sysadmi 哈
执行步骤：	预期结果：
单击“保存”按钮	提示“长度和格式不符合规则，请重新输入”
	实际结果：

用例编号：QXGL-ST-002-011	
功能点：首页导航栏	
用例描述：修改密码	
前置条件：	输入：
系统管理员登录成功	原密码： 新密码：sysadmin
执行步骤：	预期结果：
单击“保存”按钮	提示“原密码为空！”
	实际结果：

<table>
<tr><td colspan="2">用例编号：QXGL-ST-002-012</td></tr>
<tr><td colspan="2">功能点：首页导航栏</td></tr>
<tr><td colspan="2">用例描述：修改密码</td></tr>
<tr><td>前置条件：</td><td>输入：</td></tr>
<tr><td>系统管理员登录成功</td><td>原密码：sysadmin
新密码：</td></tr>
<tr><td>执行步骤：</td><td>预期结果：</td></tr>
<tr><td rowspan="3">单击“保存”按钮</td><td>提示“新密码为空！”</td></tr>
<tr><td>实际结果：</td></tr>
<tr><td></td></tr>
</table>

<table>
<tr><td colspan="2">用例编号：QXGL-ST-002-013</td></tr>
<tr><td colspan="2">功能点：首页导航栏</td></tr>
<tr><td colspan="2">用例描述：单击右上角“×”</td></tr>
<tr><td>前置条件：</td><td>输入：</td></tr>
<tr><td>系统管理员登录成功</td><td>无</td></tr>
<tr><td>执行步骤：</td><td>预期结果：</td></tr>
<tr><td rowspan="3">单击右上角“×”</td><td>关闭当前窗口，回到首页</td></tr>
<tr><td>实际结果：</td></tr>
<tr><td></td></tr>
</table>

<table>
<tr><td colspan="2">用例编号：QXGL-ST-002-014</td></tr>
<tr><td colspan="2">功能点：首页导航栏</td></tr>
<tr><td colspan="2">用例描述：单击“消除”按钮</td></tr>
<tr><td>前置条件：</td><td>输入：</td></tr>
<tr><td>系统管理员登录成功</td><td>无</td></tr>
<tr><td>执行步骤：</td><td>预期结果：</td></tr>
<tr><td rowspan="3">单击“消除”按钮</td><td>关闭当前窗口，回到首页</td></tr>
<tr><td>实际结果：</td></tr>
<tr><td></td></tr>
</table>

<table>
<tr><td colspan="2">用例编号：QXGL-ST-002-015</td></tr>
<tr><td colspan="2">功能点：首页导航栏</td></tr>
<tr><td colspan="2">用例描述：退出系统</td></tr>
<tr><td>前置条件：</td><td>输入：</td></tr>
<tr><td>系统管理员登录成功</td><td>无</td></tr>
<tr><td>执行步骤：</td><td>预期结果：</td></tr>
<tr><td rowspan="3">单击“退出系统”按钮</td><td>退出系统回到登录页面</td></tr>
<tr><td>实际结果：</td></tr>
<tr><td></td></tr>
</table>

用例编号：QXGL-ST-002-016	
功能点：首页导航栏	
用例描述：修改密码	
前置条件：	输入：
角色管理员登录成功	原密码：jsadmin 新密码：jsadmi
执行步骤：	预期结果：
单击“保存”按钮	提示“长度和格式不符合规则，请重新输入”
	实际结果：

用例编号：QXGL-ST-002-017	
功能点：首页导航栏	
用例描述：修改密码	
前置条件：	输入：
角色管理员登录成功	原密码：jsadmin 新密码：jsadmi5
执行步骤：	预期结果：
单击“保存”按钮	提示修改成功，回到登录页面
	实际结果：

用例编号：QXGL-ST-002-018	
功能点：首页导航栏	
用例描述：修改密码	
前置条件：	输入：
角色管理员登录成功	原密码：jsadmin 新密码：jsadmi67
执行步骤：	预期结果：
单击“保存”按钮	提示“长度和格式不符合规则，请重新输入”
	实际结果：

用例编号：QXGL-ST-002-019	
功能点：首页导航栏	
用例描述：修改密码	
前置条件：	输入：
角色管理员登录成功	原密码：jsadmin 新密码：jsadmi 哈
执行步骤：	预期结果：
单击“保存”按钮	提示“长度和格式不符合规则，请重新输入”
	实际结果：

用例编号：QXGL-ST-002-020	
功能点：首页导航栏	
用例描述：修改密码	
前置条件：	输入：
角色管理员登录成功	原密码： 新密码：jsadmin
执行步骤：	预期结果：
单击“保存”按钮	提示“原密码为空！”
	实际结果：

用例编号：QXGL-ST-002-021	
功能点：首页导航栏	
用例描述：修改密码	
前置条件：	输入：
角色管理员登录成功	原密码：jsadmin 新密码：
执行步骤：	预期结果：
单击“保存”按钮	提示“新密码为空！”
	实际结果：

用例编号：QXGL-ST-002-022	
功能点：首页导航栏	
用例描述：单击右上角“×”	
前置条件：	输入：
角色管理员登录成功	无
执行步骤：	预期结果：
单击右上角“×”	关闭当前窗口，回到首页
	实际结果：

用例编号：QXGL-ST-002-023	
功能点：首页导航栏	
用例描述：单击“消除”按钮	
前置条件：	输入：
角色管理员登录成功	无
执行步骤：	预期结果：
单击“消除”按钮	关闭当前窗口，回到首页
	实际结果：

<table>
<tr><td colspan="2">用例编号：QXGL-ST-002-024</td></tr>
<tr><td colspan="2">功能点：首页导航栏</td></tr>
<tr><td colspan="2">用例描述：退出系统</td></tr>
<tr><td>前置条件：</td><td>输入：</td></tr>
<tr><td>角色管理员登录成功</td><td>无</td></tr>
<tr><td>执行步骤：</td><td>预期结果：</td></tr>
<tr><td rowspan="3">单击“退出系统”按钮</td><td>退出系统回到登录页面</td></tr>
<tr><td>实际结果：</td></tr>
<tr><td></td></tr>
</table>

2.2.3　Test Suite 行政区域模块测试用例设计

一、工作任务描述

用户登录成功后，进入首页界面，单击“行政区域”按钮进入行政区域模块，如图 2-15 所示。

图 2-15　行政区域主界面

该模块拥有新增、修改、删除、查询区域的功能。

以新增为例，本系统内已经内置了中国所有省级地区，以及大型的直辖市地区，因此无法直接新增，输入信息后单击“确定”按钮，如图 2-16 所示，如果直接单击“新增”按钮，上级区域将无法选择，这可以看作是一个缺陷。

图 2-16　新增主界面

因此如果想要新增，需要单击任意区域后的 按钮，此时上级区域默认的就是按钮前的区域，如图 2-17、图 2-18 所示。

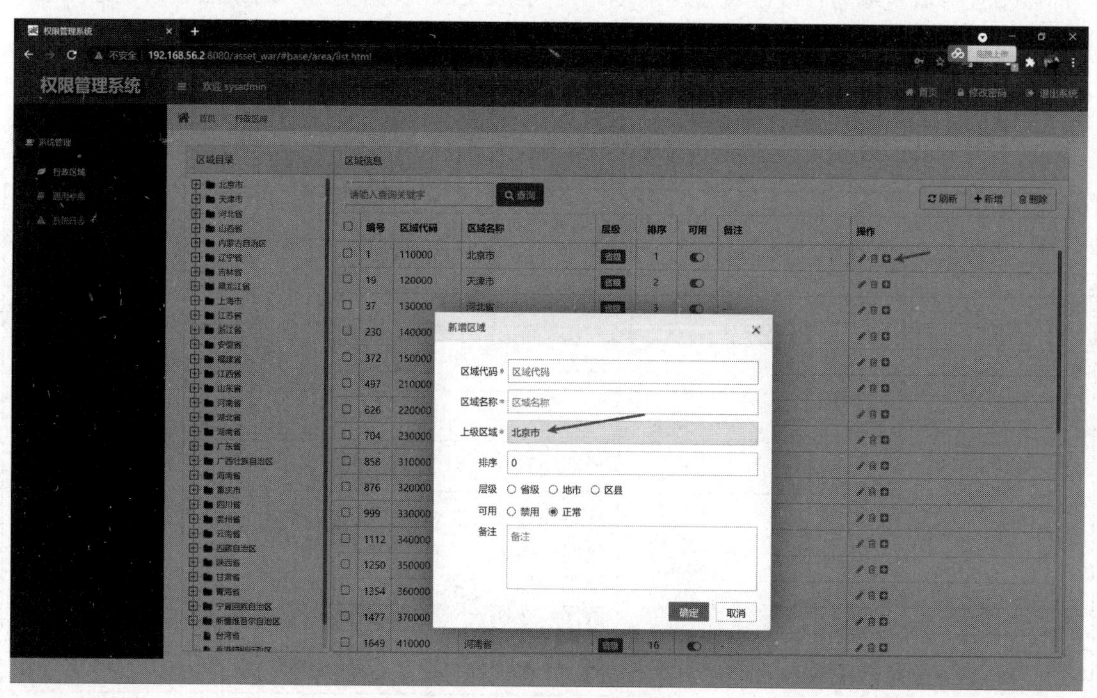

图 2-17　新增区域主界面

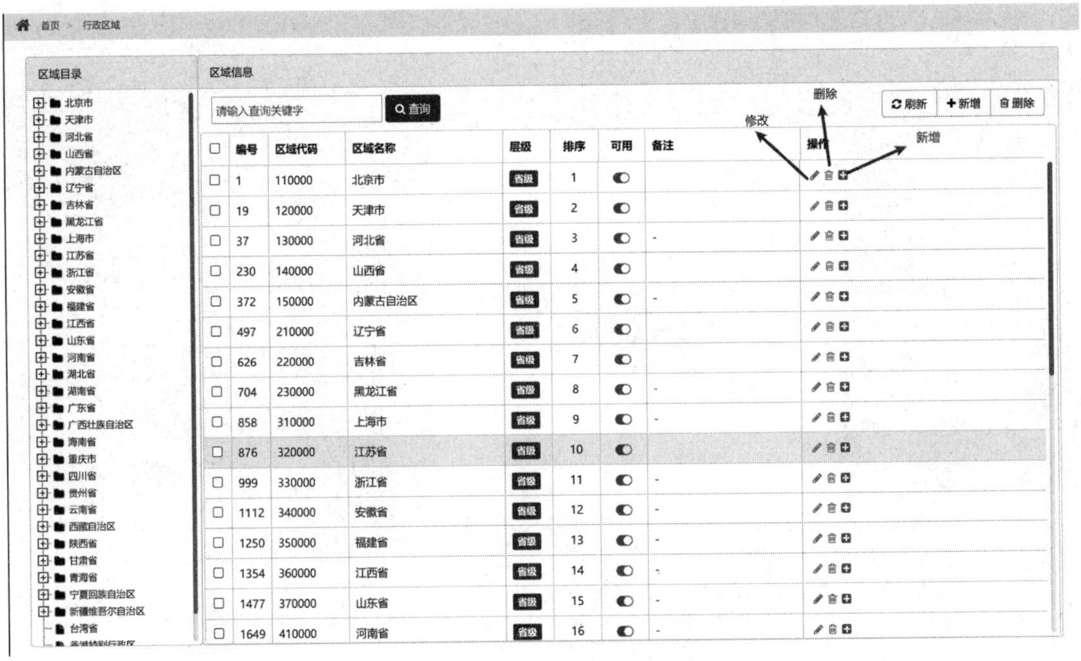

图 2-18　行政区域主界面

本节任务就是编写行政区域模块的测试用例集。在此我们使用了场景法、错误推测法、边界值分析法等测试用例设计方法。

二、工作过程

以下是行政区域模块的测试用例集。

用例编号：QXGL-ST-003-001	
功能点：上方导航栏	
用例描述：显示正确性验证	
前置条件：	输入：
系统管理员登录成功	无
执行步骤：	预期结果：
无	登录后默认进入首页欢迎页，页面 title 显示“首页”，面包屑导航显示“首页”>“控制台” 顶部导航栏显示：欢迎 sysadmin、“首页”按钮、“修改密码”按钮、“退出系统”按钮
	实际结果：

用例编号：QXGL-ST-003-002	
功能点：上方导航栏	
用例描述：显示正确性验证	
前置条件：	输入：
角色管理员登录成功	无
执行步骤：	预期结果：
无	登录后默认进入首页欢迎页，页面 title 显示“首页”，面包屑导航显示“首页”>“控制台” 顶部导航栏显示：欢迎 jsadmin、“首页”按钮、“修改密码”按钮、“退出系统”按钮
	实际结果：

用例编号：QXGL-ST-003-003	
功能点：上方导航栏	
用例描述：“首页”按钮	
前置条件：	输入：
系统管理员登录成功	无
执行步骤：	预期结果：
单击“首页”按钮	跳转到系统首页
	实际结果：

用例编号：QXGL-ST-003-004	
功能点：上方导航栏	
用例描述：“首页”按钮	
前置条件：	输入：
角色管理员登录成功	无
执行步骤：	预期结果：
单击“首页”按钮	跳转到系统首页
	实际结果：

用例编号：QXGL-ST-003-005	
功能点：上方导航栏	
用例描述：“修改密码”按钮	
前置条件：	输入：
系统管理员登录成功	无
执行步骤：	预期结果：
单击“修改密码”按钮	弹出修改密码框，修改密码框内显示当前登录账号及原密码和新密码的输入框。新密码和原密码均是必填项，由红色*号标注。显示“确定”“取消”按钮及右上角有一个×图标
	实际结果：

用例编号：QXGL-ST-003-006	
功能点：上方导航栏	
用例描述：“修改密码”按钮	
前置条件：	输入：
角色管理员登录成功	无
执行步骤：	预期结果：
单击“修改密码”按钮	弹出修改密码框，修改密码框内显示当前登录账号及原密码和新密码的输入框。新密码和原密码均是必填项，由红色*号标注。显示“确定”“取消”按钮及右上角有一个×图标
	实际结果：

用例编号：QXGL-ST-003-007	
功能点：上方导航栏	
用例描述：修改密码	
前置条件：	输入：
系统管理员登录成功	原密码：sysadmin 新密码：sysadmi
执行步骤：	预期结果：
单击“保存”按钮	提示“长度和格式不符合规则，请重新输入”
	实际结果：

用例编号：QXGL-ST-003-008	
功能点：上方导航栏	
用例描述：修改密码	
前置条件：	输入：
系统管理员登录成功	原密码：sysadmin 新密码：sysadmi5
执行步骤：	预期结果：
单击“保存”按钮	提示修改成功，回到登录页面
	实际结果：

用例编号：QXGL-ST-003-009	
功能点：上方导航栏	
用例描述：修改密码	
前置条件：	输入：
系统管理员登录成功	原密码：sysadmin 新密码：sysadmi67
执行步骤：	预期结果：
单击“保存”按钮	提示“长度和格式不符合规则，请重新输入”
	实际结果：

用例编号：QXGL-ST-003-010	
功能点：上方导航栏	
用例描述：修改密码	
前置条件：	输入：
系统管理员登录成功	原密码：sysadmin 新密码：sysadmi 哈
执行步骤：	预期结果：
单击“保存”按钮	提示“长度和格式不符合规则，请重新输入”
	实际结果：

用例编号：QXGL-ST-003-011	
功能点：上方导航栏	
用例描述：修改密码	
前置条件：	输入：
系统管理员登录成功	原密码： 新密码：sysadmin
执行步骤：	预期结果：
单击“保存”按钮	提示“原密码为空！”
	实际结果：

用例编号：QXGL-ST-003-012	
功能点：上方导航栏	
用例描述：修改密码	
前置条件：	输入：
系统管理员登录成功	原密码：sysadmin 新密码：
执行步骤：	预期结果：
单击“保存”按钮	提示“新密码为空！”
	实际结果：

用例编号：QXGL-ST-003-013	
功能点：上方导航栏	
用例描述：单击右上角×图标	
前置条件：	输入：
系统管理员登录成功	无
执行步骤：	预期结果：
单击右上角×图标	关闭当前窗口，回到首页
	实际结果：

用例编号：QXGL-ST-003-014	
功能点：上方导航栏	
用例描述：单击“消除”按钮	
前置条件：	输入：
系统管理员登录成功	无
执行步骤：	预期结果：
单击“消除”按钮	关闭当前窗口，回到首页
	实际结果：

用例编号：QXGL-ST-003-015	
功能点：上方导航栏	
用例描述：退出系统	
前置条件：	输入：
系统管理员登录成功	无
执行步骤：	预期结果：
单击“退出系统”按钮	退出系统回到登录页面
	实际结果：

用例编号：QXGL-ST-003-016	
功能点：上方导航栏	
用例描述：修改密码	
前置条件：	输入：
角色管理员登录成功	原密码：jsadmin 新密码：jsadmi
执行步骤：	预期结果：
单击“保存”按钮	提示“长度和格式不符合规则，请重新输入”
	实际结果：

用例编号：QXGL-ST-003-017	
功能点：上方导航栏	
用例描述：修改密码	
前置条件：	输入：
角色管理员登录成功	原密码：jsadmin 新密码：jsadmi5
执行步骤：	预期结果：
单击“保存”按钮	提示修改成功，回到登录页面
	实际结果：

用例编号：QXGL-ST-003-018	
功能点：上方导航栏	
用例描述：修改密码	
前置条件：	输入：
角色管理员登录成功	原密码：jsadmin 新密码：jsadmi67
执行步骤：	预期结果：
单击“保存”按钮	提示“长度和格式不符合规则，请重新输入”
	实际结果：

用例编号：QXGL-ST-003-019	
功能点：上方导航栏	
用例描述：修改密码	
前置条件：	输入：
角色管理员登录成功	原密码：jsadmin 新密码：jsadmi 哈
执行步骤：	预期结果：
单击“保存”按钮	提示“长度和格式不符合规则，请重新输入”
	实际结果：

用例编号：QXGL-ST-003-020	
功能点：上方导航栏	
用例描述：修改密码	
前置条件：	输入：
角色管理员登录成功	原密码： 新密码：jsadmin
执行步骤：	预期结果：
单击“保存”按钮	提示“原密码为空！”
	实际结果：

用例编号：QXGL-ST-003-021	
功能点：上方导航栏	
用例描述：修改密码	
前置条件：	输入：
角色管理员登录成功	原密码：jsadmin 新密码：
执行步骤：	预期结果：
单击“保存”按钮	提示“新密码为空！”
	实际结果：

用例编号：QXGL-ST-003-022	
功能点：上方导航栏	
用例描述：单击右上角×	
前置条件：	输入：
角色管理员登录成功	无
执行步骤：	预期结果：
单击右上角×图标	关闭当前窗口，回到首页
	实际结果：

用例编号：QXGL-ST-003-023	
功能点：上方导航栏	
用例描述：单击“消除”按钮	
前置条件：	输入：
角色管理员登录成功	无
执行步骤：	预期结果：
单击“消除”按钮	关闭当前窗口，回到首页
	实际结果：

用例编号：QXGL-ST-003-024	
功能点：上方导航栏	
用例描述：退出系统	
前置条件：	输入：
角色管理员登录成功	无
执行步骤：	预期结果：
单击“退出系统”按钮	退出系统回到登录页面
	实际结果：

用例编号：QXGL-ST-003-025	
功能点：行政区域列表页	
用例描述：显示内容正确性验证	
前置条件：	输入：
系统管理员登录成功	无
执行步骤：	预期结果：
单击左侧导航栏中的“行政区域”模块菜单	进入行政区域页面，列表默认显示全部区域信息，左侧显示区域目录，页面 title 显示“行政区域”；面包屑导航显示“首页”>“行政区域” 列表字段显示：编号、区域代码、区域名称、层级、排序、可用、备注、操作 列表按照区域编号升序排列
	实际结果：

用例编号：QXGL-ST-003-026	
功能点：新增区域	
用例描述：“新增”按钮	
前置条件：	输入：
系统管理员登录成功	无
执行步骤：	预期结果：
单击“新增”按钮	弹出“新增区域”窗口，弹框 title 显示“新增区域” 必填项使用红色星号“*”标注 区域名称：必填项，默认为空 区域代码：必填项，默认为空 上级区域：默认无法更改 排序：非必填项，默认为空 层级：非必填项，省级、地市、区县三选一 可用：默认为正常；可选正常、禁用 备注：非必填项，默认为空
	实际结果：

用例编号：QXGL-ST-003-027	
功能点：新增区域	
用例描述：区域名称未填写	
前置条件：	输入：
系统管理员登录成功	区域名称未填写
执行步骤：	预期结果：
单击“保存”按钮	提示：“区域名称不能为空！”
	实际结果：

用例编号：QXGL-ST-003-028	
功能点：新增区域	
用例描述：区域名称输入 2 个字	
前置条件：	输入：
系统管理员登录成功	区域名称输入 2 个字
执行步骤：	预期结果：
单击“保存”按钮	提示“区域名称输入有误，请重新输入。”
	实际结果：

用例编号：QXGL-ST-003-029	
功能点：新增区域	
用例描述：区域名称输入 3 个字	
前置条件：	输入：
系统管理员登录成功	区域名称输入 3 个字
执行步骤：	预期结果：

续表

单击“保存”按钮	保存当前新增内容，关闭当前窗口，回到列表页，在列表页新增一条记录
	实际结果：

用例编号：QXGL-ST-003-030	
功能点：新增区域	
用例描述：区域名称输入 19 个字	
前置条件：	输入：
系统管理员登录成功	区域名称输入 19 个字
执行步骤：	预期结果：
单击“保存”按钮	保存当前新增内容，关闭当前窗口，回到列表页，在列表页新增一条记录
	实际结果：

用例编号：QXGL-ST-003-031	
功能点：新增区域	
用例描述：区域名称输入 20 个字	
前置条件：	输入：
系统管理员登录成功	区域名称输入 20 个字
执行步骤：	预期结果：
单击“保存”按钮	保存当前新增内容，关闭当前窗口，回到列表页，在列表页新增一条记录
	实际结果：

用例编号：QXGL-ST-003-032	
功能点：新增区域	
用例描述：区域名称输入 21 个字	
前置条件：	输入：
系统管理员登录成功	区域名称输入 21 个字
执行步骤：	预期结果：
单击“保存”按钮	提示“区域名称输入有误，请重新输入。”
	实际结果：

用例编号：QXGL-ST-003-033	
功能点：新增区域	
用例描述：区域名称重复	
前置条件：	输入：
系统管理员登录成功	区域名称重复
执行步骤：	预期结果：

续表

单击“保存”按钮	提示：“区域名称不唯一，请重新输入。”
	实际结果：

用例编号：QXGL-ST-003-034	
功能点：新增区域	
用例描述：区域名称输入包含特殊符号	
前置条件：	输入：
系统管理员登录成功	区域名称输入包含特殊符号
执行步骤：	预期结果：
单击“保存”按钮	提示“区域名称输入有误，请重新输入。”
	实际结果：

用例编号：QXGL-ST-003-035	
功能点：新增区域	
用例描述：区域代码未填写	
前置条件：	输入：
系统管理员登录成功	区域代码未填写
执行步骤：	预期结果：
单击“保存”按钮	提示“区域代码不能为空！”
	实际结果：

用例编号：QXGL-ST-003-036	
功能点：新增区域	
用例描述：区域代码输入 5 个字	
前置条件：	输入：
系统管理员登录成功	区域代码输入 5 个字
执行步骤：	预期结果：
单击“保存”按钮	提示“区域代码输入有误，请重新输入。”
	实际结果：

用例编号：QXGL-ST-003-037	
功能点：新增区域	
用例描述：区域代码输入 6 个字	
前置条件：	输入：
系统管理员登录成功	区域代码输入 6 个字
执行步骤：	预期结果：

续表

单击“保存”按钮	保存当前新增内容，关闭当前窗口，回到列表页，在列表页新增一条记录
	实际结果：

用例编号：QXGL-ST-003-038	
功能点：新增区域	
用例描述：区域代码输入 7 个字	
前置条件：	输入：
系统管理员登录成功	区域代码输入 7 个字
执行步骤：	预期结果：
单击“保存”按钮	提示“区域代码输入有误，请重新输入。”
	实际结果：

用例编号：QXGL-ST-003-039	
功能点：新增区域	
用例描述：区域代码以 0 开头	
前置条件：	输入：
系统管理员登录成功	区域代码以 0 开头
执行步骤：	预期结果：
单击“保存”按钮	提示“区域代码输入有误，请重新输入。”
	实际结果：

用例编号：QXGL-ST-003-040	
功能点：新增区域	
用例描述：区域代码输入包含汉字	
前置条件：	输入：
系统管理员登录成功	区域代码输入包含汉字
执行步骤：	预期结果：
单击“保存”按钮	提示“区域代码输入有误，请重新输入。”
	实际结果：

用例编号：QXGL-ST-003-041	
功能点：新增区域	
用例描述：区域代码输入包含符号	
前置条件：	输入：
系统管理员登录成功	区域代码输入包含符号
执行步骤：	预期结果：

续表

单击“保存”按钮	提示“区域代码输入有误，请重新输入。”
	实际结果：

用例编号：QXGL-ST-003-042	
功能点：新增区域	
用例描述：区域代码输入包含特殊字符	
前置条件：	输入：
系统管理员登录成功	区域代码输入包含特殊字符
执行步骤：	预期结果：
单击“保存”按钮	提示“区域代码输入有误，请重新输入。”
	实际结果：

用例编号：QXGL-ST-003-043	
功能点：新增区域	
用例描述：上级区域是否可更改验证	
前置条件：	输入：
系统管理员登录成功	上级区域是否可更改验证
执行步骤：	预期结果：
单击“保存”按钮	保存当前新增内容，关闭当前窗口，回到列表页，在列表页新增一条记录
	实际结果：

用例编号：QXGL-ST-003-044	
功能点：新增区域	
用例描述：排序非必填项验证	
前置条件：	输入：
系统管理员登录成功	排序非必填项验证
执行步骤：	预期结果：
单击“保存”按钮	保存当前新增内容，关闭当前窗口，回到列表页，在列表页新增一条记录
	实际结果：

用例编号：QXGL-ST-003-045	
功能点：新增区域	
用例描述：层级非必填项验证	
前置条件：	输入：
系统管理员登录成功	层级非必填项验证
执行步骤：	预期结果：

续表

单击“保存”按钮	保存当前新增内容，关闭当前窗口，回到列表页，在列表页新增一条记录
	实际结果：

用例编号：QXGL-ST-003-046	
功能点：新增区域	
用例描述：可用性选择正常	
前置条件：	输入：
系统管理员登录成功	可用性选择正常
执行步骤：	预期结果：
单击“保存”按钮	保存当前新增内容，关闭当前窗口，回到列表页，在列表页新增一条记录
	实际结果：

用例编号：QXGL-ST-003-047	
功能点：新增区域	
用例描述：可用性选择禁用	
前置条件：	输入：
系统管理员登录成功	可用性选择禁用
执行步骤：	预期结果：
单击“保存”按钮	保存当前新增内容，关闭当前窗口，回到列表页，在列表页新增一条记录
	实际结果：

用例编号：QXGL-ST-003-048	
功能点：新增区域	
用例描述：备注输入 499 个字	
前置条件：	输入：
系统管理员登录成功	备注输入 499 个字
执行步骤：	预期结果：
单击“保存”按钮	提示“备注输入有误，请重新输入。”
	实际结果：

用例编号：QXGL-ST-003-049	
功能点：新增区域	
用例描述：备注输入 500 个字	
前置条件：	输入：
系统管理员登录成功	备注输入 500 个字
执行步骤：	预期结果：

续表

单击“保存”按钮	保存当前新增内容，关闭当前窗口，回到列表页，在列表页新增一条记录
	实际结果：

用例编号：QXGL-ST-003-050	
功能点：新增区域	
用例描述：备注输入 501 个字	
前置条件：	输入：
系统管理员登录成功	备注输入 501 个字
执行步骤：	预期结果：
单击“保存”按钮	提示“备注输入有误，请重新输入。”
	实际结果：

用例编号：QXGL-ST-003-051	
功能点：新增区域	
用例描述：关闭错误提示信息	
前置条件：	输入：
系统管理员登录成功	无
执行步骤：	预期结果：
无	仍停留在当前窗口
	实际结果：

用例编号：QXGL-ST-003-052	
功能点：新增区域	
用例描述：取消新增	
前置条件：	输入：
系统管理员登录成功	无
执行步骤：	预期结果：
单击“取消”按钮	不保存当前新增内容，关闭当前窗口，回到列表页
	实际结果：

用例编号：QXGL-ST-003-053	
功能点：新增区域	
用例描述：关闭新增	
前置条件：	输入：
系统管理员登录成功	无
执行步骤：	预期结果：

续表

单击右上角×图标	不保存当前新增内容，关闭当前窗口，回到列表页
	实际结果：

用例编号：QXGL-ST-003-054	
功能点：修改区域	
用例描述：“修改”按钮	
前置条件：	输入：
系统管理员登录成功	无
执行步骤：	预期结果：
单击“修改”按钮	弹出“修改区域”窗口，弹框 title 显示“修改区域” 必填项使用红色星号“*”标注 区域名称：必填项，默认为空 区域代码：必填项，默认为空 上级区域：默认无法更改 排序：非必填项，默认为空 层级：非必填项，省级、地市、区县三选一 可用：默认为正常；可选正常、禁用 备注：非必填项，默认为空
	实际结果：

用例编号：QXGL-ST-003-055	
功能点：修改区域	
用例描述：区域名称未填写	
前置条件：	输入：
系统管理员登录成功	区域名称未填写
执行步骤：	预期结果：
单击“保存”按钮	提示“区域名称不能为空！”
	实际结果：

用例编号：QXGL-ST-003-056	
功能点：修改区域	
用例描述：区域名称输入 2 个字	
前置条件：	输入：
系统管理员登录成功	区域名称输入 2 个字
执行步骤：	预期结果：
单击“保存”按钮	提示“区域名称输入有误，请重新输入。”
	实际结果：

<table>
<tr><td colspan="2">用例编号：QXGL-ST-003-057</td></tr>
<tr><td colspan="2">功能点：修改区域</td></tr>
<tr><td colspan="2">用例描述：区域名称输入 3 个字</td></tr>
<tr><td>前置条件：</td><td>输入：</td></tr>
<tr><td>系统管理员登录成功</td><td>区域名称输入 3 个字</td></tr>
<tr><td>执行步骤：</td><td>预期结果：</td></tr>
<tr><td rowspan="3">单击“保存”按钮</td><td>保存当前修改内容，关闭当前窗口，回到列表页，在列表页修改一条记录</td></tr>
<tr><td>实际结果：</td></tr>
<tr><td></td></tr>
</table>

<table>
<tr><td colspan="2">用例编号：QXGL-ST-003-058</td></tr>
<tr><td colspan="2">功能点：修改区域</td></tr>
<tr><td colspan="2">用例描述：区域名称输入 19 个字</td></tr>
<tr><td>前置条件：</td><td>输入：</td></tr>
<tr><td>系统管理员登录成功</td><td>区域名称输入 19 个字</td></tr>
<tr><td>执行步骤：</td><td>预期结果：</td></tr>
<tr><td rowspan="3">单击“保存”按钮</td><td>保存当前修改内容，关闭当前窗口，回到列表页，在列表页修改一条记录</td></tr>
<tr><td>实际结果：</td></tr>
<tr><td></td></tr>
</table>

<table>
<tr><td colspan="2">用例编号：QXGL-ST-003-059</td></tr>
<tr><td colspan="2">功能点：修改区域</td></tr>
<tr><td colspan="2">用例描述：区域名称输入 20 个字</td></tr>
<tr><td>前置条件：</td><td>输入：</td></tr>
<tr><td>系统管理员登录成功</td><td>区域名称输入 20 个字</td></tr>
<tr><td>执行步骤：</td><td>预期结果：</td></tr>
<tr><td rowspan="3">单击“保存”按钮</td><td>保存当前修改内容，关闭当前窗口，回到列表页，在列表页修改一条记录</td></tr>
<tr><td>实际结果：</td></tr>
<tr><td></td></tr>
</table>

<table>
<tr><td colspan="2">用例编号：QXGL-ST-003-060</td></tr>
<tr><td colspan="2">功能点：修改区域</td></tr>
<tr><td colspan="2">用例描述：区域名称输入 21 个字</td></tr>
<tr><td>前置条件：</td><td>输入：</td></tr>
<tr><td>系统管理员登录成功</td><td>区域名称输入 21 个字</td></tr>
<tr><td>执行步骤：</td><td>预期结果：</td></tr>
<tr><td rowspan="3">单击“保存”按钮</td><td>提示“区域名称输入有误，请重新输入。”</td></tr>
<tr><td>实际结果：</td></tr>
<tr><td></td></tr>
</table>

<table>
<tr><td colspan="2">用例编号：QXGL-ST-003-061</td></tr>
<tr><td colspan="2">功能点：修改区域</td></tr>
<tr><td colspan="2">用例描述：区域名称重复</td></tr>
<tr><td>前置条件：</td><td>输入：</td></tr>
<tr><td>系统管理员登录成功</td><td>区域名称重复</td></tr>
<tr><td>执行步骤：</td><td>预期结果：</td></tr>
<tr><td rowspan="3">单击“保存”按钮</td><td>提示：“区域名称不唯一，请重新输入。”</td></tr>
<tr><td>实际结果：</td></tr>
<tr><td></td></tr>
</table>

<table>
<tr><td colspan="2">用例编号：QXGL-ST-003-062</td></tr>
<tr><td colspan="2">功能点：修改区域</td></tr>
<tr><td colspan="2">用例描述：区域名称输入包含特殊符号</td></tr>
<tr><td>前置条件：</td><td>输入：</td></tr>
<tr><td>系统管理员登录成功</td><td>区域名称输入包含特殊符号</td></tr>
<tr><td>执行步骤：</td><td>预期结果：</td></tr>
<tr><td rowspan="3">单击“保存”按钮</td><td>提示“区域名称输入有误，请重新输入。”</td></tr>
<tr><td>实际结果：</td></tr>
<tr><td></td></tr>
</table>

<table>
<tr><td colspan="2">用例编号：QXGL-ST-003-063</td></tr>
<tr><td colspan="2">功能点：修改区域</td></tr>
<tr><td colspan="2">用例描述：区域代码未填写</td></tr>
<tr><td>前置条件：</td><td>输入：</td></tr>
<tr><td>系统管理员登录成功</td><td>区域代码未填写</td></tr>
<tr><td>执行步骤：</td><td>预期结果：</td></tr>
<tr><td rowspan="3">单击“保存”按钮</td><td>提示“区域代码不能为空！”</td></tr>
<tr><td>实际结果：</td></tr>
<tr><td></td></tr>
</table>

<table>
<tr><td colspan="2">用例编号：QXGL-ST-003-064</td></tr>
<tr><td colspan="2">功能点：修改区域</td></tr>
<tr><td colspan="2">用例描述：区域代码输入 5 个字</td></tr>
<tr><td>前置条件：</td><td>输入：</td></tr>
<tr><td>系统管理员登录成功</td><td>区域代码输入 5 个字</td></tr>
<tr><td>执行步骤：</td><td>预期结果：</td></tr>
<tr><td rowspan="3">单击“保存”按钮</td><td>提示“区域代码输入有误，请重新输入。”</td></tr>
<tr><td>实际结果：</td></tr>
<tr><td></td></tr>
</table>

<table>
<tr><td>用例编号：QXGL-ST-003-065</td></tr>
<tr><td>功能点：修改区域</td></tr>
<tr><td>用例描述：区域代码输入 6 个字</td></tr>
</table>

续表

前置条件：	输入：
系统管理员登录成功	区域代码输入6个字
执行步骤：	预期结果：
单击“保存”按钮	保存当前修改内容，关闭当前窗口，回到列表页，在列表页修改一条记录
	实际结果：

用例编号：QXGL-ST-003-066	
功能点：修改区域	
用例描述：区域代码输入7个字	
前置条件：	输入：
系统管理员登录成功	区域代码输入7个字
执行步骤：	预期结果：
单击“保存”按钮	提示“区域代码输入有误，请重新输入。”
	实际结果：

用例编号：QXGL-ST-003-067	
功能点：修改区域	
用例描述：区域代码以0开头	
前置条件：	输入：
系统管理员登录成功	区域代码以0开头
执行步骤：	预期结果：
单击“保存”按钮	提示“区域代码输入有误，请重新输入。”
	实际结果：

用例编号：QXGL-ST-003-068	
功能点：修改区域	
用例描述：区域代码输入包含汉字	
前置条件：	输入：
系统管理员登录成功	区域代码输入包含汉字
执行步骤：	预期结果：
单击“保存”按钮	提示“区域代码输入有误，请重新输入。”
	实际结果：

用例编号：QXGL-ST-003-069	
功能点：修改区域	
用例描述：区域代码输入包含符号	
前置条件：	输入：

续表

系统管理员登录成功	区域代码输入包含符号
执行步骤：	预期结果：
单击“保存”按钮	提示“区域代码输入有误，请重新输入。”
	实际结果：

用例编号：QXGL-ST-003-070	
功能点：修改区域	
用例描述：区域代码输入包含特殊字符	
前置条件：	输入：
系统管理员登录成功	区域代码输入包含特殊字符
执行步骤：	预期结果：
单击“保存”按钮	提示“区域代码输入有误，请重新输入。”
	实际结果：

用例编号：QXGL-ST-003-071	
功能点：修改区域	
用例描述：上级区域是否可更改验证	
前置条件：	输入：
系统管理员登录成功	上级区域是否可更改验证
执行步骤：	预期结果：
单击“保存”按钮	保存当前修改内容，关闭当前窗口，回到列表页，在列表页修改一条记录
	实际结果：

用例编号：QXGL-ST-003-072	
功能点：修改区域	
用例描述：排序非必填项验证	
前置条件：	输入：
系统管理员登录成功	排序非必填项验证
执行步骤：	预期结果：
单击“保存”按钮	保存当前修改内容，关闭当前窗口，回到列表页，在列表页修改一条记录
	实际结果：

用例编号：QXGL-ST-003-073	
功能点：修改区域	
用例描述：层级非必填项验证	
前置条件：	输入：
系统管理员登录成功	层级非必填项验证

续表

执行步骤：	预期结果：
单击“保存”按钮	保存当前修改内容，关闭当前窗口，回到列表页，在列表页修改一条记录
	实际结果：

用例编号：QXGL-ST-003-074	
功能点：修改区域	
用例描述：可用性选择正常	
前置条件：	输入：
系统管理员登录成功	可用性选择正常
执行步骤：	预期结果：
单击“保存”按钮	保存当前修改内容，关闭当前窗口，回到列表页，在列表页修改一条记录
	实际结果：

用例编号：QXGL-ST-003-075	
功能点：修改区域	
用例描述：可用性选择禁用	
前置条件：	输入：
系统管理员登录成功	可用性选择禁用
执行步骤：	预期结果：
单击“保存”按钮	保存当前修改内容，关闭当前窗口，回到列表页，在列表页修改一条记录
	实际结果：

用例编号：QXGL-ST-003-076	
功能点：修改区域	
用例描述：备注输入 499 个字	
前置条件：	输入：
系统管理员登录成功	备注输入 499 个字
执行步骤：	预期结果：
单击“保存”按钮	提示“备注输入有误，请重新输入。”
	实际结果：

用例编号：QXGL-ST-003-077	
功能点：修改区域	
用例描述：备注输入 500 个字	
前置条件：	输入：
系统管理员登录成功	备注输入 500 个字

续表

执行步骤：	预期结果：
单击“保存”按钮	保存当前修改内容，关闭当前窗口，回到列表页，在列表页修改一条记录
	实际结果：

用例编号：QXGL-ST-003-078	
功能点：修改区域	
用例描述：备注输入 501 个字	
前置条件：	输入：
系统管理员登录成功	备注输入 501 个字
执行步骤：	预期结果：
单击“保存”按钮	提示“备注输入有误，请重新输入。”
	实际结果：

用例编号：QXGL-ST-003-079	
功能点：修改区域	
用例描述：关闭错误提示信息	
前置条件：	输入：
系统管理员登录成功	无
执行步骤：	预期结果：
无	仍停留在当前窗口
	实际结果：

用例编号：QXGL-ST-003-080	
功能点：修改区域	
用例描述：取消修改	
前置条件：	输入：
系统管理员登录成功	无
执行步骤：	预期结果：
单击“取消”按钮	不保存当前修改内容，关闭当前窗口，回到列表页
	实际结果：

用例编号：QXGL-ST-003-081	
功能点：修改区域	
用例描述：关闭修改	
前置条件：	输入：
系统管理员登录成功	无
执行步骤：	预期结果：

续表

单击右上角“×”	不保存当前修改内容，关闭当前窗口，回到列表页
	实际结果：

用例编号：QXGL-ST-003-082	
功能点：删除区域	
用例描述：删除弹框显示	
前置条件：	输入：
系统管理员登录成功	无
执行步骤：	预期结果：
单击任意区域后的“删除”按钮	提示“注：您确定要删除吗？该操作将无法恢复”，单击“确认”“取消”按钮
	实际结果：

用例编号：QXGL-ST-003-083	
功能点：删除区域	
用例描述：确定删除验证	
前置条件：	输入：
系统管理员登录成功	无
执行步骤：	预期结果：
单击任意区域后的“删除”按钮	1. 删除成功 2. 回到列表页，列表页无该条记录
	实际结果：

用例编号：QXGL-ST-003-084	
功能点：删除区域	
用例描述：取消删除	
前置条件：	输入：
系统管理员登录成功	无
执行步骤：	预期结果：
单击“取消”按钮	不执行删除操作，回到列表页，列表页该条记录存在
	实际结果：

用例编号：QXGL-ST-003-085	
功能点：删除区域	
用例描述：取消删除	
前置条件：	输入：
系统管理员登录成功	无
执行步骤：	预期结果：

续表

单击右上角×图标	不执行删除操作，回到列表页，列表页该条记录存在
	实际结果：

用例编号：QXGL-ST-003-086	
功能点：删除区域	
用例描述：删除弹框显示	
前置条件：	输入：
系统管理员登录成功	无
执行步骤：	预期结果：
勾选要删除的目录或参数单击“删除”按钮	提示“注：您确定要删除吗？该操作将无法恢复”，单击“确认”“取消”按钮
	实际结果：

用例编号：QXGL-ST-003-087	
功能点：删除区域	
用例描述：确定删除验证	
前置条件：	输入：
系统管理员登录成功	无
执行步骤：	预期结果：
勾选要删除的目录或参数单击“删除”按钮	1. 删除成功 2. 回到列表页，列表页无该条记录
	实际结果：

用例编号：QXGL-ST-003-088	
功能点：刷新区域	
用例描述：单击“刷新”按钮	
前置条件：	输入：
系统管理员登录成功	无
执行步骤：	预期结果：
单击“刷新”按钮	刷新区域列表，显示所有行政区域
	实际结果：

用例编号：QXGL-ST-003-089	
功能点：查询区域	
用例描述：查询输入框中默认显示正确性验证	
前置条件：	输入：

续表

系统管理员登录成功	无
执行步骤：	预期结果：
无	请输入查询关键字
	实际结果：

用例编号：QXGL-ST-003-090	
功能点：查询区域	
用例描述：查询输入框输入完整区域名称	
前置条件：	输入：
系统管理员登录成功	查询输入框输入完整区域名称
执行步骤：	预期结果：
单击“查询”按钮	系统显示符合条件的区域信息，查询后保留查询条件
	实际结果：

用例编号：QXGL-ST-003-091	
功能点：查询区域	
用例描述：模糊查询，部分区域名称	
前置条件：	输入：
系统管理员登录成功	模糊查询，部分区域名称
执行步骤：	预期结果：
单击“查询”按钮	系统显示符合条件的区域信息，查询后保留查询条件
	实际结果：

2.2.4 Test Suite 通用字典模块测试用例设计

一、工作任务描述

单击“通用字典”按钮，进入“通用字典”模块，该模块实现系统管理员对系统字典的增删改。

以新增为例，查看该模块的功能，单击“新增”按钮，新增字典行政区域，如图 2-19、图 2-20、图 2-21 所示。

本节任务就是编写通用字典模块功能的测试用例集。在此我们使用了场景法、错误推测法、边界值分析法等测试用例设计方法。

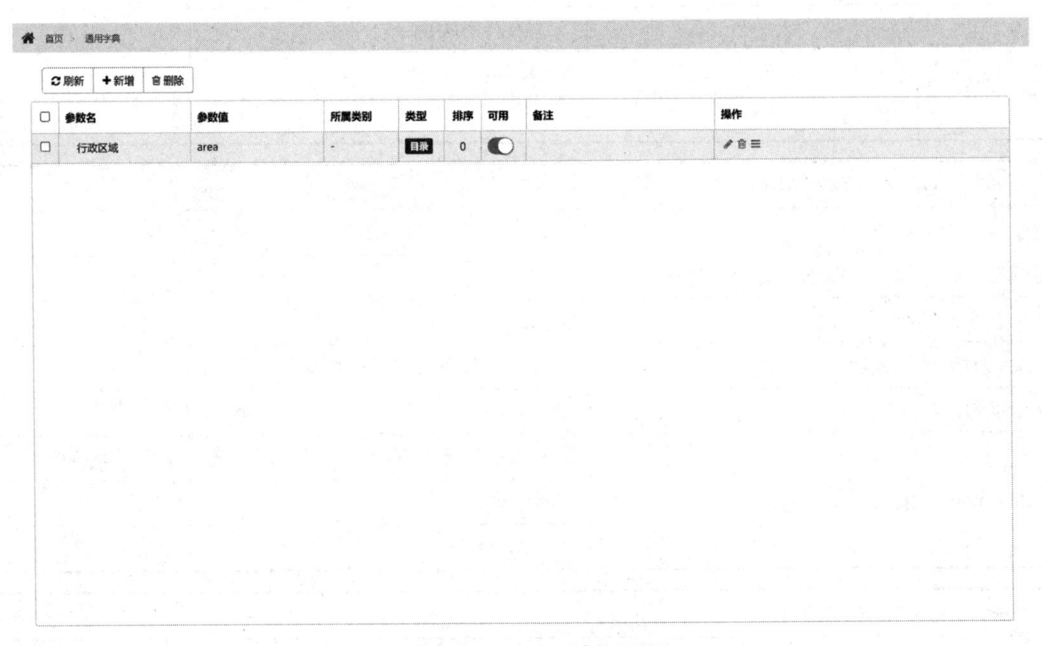

图 2-19　通用列表页面

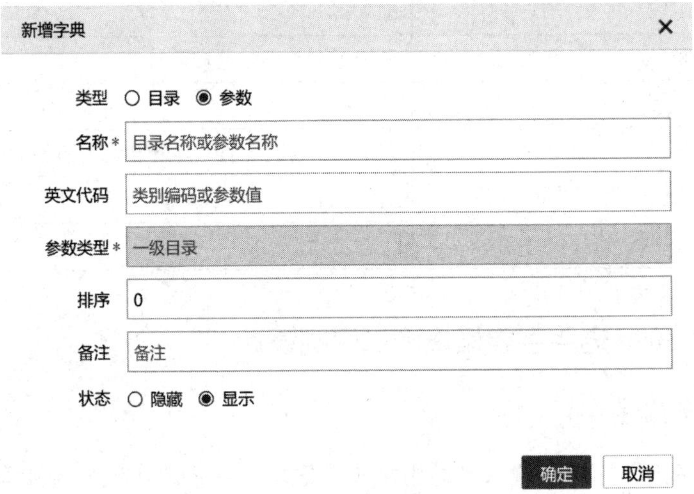

新增字典

类型　○ 目录　◉ 参数

名称＊　目录名称或参数名称

英文代码　类别编码或参数值

参数类型＊　一级目录

排序　0

备注　备注

状态　○ 隐藏　◉ 显示

确定　取消

图 2-20　通用字典“新增字典”页面

编辑字典 ×

类型 ◉ 目录 ○ 参数

名称 * 行政区域

英文代码 area

参数类型 * 一级目录

排序 0

确定 取消

图 2-21　通用字典“修改字典”页面

二、工作过程

编写测试用例集。以下是通用字典模块的测试用例集。

用例编号：QXGL-ST-004-001	
功能点：上方导航栏	
用例描述：显示正确性验证	
前置条件：	输入：
系统管理员登录成功	无
执行步骤：	预期结果：
无	登录后默认进入首页欢迎页，页面 title 显示“首页”，面包屑导航显示“首页”>“控制台” 顶部导航栏显示：欢迎 sysadmin、“首页”按钮、“修改密码”按钮、“退出系统”按钮
	实际结果：

用例编号：QXGL-ST-004-002	
功能点：上方导航栏	
用例描述：显示正确性验证	
前置条件：	输入：
角色管理员登录成功	无
执行步骤：	预期结果：
无	登录后默认进入首页欢迎页，页面 title 显示“首页”，面包屑导航显示“首页”>“控制台” 顶部导航栏显示：欢迎 jsadmin、“首页”按钮、“修改密码”按钮、“退出系统”按钮
	实际结果：

<table>
<tr><td colspan="2">用例编号：QXGL-ST-004-003</td></tr>
<tr><td colspan="2">功能点：上方导航栏</td></tr>
<tr><td colspan="2">用例描述：“首页”按钮</td></tr>
<tr><td>前置条件：</td><td>输入：</td></tr>
<tr><td>系统管理员登录成功</td><td>无</td></tr>
<tr><td>执行步骤：</td><td>预期结果：</td></tr>
<tr><td rowspan="3">单击“首页”按钮</td><td>跳转到系统首页</td></tr>
<tr><td>实际结果：</td></tr>
<tr><td></td></tr>
</table>

<table>
<tr><td colspan="2">用例编号：QXGL-ST-004-004</td></tr>
<tr><td colspan="2">功能点：上方导航栏</td></tr>
<tr><td colspan="2">用例描述：“首页”按钮</td></tr>
<tr><td>前置条件：</td><td>输入：</td></tr>
<tr><td>角色管理员登录成功</td><td>无</td></tr>
<tr><td>执行步骤：</td><td>预期结果：</td></tr>
<tr><td rowspan="3">单击“首页”按钮</td><td>跳转到系统首页</td></tr>
<tr><td>实际结果：</td></tr>
<tr><td></td></tr>
</table>

<table>
<tr><td colspan="2">用例编号：QXGL-ST-004-005</td></tr>
<tr><td colspan="2">功能点：上方导航栏</td></tr>
<tr><td colspan="2">用例描述：“修改密码”按钮</td></tr>
<tr><td>前置条件：</td><td>输入：</td></tr>
<tr><td>系统管理员登录成功</td><td>无</td></tr>
<tr><td>执行步骤：</td><td>预期结果：</td></tr>
<tr><td rowspan="3">单击“修改密码”按钮</td><td>弹出修改密码框,修改密码框内显示当前登录账号及原密码和新密码的输入框。新密码和原密码均是必填项，由红色*号标注。显示“确定”“取消”按钮及右上角有一个×图标</td></tr>
<tr><td>实际结果：</td></tr>
<tr><td></td></tr>
</table>

<table>
<tr><td colspan="2">用例编号：QXGL-ST-004-006</td></tr>
<tr><td colspan="2">功能点：上方导航栏</td></tr>
<tr><td colspan="2">用例描述：“修改密码”按钮</td></tr>
<tr><td>前置条件：</td><td>输入：</td></tr>
<tr><td>角色管理员登录成功</td><td>无</td></tr>
<tr><td>执行步骤：</td><td>预期结果：</td></tr>
<tr><td rowspan="3">单击“修改密码”按钮</td><td>弹出修改密码框，修改密码框内显示当前登录账号及原密码和新密码的输入框。新密码和原密码均是必填项，由红色*号标注。显示“确定”“取消”按钮及右上角有一个×图标</td></tr>
<tr><td>实际结果：</td></tr>
<tr><td></td></tr>
</table>

用例编号：QXGL-ST-004-007	
功能点：上方导航栏	
用例描述：修改密码	
前置条件：	输入：
系统管理员登录成功	原密码：sysadmin 新密码：sysadmi
执行步骤：	预期结果：
单击“保存”按钮	提示“长度和格式不符合规则，请重新输入”
	实际结果：

用例编号：QXGL-ST-004-008	
功能点：上方导航栏	
用例描述：修改密码	
前置条件：	输入：
系统管理员登录成功	原密码：sysadmin 新密码：sysadmi5
执行步骤：	预期结果：
单击“保存”按钮	提示修改成功，回到登录页面
	实际结果：

用例编号：QXGL-ST-004-009	
功能点：上方导航栏	
用例描述：修改密码	
前置条件：	输入：
系统管理员登录成功	原密码：sysadmin 新密码：sysadmi67
执行步骤：	预期结果：
单击“保存”按钮	提示“长度和格式不符合规则，请重新输入”
	实际结果：

用例编号：QXGL-ST-004-010	
功能点：上方导航栏	
用例描述：修改密码	
前置条件：	输入：
系统管理员登录成功	原密码：sysadmin 新密码：sysadmi 哈
执行步骤：	预期结果：
单击“保存”按钮	提示“长度和格式不符合规则，请重新输入”
	实际结果：

用例编号：QXGL-ST-004-011	
功能点：上方导航栏	
用例描述：修改密码	
前置条件：	输入：
系统管理员登录成功	原密码： 新密码：sysadmin
执行步骤：	预期结果：
单击“保存”按钮	提示“原密码为空！”
	实际结果：

用例编号：QXGL-ST-004-012	
功能点：上方导航栏	
用例描述：修改密码	
前置条件：	输入：
系统管理员登录成功	原密码：sysadmin 新密码：
执行步骤：	预期结果：
单击“保存”按钮	提示“新密码为空！”
	实际结果：

用例编号：QXGL-ST-004-013	
功能点：上方导航栏	
用例描述：单击右上角×图标	
前置条件：	输入：
系统管理员登录成功	无
执行步骤：	预期结果：
单击“保存”按钮	关闭当前窗口，回到首页
	实际结果：

用例编号：QXGL-ST-004-014	
功能点：上方导航栏	
用例描述：单击“取消”按钮	
前置条件：	输入：
系统管理员登录成功	无
执行步骤：	预期结果：
单击“取消”按钮	关闭当前窗口，回到首页
	实际结果：

用例编号：QXGL-ST-004-015	
功能点：上方导航栏	
用例描述：退出系统	
前置条件：	输入：
系统管理员登录成功	无
执行步骤：	预期结果：
单击“退出系统”按钮	退出系统回到登录页面
	实际结果：

用例编号：QXGL-ST-004-016	
功能点：上方导航栏	
用例描述：修改密码	
前置条件：	输入：
角色管理员登录成功	原密码：jsadmin 新密码：jsadmi
执行步骤：	预期结果：
单击“保存”按钮	提示“长度和格式不符合规则，请重新输入”
	实际结果：

用例编号：QXGL-ST-004-017	
功能点：上方导航栏	
用例描述：修改密码	
前置条件：	输入：
角色管理员登录成功	原密码：jsadmin 新密码：jsadmi5
执行步骤：	预期结果：
单击“保存”按钮	提示修改成功，回到登录页面
	实际结果：

用例编号：QXGL-ST-004-018	
功能点：上方导航栏	
用例描述：修改密码	
前置条件：	输入：
角色管理员登录成功	原密码：jsadmin 新密码：jsadmi67
执行步骤：	预期结果：
单击“保存”按钮	提示“长度和格式不符合规则，请重新输入”
	实际结果：

用例编号：QXGL-ST-004-019	
功能点：上方导航栏	
用例描述：修改密码	
前置条件：	输入：
角色管理员登录成功	原密码：jsadmin 新密码：jsadmi 哈
执行步骤：	预期结果：
单击“保存”按钮	提示“长度和格式不符合规则，请重新输入”
	实际结果：

用例编号：QXGL-ST-004-020	
功能点：上方导航栏	
用例描述：修改密码	
前置条件：	输入：
角色管理员登录成功	原密码： 新密码：jsadmin
执行步骤：	预期结果：
单击“保存”按钮	提示“原密码为空！”
	实际结果：

用例编号：QXGL-ST-004-021	
功能点：上方导航栏	
用例描述：修改密码	
前置条件：	输入：
角色管理员登录成功	原密码：jsadmin 新密码：
执行步骤：	预期结果：
单击“保存”按钮	提示“新密码为空！”
	实际结果：

用例编号：QXGL-ST-004-022	
功能点：上方导航栏	
用例描述：单击右上角×图标	
前置条件：	输入：
角色管理员登录成功	无
执行步骤：	预期结果：
单击右上角×图标	关闭当前窗口，回到首页
	实际结果：

用例编号：QXGL-ST-004-023	
功能点：上方导航栏	
用例描述：单击“取消”按钮	
前置条件：	输入：
角色管理员登录成功	无
执行步骤：	预期结果：
单击“取消”按钮	关闭当前窗口，回到首页
	实际结果：

用例编号：QXGL-ST-004-024	
功能点：上方导航栏	
用例描述：退出系统	
前置条件：	输入：
角色管理员登录成功	无
执行步骤：	预期结果：
单击“退出系统”按钮	退出系统回到登录页面
	实际结果：

用例编号：QXGL-ST-004-025	
功能点：通用字典列表页	
用例描述：显示内容正确性验证	
前置条件：	输入：
系统管理员登录成功	无
执行步骤：	预期结果：
单击左侧导航栏中的“通用字典”模块菜单	进入通用字典页面，列表默认显示全部字典信息，左侧显示字典目录，页面 title 显示“通用字典” 面包屑导航显示“首页”>“通用字典” 列表字段显示：参数名、参数值、所属类别、类型、排序可用：备注、操作 列表按照字典编号升序排列
	实际结果：

用例编号：QXGL-ST-004-026	
功能点：新增字典	
用例描述：“新增”按钮	
前置条件：	输入：
系统管理员登录成功	无
执行步骤：	预期结果：

续表

单击“新增”按钮	弹出“新增字典”窗口，弹框 title 显示“新增字典” 必填项使用红色星号“*”标注 类型：默认为“参数” 可选：参数、目录 名称：必填项，默认为空 英文代码：必填项，默认为空 参数类型：必填项，默认“一级目录”，单击会显示所有已存在的目录 排序：非必填项 备注：非必填项，默认为空 状态：默认为显示；可选显示、隐藏
	实际结果：

用例编号：QXGL-ST-004-027	
功能点：新增字典	
用例描述：名称未填写	
前置条件：	输入：
系统管理员登录成功	名称未填写
执行步骤：	预期结果：
单击“保存”按钮	提示“名称不能为空！”
	实际结果：

用例编号：QXGL-ST-004-028	
功能点：新增字典	
用例描述：名称输入 2 个字	
前置条件：	输入：
系统管理员登录成功	名称输入 2 个字
执行步骤：	预期结果：
单击“保存”按钮	提示“名称输入有误，请重新输入。”
	实际结果：

用例编号：QXGL-ST-004-029	
功能点：新增字典	
用例描述：名称输入 3 个字	
前置条件：	输入：
系统管理员登录成功	名称输入 3 个字
执行步骤：	预期结果：
单击“保存”按钮	保存当前新增内容，关闭当前窗口，回到列表页，在列表页新增一条记录
	实际结果：

用例编号：QXGL-ST-004-030	
功能点：新增字典	
用例描述：名称输入9个字	
前置条件：	输入：
系统管理员登录成功	名称输入19个字
执行步骤：	预期结果：
单击“保存”按钮	保存当前新增内容，关闭当前窗口，回到列表页，在列表页新增一条记录
	实际结果：

用例编号：QXGL-ST-004-031	
功能点：新增字典	
用例描述：名称输入10个字	
前置条件：	输入：
系统管理员登录成功	名称输入20个字
执行步骤：	预期结果：
单击“保存”按钮	保存当前新增内容，关闭当前窗口，回到列表页，在列表页新增一条记录
	实际结果：

用例编号：QXGL-ST-004-032	
功能点：新增字典	
用例描述：名称输入11个字	
前置条件：	输入：
系统管理员登录成功	名称输入21个字
执行步骤：	预期结果：
单击“保存”按钮	提示“名称输入有误，请重新输入。”
	实际结果：

用例编号：QXGL-ST-004-033	
功能点：新增字典	
用例描述：名称重复	
前置条件：	输入：
系统管理员登录成功	名称重复
执行步骤：	预期结果：
单击“保存”按钮	提示：“名称不唯一，请重新输入。”
	实际结果：

用例编号：QXGL-ST-004-034	
功能点：新增字典	
用例描述：英文代码未填写	
前置条件：	输入：
系统管理员登录成功	英文代码未填写
执行步骤：	预期结果：
单击“保存”按钮	提示：“英文代码不能为空！”
	实际结果：

用例编号：QXGL-ST-004-035	
功能点：新增字典	
用例描述：英文代码输入 2 个字	
前置条件：	输入：
系统管理员登录成功	英文代码输入 2 个字
执行步骤：	预期结果：
单击“保存”按钮	提示“英文代码输入有误，请重新输入。”
	实际结果：

用例编号：QXGL-ST-004-036	
功能点：新增字典	
用例描述：英文代码输入 3 个字	
前置条件：	输入：
系统管理员登录成功	英文代码输入 3 个字
执行步骤：	预期结果：
单击“保存”按钮	保存当前修改内容，关闭当前窗口，回到列表页，在列表页修改一条记录
	实际结果：

用例编号：QXGL-ST-004-037	
功能点：新增字典	
用例描述：英文代码输入 19 个字	
前置条件：	输入：
系统管理员登录成功	英文代码输入 19 个字
执行步骤：	预期结果：
单击“保存”按钮	保存当前修改内容，关闭当前窗口，回到列表页，在列表页修改一条记录
	实际结果：

用例编号：QXGL-ST-004-038	
功能点：新增字典	
用例描述：英文代码输入 20 个字	
前置条件：	输入：
系统管理员登录成功	英文代码输入 20 个字
执行步骤：	预期结果：
单击“保存”按钮	保存当前修改内容，关闭当前窗口，回到列表页，在列表页修改一条记录
	实际结果：

用例编号：QXGL-ST-004-039	
功能点：新增字典	
用例描述：英文代码输入 21 个字	
前置条件：	输入：
系统管理员登录成功	英文代码输入 21 个字
执行步骤：	预期结果：
单击“保存”按钮	提示“英文代码输入有误，请重新输入。”
	实际结果：

用例编号：QXGL-ST-004-040	
功能点：新增字典	
用例描述：英文代码输入包含特殊符号	
前置条件：	输入：
系统管理员登录成功	英文代码输入包含特殊符号
执行步骤：	预期结果：
单击“保存”按钮	提示“英文代码输入有误，请重新输入。”
	实际结果：

用例编号：QXGL-ST-004-041	
功能点：新增字典	
用例描述：单击“参数类型”按钮	
前置条件：	输入：
系统管理员登录成功	无
执行步骤：	预期结果：
单击“参数类型”按钮	默认“一级目录”，单击会显示所有已存在的目录
	实际结果：

用例编号：QXGL-ST-004-042	
功能点：新增字典	
用例描述：排序非必填项验证	
前置条件：	输入：
系统管理员登录成功	排序非必填项验证
执行步骤：	预期结果：
单击“保存”按钮	保存当前新增内容，关闭当前窗口，回到列表页，在列表页新增一条记录
	实际结果：

用例编号：QXGL-ST-004-043	
功能点：新增字典	
用例描述：可用性选择显示	
前置条件：	输入：
系统管理员登录成功	可用性选择显示
执行步骤：	预期结果：
单击“保存”按钮	保存当前新增内容，关闭当前窗口，回到列表页，在列表页新增一条记录，该记录显示
	实际结果：

用例编号：QXGL-ST-004-044	
功能点：新增字典	
用例描述：可用性选择隐藏	
前置条件：	输入：
系统管理员登录成功	可用性选择隐藏
执行步骤：	预期结果：
单击“保存”按钮	保存当前新增内容，关闭当前窗口，回到列表页，在列表页新增一条记录，该记录隐藏
	实际结果：

用例编号：QXGL-ST-004-045	
功能点：新增字典	
用例描述：备注输入 499 个字	
前置条件：	输入：
系统管理员登录成功	备注输入 499 个字
执行步骤：	预期结果：
单击“保存”按钮	提示“备注输入有误，请重新输入。”
	实际结果：

用例编号：QXGL-ST-004-046	
功能点：新增字典	
用例描述：备注输入 500 个字	
前置条件：	输入：
系统管理员登录成功	备注输入 500 个字
执行步骤：	预期结果：
单击“保存”按钮	保存当前新增内容，关闭当前窗口，回到列表页，在列表页新增一条记录
	实际结果：

用例编号：QXGL-ST-004-047	
功能点：新增字典	
用例描述：备注输入 501 个字	
前置条件：	输入：
系统管理员登录成功	备注输入 501 个字
执行步骤：	预期结果：
单击“保存”按钮	提示“备注输入有误，请重新输入。”
	实际结果：

用例编号：QXGL-ST-004-048	
功能点：新增字典	
用例描述：关闭错误提示信息	
前置条件：	输入：
系统管理员登录成功	无
执行步骤：	预期结果：
无	仍停留在当前窗口
	实际结果：

用例编号：QXGL-ST-004-049	
功能点：新增字典	
用例描述：取消新增	
前置条件：	输入：
系统管理员登录成功	无
执行步骤：	预期结果：
单击“取消”按钮	不保存当前新增内容，关闭当前窗口，回到列表页
	实际结果：

用例编号：QXGL-ST-004-050	
功能点：新增字典	
用例描述：关闭新增	
前置条件：	输入：
系统管理员登录成功	无
执行步骤：	预期结果：
单击右上角×图标	不保存当前新增内容，关闭当前窗口，回到列表页
	实际结果：

用例编号：QXGL-ST-004-051	
功能点：修改字典	
用例描述：“新增”按钮	
前置条件：	输入：
系统管理员登录成功	无
执行步骤：	预期结果：
单击“新增”按钮	弹出“修改字典”窗口，弹框 title 显示“修改字典” 必填项使用红色星号“*”标注 类型：默认为“参数” 可选：参数、目录 名称：必填项，默认为空； 英文代码：必填项，默认为空 参数类型：必填项，默认“一级目录”，点击会显示所有已存在的目录 排序：非必填项 备注：非必填项，默认为空 状态：默认为显示；可选显示、隐藏
	实际结果：

用例编号：QXGL-ST-004-052	
功能点：修改字典	
用例描述：名称未填写	
前置条件：	输入：
系统管理员登录成功	名称未填写
执行步骤：	预期结果：
单击“保存”按钮	提示“名称不能为空！”
	实际结果：

用例编号：QXGL-ST-004-053	
功能点：修改字典	
用例描述：名称输入 2 个字	
前置条件：	输入：
系统管理员登录成功	名称输入 2 个字
执行步骤：	预期结果：

续表

单击“保存”按钮	提示“名称输入有误，请重新输入。”
	实际结果：

用例编号：QXGL-ST-004-054	
功能点：修改字典	
用例描述：名称输入 3 个字	
前置条件：	输入：
系统管理员登录成功	名称输入 3 个字
执行步骤：	预期结果：
单击“保存”按钮	保存当前新增内容，关闭当前窗口，回到列表页，在列表页新增一条记录
	实际结果：

用例编号：QXGL-ST-004-055	
功能点：修改字典	
用例描述：名称输入 9 个字	
前置条件：	输入：
系统管理员登录成功	名称输入 19 个字
执行步骤：	预期结果：
单击“保存”按钮	保存当前新增内容，关闭当前窗口，回到列表页，在列表页新增一条记录
	实际结果：

用例编号：QXGL-ST-004-056	
功能点：修改字典	
用例描述：名称输入 10 个字	
前置条件：	输入：
系统管理员登录成功	名称输入 20 个字
执行步骤：	预期结果：
单击“保存”按钮	保存当前新增内容，关闭当前窗口，回到列表页，在列表页新增一条记录
	实际结果：

用例编号：QXGL-ST-004-057	
功能点：修改字典	
用例描述：名称输入 11 个字	
前置条件：	输入：
系统管理员登录成功	名称输入 21 个字
执行步骤：	预期结果：

续表

单击“保存”按钮	提示“名称输入有误，请重新输入。”
	实际结果：

用例编号：QXGL-ST-004-058	
功能点：修改字典	
用例描述：名称重复	
前置条件：	输入：
系统管理员登录成功	名称重复
执行步骤：	预期结果：
单击“保存”按钮	提示“名称不唯一，请重新输入。”
	实际结果：

用例编号：QXGL-ST-004-059	
功能点：修改字典	
用例描述：英文代码未填写	
前置条件：	输入：
系统管理员登录成功	英文代码未填写
执行步骤：	预期结果：
单击“保存”按钮	提示“英文代码不能为空！”
	实际结果：

用例编号：QXGL-ST-004-060	
功能点：修改字典	
用例描述：英文代码输入 2 个字	
前置条件：	输入：
系统管理员登录成功	英文代码输入 2 个字
执行步骤：	预期结果：
单击“保存”按钮	提示“英文代码输入有误，请重新输入。”
	实际结果：

用例编号：QXGL-ST-004-061	
功能点：修改字典	
用例描述：英文代码输入 3 个字	
前置条件：	输入：
系统管理员登录成功	英文代码输入 3 个字
执行步骤：	预期结果：
单击“保存”按钮	保存当前修改内容，关闭当前窗口，回到列表页，在列表页修改一条记录
	实际结果：

用例编号：QXGL-ST-004-062	
功能点：修改字典	
用例描述：英文代码输入 19 个字	
前置条件：	输入：
系统管理员登录成功	英文代码输入 19 个字
执行步骤：	预期结果：
单击“保存”按钮	保存当前修改内容，关闭当前窗口，回到列表页，在列表页修改一条记录
	实际结果：

用例编号：QXGL-ST-004-063	
功能点：修改字典	
用例描述：英文代码输入 20 个字	
前置条件：	输入：
系统管理员登录成功	英文代码输入 20 个字
执行步骤：	预期结果：
单击“保存”按钮	保存当前修改内容，关闭当前窗口，回到列表页，在列表页修改一条记录
	实际结果：

用例编号：QXGL-ST-004-064	
功能点：修改字典	
用例描述：英文代码输入 21 个字	
前置条件：	输入：
系统管理员登录成功	英文代码输入 21 个字
执行步骤：	预期结果：
单击“保存”按钮	提示“英文代码输入有误，请重新输入。”
	实际结果：

用例编号：QXGL-ST-004-065	
功能点：修改字典	
用例描述：英文代码输入包含特殊符号	
前置条件：	输入：
系统管理员登录成功	英文代码输入包含特殊符号
执行步骤：	预期结果：
单击“保存”按钮	提示“英文代码输入有误，请重新输入。”
	实际结果：

<table>
<tr><td colspan="2">用例编号：QXGL-ST-004-066</td></tr>
<tr><td colspan="2">功能点：修改字典</td></tr>
<tr><td colspan="2">用例描述：单击“参数类型”按钮</td></tr>
<tr><td>前置条件：</td><td>输入：</td></tr>
<tr><td>系统管理员登录成功</td><td>无</td></tr>
<tr><td>执行步骤：</td><td>预期结果：</td></tr>
<tr><td>单击“参数类型”按钮</td><td>默认“一级目录”，单击会显示所有已存在的目录</td></tr>
<tr><td></td><td>实际结果：</td></tr>
<tr><td></td><td></td></tr>
</table>

<table>
<tr><td colspan="2">用例编号：QXGL-ST-004-067</td></tr>
<tr><td colspan="2">功能点：修改字典</td></tr>
<tr><td colspan="2">用例描述：排序非必填项验证</td></tr>
<tr><td>前置条件：</td><td>输入：</td></tr>
<tr><td>系统管理员登录成功</td><td>排序非必填项验证</td></tr>
<tr><td>执行步骤：</td><td>预期结果：</td></tr>
<tr><td>单击“保存”按钮</td><td>保存当前新增内容，关闭当前窗口，回到列表页，在列表页新增一条记录</td></tr>
<tr><td></td><td>实际结果：</td></tr>
<tr><td></td><td></td></tr>
</table>

<table>
<tr><td colspan="2">用例编号：QXGL-ST-004-068</td></tr>
<tr><td colspan="2">功能点：修改字典</td></tr>
<tr><td colspan="2">用例描述：可用性选择显示</td></tr>
<tr><td>前置条件：</td><td>输入：</td></tr>
<tr><td>系统管理员登录成功</td><td>可用性选择显示</td></tr>
<tr><td>执行步骤：</td><td>预期结果：</td></tr>
<tr><td>单击“保存”按钮</td><td>保存当前新增内容，关闭当前窗口，回到列表页，在列表页新增一条记录，该记录显示</td></tr>
<tr><td></td><td>实际结果：</td></tr>
<tr><td></td><td></td></tr>
</table>

<table>
<tr><td colspan="2">用例编号：QXGL-ST-004-069</td></tr>
<tr><td colspan="2">功能点：修改字典</td></tr>
<tr><td colspan="2">用例描述：可用性选择隐藏</td></tr>
<tr><td>前置条件：</td><td>输入：</td></tr>
<tr><td>系统管理员登录成功</td><td>可用性选择隐藏</td></tr>
<tr><td>执行步骤：</td><td>预期结果：</td></tr>
<tr><td>单击“保存”按钮</td><td>保存当前新增内容，关闭当前窗口，回到列表页，在列表页新增一条记录，该记录隐藏</td></tr>
<tr><td></td><td>实际结果：</td></tr>
<tr><td></td><td></td></tr>
</table>

用例编号：QXGL-ST-004-070	
功能点：修改字典	
用例描述：备注输入 499 个字	
前置条件：	输入：
系统管理员登录成功	备注输入 499 个字
执行步骤：	预期结果：
单击“保存”按钮	提示“备注输入有误，请重新输入。”
	实际结果：

用例编号：QXGL-ST-004-071	
功能点：修改字典	
用例描述：备注输入 500 个字	
前置条件：	输入：
系统管理员登录成功	备注输入 500 个字
执行步骤：	预期结果：
单击“保存”按钮	保存当前新增内容，关闭当前窗口，回到列表页，在列表页新增一条记录
	实际结果：

用例编号：QXGL-ST-004-072	
功能点：修改字典	
用例描述：备注输入 501 个字	
前置条件：	输入：
系统管理员登录成功	备注输入 501 个字
执行步骤：	预期结果：
单击“保存”按钮	提示“备注输入有误，请重新输入。”
	实际结果：

用例编号：QXGL-ST-004-073	
功能点：修改字典	
用例描述：关闭错误提示信息	
前置条件：	输入：
系统管理员登录成功	无
执行步骤：	预期结果：
无	仍停留在当前窗口
	实际结果：

用例编号：QXGL-ST-004-074	
功能点：修改字典	
用例描述：取消新增	
前置条件：	输入：
系统管理员登录成功	无
执行步骤：	预期结果：
单击“取消”按钮	不保存当前新增内容，关闭当前窗口，回到列表页
	实际结果：

用例编号：QXGL-ST-004-075	
功能点：修改字典	
用例描述：关闭新增	
前置条件：	输入：
系统管理员登录成功	无
执行步骤：	预期结果：
单击右上角×图标	不保存当前新增内容，关闭当前窗口，回到列表页
	实际结果：

用例编号：QXGL-ST-004-076	
功能点：删除字典	
用例描述：删除弹框显示	
前置条件：	输入：
系统管理员登录成功	无
执行步骤：	预期结果：
单击任意字典后的“删除”按钮	提示“注意：您确定要删除吗？该操作将无法恢复”，单击“确定”“取消”按钮
	实际结果：

用例编号：QXGL-ST-004-077	
功能点：删除字典	
用例描述：确定删除验证	
前置条件：	输入：
系统管理员登录成功	无
执行步骤：	预期结果：
单击任意字典后的“删除”按钮	1. 删除成功 2. 回到列表页，列表页无该条记录
	实际结果：

用例编号：QXGL-ST-004-078	
功能点：删除字典	
用例描述：取消删除	
前置条件：	输入：
系统管理员登录成功	无
执行步骤：	预期结果：
单击“取消”按钮	不执行删除操作，回到列表页，列表页该条记录存在
	实际结果：

用例编号：QXGL-ST-004-079	
功能点：删除字典	
用例描述：取消删除	
前置条件：	输入：
系统管理员登录成功	无
执行步骤：	预期结果：
单击右上角×图标	不执行删除操作，回到列表页，列表页该条记录存在
	实际结果：

用例编号：QXGL-ST-004-080	
功能点：删除字典	
用例描述：删除弹框显示	
前置条件：	输入：
系统管理员登录成功	无
执行步骤：	预期结果：
勾选要删除的目录或参数单击“删除”按钮	提示“注：您确定要删除吗？该操作将无法恢复”，单击“确定”“取消”按钮
	实际结果：

用例编号：QXGL-ST-004-081	
功能点：删除字典	
用例描述：确定删除验证	
前置条件：	输入：
系统管理员登录成功	无
执行步骤：	预期结果：
勾选要删除的目录或参数单击“删除”按钮	1. 删除成功 2. 回到列表页，列表页无该条记录
	实际结果：

用例编号：QXGL-ST-004-082	
功能点：刷新字典	
用例描述：单击“刷新”按钮	
前置条件：	输入：
系统管理员登录成功	无
执行步骤：	预期结果：
单击“刷新”按钮	刷新字典列表，显示所有通用字典
	实际结果：

2.2.5 Test Suite 系统日志模块测试用例设计

一、工作任务描述

单击“系统日志”按钮，进入系统日志模块，该模块主要实现对日志的查询、删除功能，如图 2-22 所示。

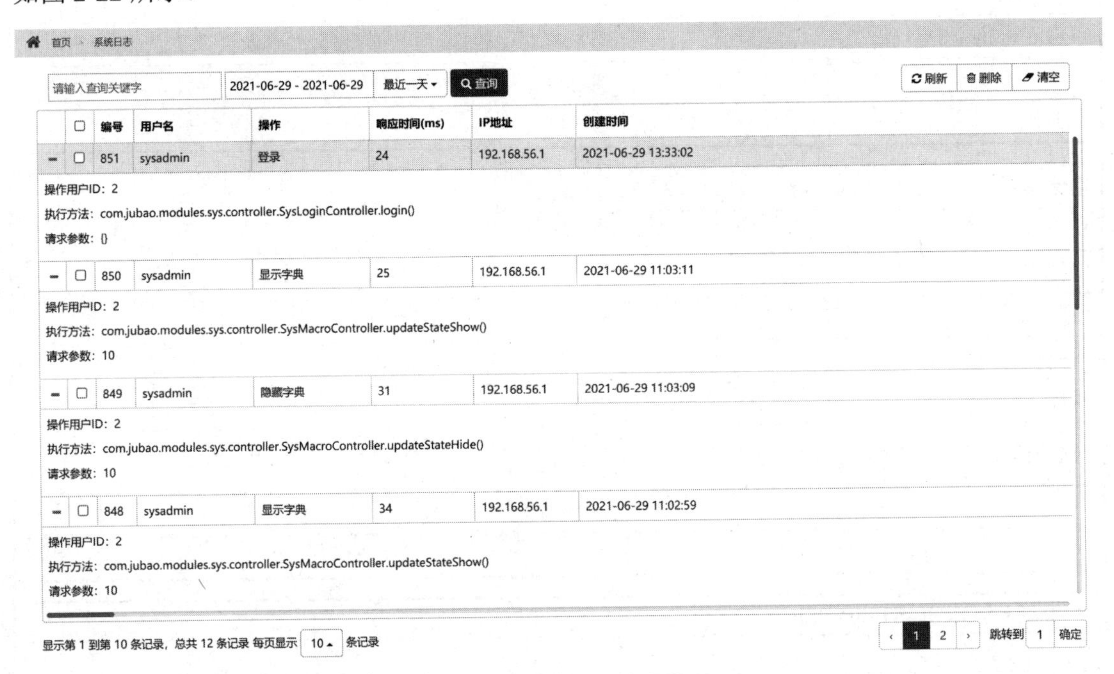

图 2-22　系统日志：列表页

本节任务就是编写系统日志模块的测试用例集。在此我们使用了场景法、错误推测法、边界值分析法等测试用例设计方法。

二、工作过程

编写测试用例集。以下是系统日志模块的测试用例集。

用例编号：QXGL-ST-005-001	
功能点：上方导航栏	
用例描述：显示正确性验证	
前置条件：	输入：
系统管理员登录成功	无
执行步骤：	预期结果：
无	登录后默认进入首页欢迎页，页面 title 显示“首页”，面包屑导航显示“首页”>“控制台” 顶部导航栏显示：欢迎 sysadmin、“首页”按钮、“修改密码”按钮、“退出系统”按钮
	实际结果：

用例编号：QXGL-ST-005-002	
功能点：上方导航栏	
用例描述：显示正确性验证	
前置条件：	输入：
角色管理员登录成功	无
执行步骤：	预期结果：
无	登录后默认进入首页欢迎页，页面 title 显示“首页”，面包屑导航显示“首页”>“控制台” 顶部导航栏显示：欢迎 jsadmin、“首页”按钮、“修改密码”按钮、“退出系统”按钮
	实际结果：

用例编号：QXGL-ST-005-003	
功能点：上方导航栏	
用例描述：首页按钮	
前置条件：	输入：
系统管理员登录成功	无
执行步骤：	预期结果：
单击“首页”按钮	跳转到系统首页
	实际结果：

用例编号：QXGL-ST-005-004	
功能点：上方导航栏	
用例描述：首页按钮	
前置条件：	输入：
角色管理员登录成功	无
执行步骤：	预期结果：
单击“首页”按钮	跳转到系统首页
	实际结果：

用例编号：QXGL-ST-005-005	
功能点：上方导航栏	
用例描述：“修改密码”按钮	
前置条件：	输入：
系统管理员登录成功	无
执行步骤：	预期结果：
单击“修改密码”按钮	弹出修改密码框，修改密码框内显示当前登录账号及原密码和新密码的输入框。新密码和原密码均是必填项，由红色*号标注。显示“确定”“取消”按钮及右上角有一个×图标
	实际结果：

用例编号：QXGL-ST-005-006	
功能点：上方导航栏	
用例描述：“修改密码”按钮	
前置条件：	输入：
角色管理员登录成功	无
执行步骤：	预期结果：
单击“修改密码”按钮	弹出修改密码框,修改密码框内显示当前登录账号及原密码和新密码的输入框。新密码和原密码均是必填项，由红色*号标注。显示“确定”“取消”按钮及右上角有一个×图标
	实际结果：

用例编号：QXGL-ST-005-007	
功能点：上方导航栏	
用例描述：修改密码	
前置条件：	输入：
系统管理员登录成功	原密码：sysadmin 新密码：sysadmi
执行步骤：	预期结果：
单击“保存”按钮	提示“长度和格式不符合规则，请重新输入”
	实际结果：

用例编号：QXGL-ST-005-008	
功能点：上方导航栏	
用例描述：修改密码	
前置条件：	输入：

续表

系统管理员登录成功	原密码：sysadmin 新密码：sysadmi5
执行步骤：	预期结果：
单击“保存”按钮	提示修改成功，回到登录页面
	实际结果：

用例编号：QXGL-ST-005-009	
功能点：上方导航栏	
用例描述：修改密码	
前置条件：	输入：
系统管理员登录成功	原密码：sysadmin 新密码：sysadmi67
执行步骤：	预期结果：
单击“保存”按钮	提示“长度和格式不符合规则，请重新输入”
	实际结果：

用例编号：QXGL-ST-005-010	
功能点：上方导航栏	
用例描述：修改密码	
前置条件：	输入：
系统管理员登录成功	原密码：sysadmin 新密码：sysadmi 哈
执行步骤：	预期结果：
单击“保存”按钮	提示“长度和格式不符合规则，请重新输入”
	实际结果：

用例编号：QXGL-ST-005-011	
功能点：上方导航栏	
用例描述：修改密码	
前置条件：	输入：
系统管理员登录成功	原密码： 新密码：sysadmin
执行步骤：	预期结果：
单击“保存”按钮	提示“原密码为空！”
	实际结果：

用例编号：QXGL-ST-005-012	
功能点：上方导航栏	
用例描述：修改密码	
前置条件：	输入：
系统管理员登录成功	原密码：sysadmin 新密码：
执行步骤：	预期结果：
单击“保存”按钮	提示“新密码为空！”
	实际结果：

用例编号：QXGL-ST-005-013	
功能点：上方导航栏	
用例描述：单击右上角×图标	
前置条件：	输入：
系统管理员登录成功	无
执行步骤：	预期结果：
单击右上角×图标	关闭当前窗口，回到首页
	实际结果：

用例编号：QXGL-ST-005-014	
功能点：上方导航栏	
用例描述：单击“取消”按钮	
前置条件：	输入：
系统管理员登录成功	无
执行步骤：	预期结果：
单击“取消”按钮	关闭当前窗口，回到首页
	实际结果：

用例编号：QXGL-ST-005-015	
功能点：上方导航栏	
用例描述：退出系统	
前置条件：	输入：
系统管理员登录成功	无
执行步骤：	预期结果：
单击“退出系统”按钮	退出系统回到登录页面
	实际结果：

用例编号：QXGL-ST-005-016	
功能点：上方导航栏	
用例描述：修改密码	
前置条件：	输入：
角色管理员登录成功	原密码：jsadmin 新密码：jsadmi
执行步骤：	预期结果：
单击“保存”按钮	提示“长度和格式不符合规则，请重新输入”
	实际结果：

用例编号：QXGL-ST-005-017	
功能点：上方导航栏	
用例描述：修改密码	
前置条件：	输入：
角色管理员登录成功	原密码：jsadmin 新密码：jsadmi5
执行步骤：	预期结果：
单击“保存”按钮	提示修改成功，回到登录页面
	实际结果：

用例编号：QXGL-ST-005-018	
功能点：上方导航栏	
用例描述：修改密码	
前置条件：	输入：
角色管理员登录成功	原密码：jsadmin 新密码：jsadmi67
执行步骤：	预期结果：
单击“保存”按钮	提示“长度和格式不符合规则，请重新输入”
	实际结果：

用例编号：QXGL-ST-005-019	
功能点：上方导航栏	
用例描述：修改密码	
前置条件：	输入：
角色管理员登录成功	原密码：jsadmin 新密码：jsadmi 哈
执行步骤：	预期结果：
单击“保存”按钮	提示“长度和格式不符合规则，请重新输入”
	实际结果：

用例编号：QXGL-ST-005-020	
功能点：上方导航栏	
用例描述：修改密码	
前置条件：	输入：
角色管理员登录成功	原密码： 新密码：jsadmin
执行步骤：	预期结果：
单击“保存”按钮	提示“原密码为空！”
	实际结果：

用例编号：QXGL-ST-005-021	
功能点：上方导航栏	
用例描述：修改密码	
前置条件：	输入：
角色管理员登录成功	原密码：jsadmin 新密码：
执行步骤：	预期结果：
单击“保存”按钮	提示“新密码为空！”
	实际结果：

用例编号：QXGL-ST-005-022	
功能点：上方导航栏	
用例描述：单击右上角×图标	
前置条件：	输入：
角色管理员登录成功	无
执行步骤：	预期结果：
单击右上角×图标	关闭当前窗口，回到首页
	实际结果：

用例编号：QXGL-ST-005-023	
功能点：上方导航栏	
用例描述：单击“取消”按钮	
前置条件：	输入：
角色管理员登录成功	无
执行步骤：	预期结果：
单击“取消”按钮	关闭当前窗口，回到首页
	实际结果：

<table>
<tr><td colspan="2">用例编号：QXGL-ST-005-024</td></tr>
<tr><td colspan="2">功能点：上方导航栏</td></tr>
<tr><td colspan="2">用例描述：退出系统</td></tr>
<tr><td>前置条件：</td><td>输入：</td></tr>
<tr><td>角色管理员登录成功</td><td>无</td></tr>
<tr><td>执行步骤：</td><td>预期结果：</td></tr>
<tr><td rowspan="3">单击“退出系统”按钮</td><td>退出系统回到登录页面</td></tr>
<tr><td>实际结果：</td></tr>
<tr><td></td></tr>
</table>

<table>
<tr><td colspan="2">用例编号：QXGL-ST-005-025</td></tr>
<tr><td colspan="2">功能点：删除日志</td></tr>
<tr><td colspan="2">用例描述：删除弹框显示</td></tr>
<tr><td>前置条件：</td><td>输入：</td></tr>
<tr><td>系统管理员登录成功</td><td>无</td></tr>
<tr><td>执行步骤：</td><td>预期结果：</td></tr>
<tr><td rowspan="3">单击任意日志后的“删除”按钮</td><td>提示“注意：您确定要删除吗？该操作将无法恢复”，单击“确认”“取消”按钮</td></tr>
<tr><td>实际结果：</td></tr>
<tr><td></td></tr>
</table>

<table>
<tr><td colspan="2">用例编号：QXGL-ST-005-026</td></tr>
<tr><td colspan="2">功能点：删除日志</td></tr>
<tr><td colspan="2">用例描述：确定删除验证</td></tr>
<tr><td>前置条件：</td><td>输入：</td></tr>
<tr><td>系统管理员登录成功</td><td>无</td></tr>
<tr><td>执行步骤：</td><td>预期结果：</td></tr>
<tr><td rowspan="3">单击任意日志后的“删除”按钮</td><td>1. 删除成功
2. 回到列表页，列表页无该条记录</td></tr>
<tr><td>实际结果：</td></tr>
<tr><td></td></tr>
</table>

<table>
<tr><td colspan="2">用例编号：QXGL-ST-005-027</td></tr>
<tr><td colspan="2">功能点：删除日志</td></tr>
<tr><td colspan="2">用例描述：取消删除</td></tr>
<tr><td>前置条件：</td><td>输入：</td></tr>
<tr><td>系统管理员登录成功</td><td>无</td></tr>
<tr><td>执行步骤：</td><td>预期结果：</td></tr>
<tr><td rowspan="3">单击“取消”按钮</td><td>不执行删除操作，回到列表页，列表页该条记录存在</td></tr>
<tr><td>实际结果：</td></tr>
<tr><td></td></tr>
</table>

<table>
<tr><td colspan="2">用例编号：QXGL-ST-005-028</td></tr>
<tr><td colspan="2">功能点：删除日志</td></tr>
<tr><td colspan="2">用例描述：取消删除</td></tr>
<tr><td>前置条件：</td><td>输入：</td></tr>
<tr><td>系统管理员登录成功</td><td>无</td></tr>
<tr><td>执行步骤：</td><td>预期结果：</td></tr>
<tr><td rowspan="3">单击右上角×图标</td><td>不执行删除操作，回到列表页，列表页该条记录存在</td></tr>
<tr><td>实际结果：</td></tr>
<tr><td></td></tr>
</table>

<table>
<tr><td colspan="2">用例编号：QXGL-ST-005-029</td></tr>
<tr><td colspan="2">功能点：删除日志</td></tr>
<tr><td colspan="2">用例描述：删除弹框显示</td></tr>
<tr><td>前置条件：</td><td>输入：</td></tr>
<tr><td>系统管理员登录成功</td><td>无</td></tr>
<tr><td>执行步骤：</td><td>预期结果：</td></tr>
<tr><td rowspan="3">勾选要删除的目录或参数单击“删除”按钮</td><td>提示“注意：您确定要删除吗？该操作将无法恢复”，单击“确认”“取消”按钮</td></tr>
<tr><td>实际结果：</td></tr>
<tr><td></td></tr>
</table>

<table>
<tr><td colspan="2">用例编号：QXGL-ST-005-030</td></tr>
<tr><td colspan="2">功能点：删除日志</td></tr>
<tr><td colspan="2">用例描述：确定删除验证</td></tr>
<tr><td>前置条件：</td><td>输入：</td></tr>
<tr><td>系统管理员登录成功</td><td>无</td></tr>
<tr><td>执行步骤：</td><td>预期结果：</td></tr>
<tr><td rowspan="3">勾选要删除的目录或参数单击“删除”按钮</td><td>1. 删除成功
2. 回到列表页，列表页无该条记录</td></tr>
<tr><td>实际结果：</td></tr>
<tr><td></td></tr>
</table>

<table>
<tr><td colspan="2">用例编号：QXGL-ST-005-031</td></tr>
<tr><td colspan="2">功能点：刷新日志</td></tr>
<tr><td colspan="2">用例描述：单击“刷新”按钮</td></tr>
<tr><td>前置条件：</td><td>输入：</td></tr>
<tr><td>系统管理员登录成功</td><td>无</td></tr>
<tr><td>执行步骤：</td><td>预期结果：</td></tr>
<tr><td rowspan="3">单击“刷新”按钮</td><td>刷新日志列表，显示所有系统日志</td></tr>
<tr><td>实际结果：</td></tr>
<tr><td></td></tr>
</table>

用例编号：QXGL-ST-005-032	
功能点：查询日志	
用例描述：查询输入框中默认显示正确性验证	
前置条件：	输入：
系统管理员登录成功	无
执行步骤：	预期结果：
无	请输入查询关键字
	实际结果：

用例编号：QXGL-ST-005-033	
功能点：查询日志	
用例描述：查询输入框输入完整日志名称	
前置条件：	输入：
系统管理员登录成功	查询输入框输入完整日志名称
执行步骤：	预期结果：
单击“查询”按钮	系统显示符合条件的日志信息，查询后保留查询条件
	实际结果：

用例编号：QXGL-ST-005-034	
功能点：查询日志	
用例描述：模糊查询，部分日志名称	
前置条件：	输入：
系统管理员登录成功	模糊查询，部分日志名称
执行步骤：	预期结果：
单击“查询”按钮	系统显示符合条件的日志信息，查询后保留查询条件
	实际结果：

用例编号：QXGL-ST-005-035	
功能点：查询日志	
用例描述：设置时间范围为一天内	
前置条件：	输入：
系统管理员登录成功	无
执行步骤：	预期结果：
设置时间范围为一天内，单击“查询”按钮	时间控件，自动变为一天内 系统显示符合条件的日志信息，查询后保留查询条件
	实际结果：

用例编号：QXGL-ST-005-036	
功能点：查询日志	
用例描述：设置时间范围为一月内	
前置条件：	输入：
系统管理员登录成功	无
执行步骤：	预期结果：
设置时间范围为一月内，单击“查询”按钮	时间控件，自动变为一月内 系统显示符合条件的日志信息，查询后保留查询条件
	实际结果：

用例编号：QXGL-ST-005-037	
功能点：查询日志	
用例描述：设置时间范围为一周内	
前置条件：	输入：
系统管理员登录成功	无
执行步骤：	预期结果：
设置时间范围为一周内，单击“查询”按钮	时间控件，自动变为一周内 系统显示符合条件的日志信息，查询后保留查询条件
	实际结果：

用例编号：QXGL-ST-005-038	
功能点：查询日志	
用例描述：设置时间范围为自定义，单击可以设置时间控件	
前置条件：	输入：
系统管理员登录成功	无
执行步骤：	预期结果：
设置时间范围按钮为自定义，单击可以设置时间控件，单击“查询”	系统显示符合条件的日志信息，查询后保留查询条件
	实际结果：

用例编号：QXGL-ST-005-039	
功能点：查询日志	
用例描述：组合查询	
前置条件：	输入：
系统管理员登录成功	无
执行步骤：	预期结果：
在系统日志“列表页”，选择时间范围，输入关键字，单击“查询”按钮	系统显示符合条件的日志信息，查询后保留查询条件
	实际结果：

<table>
<tr><td colspan="2">用例编号：QXGL-ST-005-040</td></tr>
<tr><td colspan="2">功能点：系统日志列表页</td></tr>
<tr><td colspan="2">用例描述：显示内容正确性验证</td></tr>
<tr><td>前置条件：</td><td>输入：</td></tr>
<tr><td>系统管理员登录成功</td><td>无</td></tr>
<tr><td>执行步骤：</td><td>预期结果：</td></tr>
<tr><td rowspan="3">单击左侧导航栏中的“系统日志”模块菜单</td><td>进入通用字典页面，列表默认显示全部字典信息，左侧显示字典目录，页面 title 显示“通用字典”
面包屑导航显示“首页”>“通用字典”
列表字段显示：□列表字段显示：编号、用户名、操作、响应时间(ms)、IP 地址、创建时间；创建时间格式：yyyy-MM-dd hh:mm:ss
列表按照字典编号升序排列</td></tr>
<tr><td>实际结果：</td></tr>
<tr><td></td></tr>
</table>

<table>
<tr><td colspan="2">用例编号：QXGL-ST-005-041</td></tr>
<tr><td colspan="2">功能点：分页</td></tr>
<tr><td colspan="2">用例描述：选择每页显示 10 条记录</td></tr>
<tr><td>前置条件：</td><td>输入：</td></tr>
<tr><td>列表中有记录，大于 10 条</td><td>无</td></tr>
<tr><td>执行步骤：</td><td>预期结果：</td></tr>
<tr><td rowspan="3">每页显示记录下拉框，选择 10 条</td><td>每页显示 10 条记录</td></tr>
<tr><td>实际结果：</td></tr>
<tr><td></td></tr>
</table>

<table>
<tr><td colspan="2">用例编号：QXGL-ST-005-042</td></tr>
<tr><td colspan="2">功能点：分页</td></tr>
<tr><td colspan="2">用例描述：总条数统计显示</td></tr>
<tr><td>前置条件：</td><td>输入：</td></tr>
<tr><td>列表中有记录，大于 10 条</td><td>无</td></tr>
<tr><td>执行步骤：</td><td>预期结果：</td></tr>
<tr><td rowspan="3">无</td><td>显示第 1 条到第 N 条记录，总共 N 条数据，N 为总条数</td></tr>
<tr><td>实际结果：</td></tr>
<tr><td></td></tr>
</table>

<table>
<tr><td colspan="2">用例编号：QXGL-ST-005-043</td></tr>
<tr><td colspan="2">功能点：分页</td></tr>
<tr><td colspan="2">用例描述：分页操作显示</td></tr>
<tr><td>前置条件：</td><td>输入：</td></tr>
<tr><td>列表中有记录，大于 10 条</td><td>无</td></tr>
</table>

续表

执行步骤：	预期结果：
无	“上一页”按钮、页码，“下一页”按钮；页码显示 7 页页码数字，当前页码选中状态
	实际结果：

用例编号：QXGL-ST-005-044	
功能点：分页	
用例描述：选择每页显示 10 条记录	
前置条件：	输入：
列表中有记录，小于 10 条	无
执行步骤：	预期结果：
无	分页功能正常
	实际结果：

用例编号：QXGL-ST-005-045	
功能点：分页	
用例描述：总条数统计显示	
前置条件：	输入：
列表中有记录，小于 10 条	无
执行步骤：	预期结果：
无	显示第 1 条到第 N 条记录，总共 N 条数据，N 为总条数
	实际结果：

用例编号：QXGL-ST-005-046	
功能点：分页	
用例描述：分页操作显示	
前置条件：	输入：
列表中有记录，小于 10 条	无
执行步骤：	预期结果：
无	“上一页”按钮、页码，“下一页”按钮；页码显示 1 页页码数字，当前页码选中状态
	实际结果：

用例编号：QXGL-ST-005-047	
功能点：分页	
用例描述：当前页为第一页	
前置条件：	输入：
列表中有记录，大于 10 条	无
执行步骤：	预期结果：
单击“第一页”按钮	“上一页”按钮不可单击
	实际结果：

用例编号：QXGL-ST-005-048	
功能点：分页	
用例描述：当前页为最后一页	
前置条件：	输入：
列表中有记录，大于 10 条	无
执行步骤：	预期结果：
单击“最后一页”按钮	“下一页”按钮不可单击
	实际结果：

用例编号：QXGL-ST-005-049	
功能点：分页	
用例描述：当前页不是第一页	
前置条件：	输入：
列表中有记录，大于 10 条	无
执行步骤：	预期结果：
单击“上一页”按钮	跳转到当前页面的前一页
	实际结果：

用例编号：QXGL-ST-005-050	
功能点：分页	
用例描述：当前页不是最后一页	
前置条件：	输入：
列表中有记录，大于 10 条	无
执行步骤：	预期结果：
单击“上一页”按钮	跳转到当前页面的前一页
	实际结果：

用例编号：QXGL-ST-005-051	
功能点：分页	
用例描述：当前页不是第一页	
前置条件：	输入：
列表中有记录，大于 10 条	无
执行步骤：	预期结果：
单击“下一页”按钮	跳转到当前页面的下一页
	实际结果：

用例编号：QXGL-ST-005-052	
功能点：分页	
用例描述：当前页不是最后一页	
前置条件：	输入：
列表中有记录，大于 10 条	无
执行步骤：	预期结果：
单击“下一页”按钮	跳转到当前页面的下一页
	实际结果：

用例编号：QXGL-ST-005-053	
功能点：分页	
用例描述：当前页为第一页	
前置条件：	输入：
列表中有记录，大于 10 条	无
执行步骤：	预期结果：
输入要跳转的页数	直接跳转到该页
	实际结果：

用例编号：QXGL-ST-005-054	
功能点：分页	
用例描述：当前页为最后一页	
前置条件：	输入：
列表中有记录，大于 10 条	无
执行步骤：	预期结果：
输入要跳转的页数	直接跳转到该页
	实际结果：

用例编号：QXGL-ST-005-055	
功能点：分页	
用例描述：当前页不是第一页	
前置条件：	输入：
列表中有记录，大于 10 条	无
执行步骤：	预期结果：
输入要跳转的页数	直接跳转到该页
	实际结果：

用例编号：QXGL-ST-005-056	
功能点：分页	
用例描述：当前页不是最后一页	
前置条件：	输入：
列表中有记录，大于 10 条	无
执行步骤：	预期结果：
输入要跳转的页数	直接跳转到该页
	实际结果：

用例编号：QXGL-ST-005-057	
功能点：分页	
用例描述：当前页不是第一页	
前置条件：	输入：
列表中有记录，大于 10 条	无
执行步骤：	预期结果：
输入要跳转的页数	直接跳转到该页
	实际结果：

用例编号：QXGL-ST-005-058	
功能点：分页	
用例描述：当前页不是最后一页	
前置条件：	输入：
列表中有记录，大于 10 条	无
执行步骤：	预期结果：
输入要跳转的页数	直接跳转到该页
	实际结果：

工作任务 2.3　Test Suite 其他测试

2.3.1　Test Suite 性能测试

一、工作任务描述

性能测试是通过自动化的测试工具模拟多种正常、峰值及异常负载条件来对系统的各项性能指标进行的测试。负载测试和压力测试都属于性能测试，两者可以结合进行。通过负载测试，确定在各种工作负载下系统的性能，目标是测试当负载逐渐增加时，系统各项性能指标的变化情况。压力测试是通过确定一个系统的瓶颈或者不能接收的性能点，来获得系统能提供的最大服务级别的测试。

因为性能测试不同于平时的测试用例，所以只有尽可能把性能测试用例设计得复杂，才有可能发现软件的性能瓶颈。

二、工作过程

编写性能测试的测试用例集。

Test Case 001：大数据量测试	
Summary： 注册、登录、查看商品、购买商品、商品类别维护、商品维护、订单维护 业务按照 3：6：20：4：1：2：4 的比例进行混合加压 具备 200 个业务管理员，2 万个注册用户，800000 万条历史数据，考察业务是否能正常运行	
Steps： 并发用户数 2000	Expected Results： 考察系统是否可以正常运行
大数据量法	
Pass/Fail：	Test Notes：
Author admin	

Test Case 002：负载测试	
Summary： 注册、登录、查看商品、购买商品、商品类别维护、商品维护、订单维护 业务按照 3：6：20：4：1：2：4 的比例进行混合加压	
Steps： 以每分钟增加 50 个并发用户	Expected Results： 考查在用户响应时间小于 5 秒的情况下，系统支持的最大并发用户数
负载测试法	
Pass/Fail：	Test Notes：
Author admin	

Test Case 003：疲劳强度测试	
Summary： 注册、登录、查看商品、购买商品、商品类别维护、商品维护、订单维护 业务按照 3：6：20：4：1：2：4 的比例进行混合加压	
Steps： 并发用户数 2000	Expected Results： 考察系统可以无故障运行多长时间
疲劳强度测试法	
Pass/Fail：	Test Notes：
Author admin	

<table>
<tr><td colspan="2">Test Case 004：压力测试</td></tr>
<tr><td colspan="2">Summary：
注册、登录、查看商品、购买商品、商品类别维护、商品维护、订单维护
业务按照 3∶6∶20∶4∶1∶2∶4 的比例进行混合加压</td></tr>
<tr><td>Steps：
以每分钟增加 50 个并发用户</td><td>Expected Results：
考查在服务器 CPU 使用率达到 85%，内存使用率达到 90%时，系统可以支持的最大并发用户数</td></tr>
<tr><td colspan="2">压力测试法</td></tr>
<tr><td>Pass/Fail：</td><td>Test Notes：</td></tr>
<tr><td colspan="2">Author admin</td></tr>
</table>

<table>
<tr><td colspan="2">Test Case 005：按钮状态是否正确</td></tr>
<tr><td colspan="2">Summary：
与正在进行的操作无关的按钮应该加以屏蔽</td></tr>
<tr><td>Steps：
检测运行程序的过程中，与正在进行的操作无关的按钮是否加以屏蔽</td><td>Expected Results：
与正在进行的操作无关的按钮不显示或者置为灰色（处于不可用状态）</td></tr>
<tr><td colspan="2">错误推测法</td></tr>
<tr><td>Pass/Fail：</td><td>Test Notes：</td></tr>
<tr><td colspan="2">Author admin</td></tr>
</table>

<table>
<tr><td colspan="2">Test Case 006：按钮的摆放位置是否合理</td></tr>
<tr><td colspan="2">Summary：
错误使用容易引起界面退出或关闭的按钮不应该放在容易单击的位置</td></tr>
<tr><td>Steps：
检测各个页面中的按钮摆放位置</td><td>Expected Results：
错误使用容易引起界面退出或关闭的按钮不应该放在横排开头、横排最后及竖排最后</td></tr>
<tr><td colspan="2">错误推测法</td></tr>
<tr><td>Pass/Fail：</td><td>Test Notes：</td></tr>
<tr><td colspan="2">Author admin</td></tr>
</table>

<table>
<tr><td colspan="2">Test Case 007：重要按钮的摆放位置是否合适</td></tr>
<tr><td colspan="2">Summary：
重要的命令按钮与使用较频繁的按钮要放在界面上醒目的位置</td></tr>
<tr><td>Steps：
检查各个页面重要按钮的摆放位置是否合适</td><td>Expected Results：
重要的命令按钮与使用较频繁的按钮放在了界面上醒目的位置上</td></tr>
<tr><td colspan="2">错误推测法</td></tr>
<tr><td>Pass/Fail：</td><td>Test Notes：</td></tr>
<tr><td colspan="2">Author admin</td></tr>
</table>

<table>
<tr><td colspan="2">Test Case 008：关闭错误提示后的光标定位</td></tr>
<tr><td colspan="2">Summary：
关闭用户输入错误的提示信息后，光标应定位到对应的输入框中</td></tr>
<tr><td>Steps：
关闭提示信息
“××输入域不能为空”
“××信息已存在”
“××字段输入的数据类型不正确”</td><td>Expected Results：
光标应定位到“××”输入框中</td></tr>
<tr><td colspan="2">错误推测法</td></tr>
<tr><td>Pass/Fail：</td><td>Test Notes：</td></tr>
<tr><td colspan="2">Author admin</td></tr>
</table>

<table>
<tr><td colspan="2">Test Case 009：非法访问</td></tr>
<tr><td colspan="2">Summary：
未登录直接访问</td></tr>
<tr><td>Steps：
复制需要登录后才可以访问的页面的 URL，
在未登录的情况下，将 URL 复制到地址栏，单击“转到”按钮</td><td>Expected Results：
提示“您尚未登录！”</td></tr>
<tr><td colspan="2">场景法</td></tr>
<tr><td>Pass/Fail：</td><td>Test Notes：</td></tr>
<tr><td colspan="2">Author admin</td></tr>
</table>

2.3.2 Test Suite 链接测试

一、工作任务描述

链接是 Web 网站的一个主要特征，它是在页面之间切换和引导用户去一些未知地址页面的主要手段。

链接测试的内容有：

① 测试所有链接是否按指示的那样确实链接到了应该链接的页面。

② 测试所链接的页面是否存在。

③ 保证 Web 网站上没有孤立的页面。所谓孤立页面是指没有链接指向该页面，只有知道正确的 URL 地址才能访问。

④ 链接测试可以手动进行，也可以自动进行。

⑤ 链接测试必须在集成测试阶段完成，也就是说，在整个 Web 网站的所有页面开发完成之后进行链接测试。

二、工作过程

编写链接测试的测试用例集。

Test Case 010：所有链接均链接到了该链接的页面	
Summary： 测试所有链接是否按指示的那样确实链接到了该链接的页面	
Steps： 单击页面中的每一个链接，检查链接是否按照指示的那样确实链接到了该链接的页面	Expected Results： 所有链接均链接到了该链接的页面
错误推测法	
Pass/Fail：	Test Notes：
Author admin	

Test Case 011：链接的页面不存在	
Summary： 测试所链接的页面是否存在	
Steps： 单击每一个链接，检查所链接的页面是否存在	Expected Results： 所有链接均有链接页面
错误推测法	
Pass/Fail：	Test Notes：
Author admin	

Test Case 012：系统上没有孤立的页面	
Summary： 保证 Web 应用系统上没有孤立的页面，所谓孤立页面是指没有被链接的页面	
Steps： 使用测试工具 XENU，检测系统	Expected Results： 系统上没有孤立的页面
错误推测法	
Pass/Fail：	Test Notes：
Author admin	

2.3.3 Test Suite 导航测试

一、工作任务描述

导航是在不同的用户接口控制之间，例如，按钮、对话框、列表和窗口等；或在不同的连接页面之间，导航描述了用户在一个页面内操作的方式。

导航测试的内容有：

（1）导航是否直观？

（2）Web 系统的主要部分是否可以通过主页访问？

（3）Web 系统是否需要站点地图、搜索引擎或其他的导航器帮助？

（4）测试 Web 系统的页面结构。

（5）导航条、菜单、连接的风格是否一致？

（6）各种提示是否准确，确保用户凭直觉就知道是否还有内容，内容在什么地方。

最好让最终用户参与导航测试，效果将更加明显。

二、工作过程

编写导航的测试用例集。

Test Case 013：导航直观	
Summary： 导航按钮清晰可见，便于使用	
Steps： 检查各个页面中的导航按钮	Expected Results： 导航按钮清晰可见，便于使用
错误推测法	
Pass/Fail：	Test Notes：
Author admin	

Test Case014：主页中是否提供了主要模块的链接	
Summary： 系统中的主要模块应该可以通过主页链接，直接访问	
Steps： 检测主页中是否包含了所有主要模块的链接	Expected Results： 在前、后台主页面可以直接进入到目标模块（如商品类别管理、商品管理、订单管理、个人信息维护、购物车管理模块）
错误推测法	
Pass/Fail：	Test Notes：
Author admin	

Test Case 015：是否有导航帮助功能	
Summary： 有站点地图、搜索引擎或其他的导航帮助	
Steps： 检测页面中是否提供站点地图、搜索引擎及其他的导航帮助	Expected Results： 在页面左侧或上方提供站点地图、搜索引擎及导航帮助信息
Pass/Fail：	Test Notes：
Author admin	

Test Case 016：导航能否流动到目的地	
Summary： 按照导航信息，应能顺利完成各项任务	
Steps： 按照导航信息能否顺利完成购物、查看购物车、生成订货单等的业务操作	Expected Results： 按照导航可以一步一步地顺利完成购物过程中的各种操作
错误推测法	
Pass/Fail：	Test Notes：
Author admin	

2.3.4　Test Suite 界面测试

一、　工作任务描述

整体界面测试是对整个 Web 系统的页面结构设计的测试，是用户对系统的一个整体感受。例如，当用户浏览 Web 网站时，应考虑是否感到舒适？是否凭直觉就知道要找的信息在什么地方？整个 Web 应用系统的设计风格是否一致？

二、工作过程

编写界面测试的测试用例集。

Test Case 017：调整浏览器大小，页面还能完全显示	
Summary： 调整浏览器大小，页面还能完全显示	
Steps： 拖动浏览器边框，调整浏览器大小	Expected Results： 当拖动到一定大小后，不能再缩小或放大。页面始终显示完全
错误推测法	
Pass/Fail：	Test Notes：
Author admin	

Test Case 018：提示、警告、或错误说明应该清楚、明了、恰当	
Summary： 提示、警告、或错误说明应该清楚、明了、恰当	
Steps： 测试过程中，关注系统弹出的提示、警告或错误说明	Expected Results： 提示、警告或错误说明应该清楚、明了、恰当
错误推测法	
Pass/Fail：	Test Notes：
Author admin	

Test Case 019：是否有错误提示	
Summary： 对运行过程中出现问题而引起错误的地方要有提示，避免形成无限期的等待	
Steps： 检测对运行过程中出现问题而引起错误的地方是否有提示	Expected Results： 出现问题而引起错误的地方有提示信息，让用户明白错误出处，避免用户无限期的等待
错误推测法	
Pass/Fail：	Test Notes：
Author admin	

Test Case 020：是否有提示说明	
Summary： 非法的输入或操作应有足够的提示说明	
Steps： 检测系统对非法输入和执行非法操作是否给出了提示说明	Expected Results： 给出清晰、明确的说明信息
错误推测法	
Pass/Fail：	Test Notes：
Author admin	

<table>
<tr><td colspan="2">Test Case 021：是否提供放弃的选择项</td></tr>
<tr><td colspan="2">Summary：
对可能造成数据无法恢复的操作必须提供确认信息，给用户放弃选择的机会</td></tr>
<tr><td>Steps：
检测系统运行过程中，对于删除、清空、修改等无法恢复的操作，是否提供确认信息，给用户放弃选择的机会</td><td>Expected Results：
提供了确认信息，用户可以选择放弃</td></tr>
<tr><td colspan="2">错误推测法</td></tr>
<tr><td>Pass/Fail：</td><td>Test Notes：</td></tr>
<tr><td colspan="2">Author admin</td></tr>
</table>

<table>
<tr><td colspan="2">Test Case 022：所有页面字体的风格一致</td></tr>
<tr><td colspan="2">Summary：
验证所有页面字体的风格是否一致</td></tr>
<tr><td>Steps：
检查所有页面字体的风格</td><td>Expected Results：
所有页面字体的风格一致</td></tr>
<tr><td colspan="2">错误推测法</td></tr>
<tr><td>Pass/Fail：</td><td>Test Notes：</td></tr>
<tr><td colspan="2">Author admin</td></tr>
</table>

<table>
<tr><td colspan="2">Test Case 023：背景颜色与字体颜色和前景颜色相搭配</td></tr>
<tr><td colspan="2">Summary：
检查背景颜色与字体颜色和前景颜色是否相搭配</td></tr>
<tr><td>Steps：
检查所有页面的背景颜色与字体颜色和前景颜色是否相搭配</td><td>Expected Results：
背景颜色与字体颜色和前景颜色相搭配</td></tr>
<tr><td colspan="2">错误推测法</td></tr>
<tr><td>Pass/Fail：</td><td>Test Notes：</td></tr>
<tr><td colspan="2">Author admin</td></tr>
</table>

<table>
<tr><td colspan="2">Test Case 024：表格里的文字折行显示</td></tr>
<tr><td colspan="2">Summary：
表格里的文字是否都有折行</td></tr>
<tr><td>Steps：
查看表单中一行无法显示完全的数据，是否折行显示</td><td>Expected Results：
表格里的文字折行显示</td></tr>
<tr><td colspan="2">错误推测法</td></tr>
<tr><td>Pass/Fail：</td><td>Test Notes：</td></tr>
<tr><td colspan="2">Author admin</td></tr>
</table>

<table>
<tr><td colspan="2">Test Case 025：窗体布局</td></tr>
<tr><td colspan="2">Summary：
窗体布局是否合理、结构是否清晰</td></tr>
<tr><td>Steps：
检查所有页面的窗体布局</td><td>Expected Results：
窗体布局合理、结构清晰</td></tr>
<tr><td colspan="2">错误推测法</td></tr>
<tr><td>Pass/Fail：</td><td>Test Notes：</td></tr>
<tr><td colspan="2">Author admin</td></tr>
</table>

Test Case 026：页面中的说明文字	
Summary： 页面中的说明文字，语句通顺、语义明确	
Steps： 检查各个页面的说明文字	Expected Results： 语句通顺、语义明确
错误推测法	
Pass/Fail：	Test Notes：
Author admin	

Test Case 027：检查拼写错误	
Summary： 检查页面中是否有拼写错误	
Steps： 检查各个页面中是否有拼写错误	Expected Results： 页面中无拼写错误
错误推测法	
Pass/Fail：	Test Notes：
Author admin	

2.3.5 Test Suite 兼容性测试

一、工作任务描述

软件兼容性测试是指检查软件之间是否正确地交互和共享信息。交互可以在同时运行于同一台计算机上，甚至在相隔几千千米通过互联网连接的不同计算机上的两个程序之间进行。交互还可以简化为在软件上保存数据，然后拿到其他房间的计算机上。

如果受命对新软件进行兼容性测试，就需要解答以下问题：

（1）设计要求软件与何种其他平台（操作系统、Web 浏览器或者操作环境）和应用软件保持兼容？如果要测试的软件是一个平台，那么设计要求什么应用程序在其上运行？

（2）应该遵守何种定义软件之间交互的标准或者规范？

（3）软件使用何种数据与其他平台和软件交互和共享信息？

兼容性测试实质上是一项庞大而又复杂的任务，如果测试对象是新操作系统，就可能只要求对字处理程序和图形程序进行兼容性测试。如果测试对象是应用程序，就可能要求在多个不同的平台上进行兼容性测试。

二、工作过程

编写兼容性测试的测试用例集。

Test Case 028：分辨率测试	
Summary： 测试系统在不同分辨率下是否能够正常显示	
Steps： 1. 在浏览器的地址栏中输入访问“权限管理系统”的 URL，单击“转到”按钮 2. 右键单击操作系统的桌面；选择“属性”→“设置”，调整“屏幕分辨率”，单击“确定”按钮，	Expected Results： 1. 弹出“权限管理系统”主页 2. 分辨率改变 3. 所有页面均能正常显示，页面美观、控件间的相对位置合理

续表

保存所做的修改 3. 切换到购物系统的各个页面 4. 重复执行第 2 和第 3 步骤	4. 页面在所有分辨率下均能正常显示，页面美观、控件间的相对位置合理
错误推测法	
Pass/Fail：	Test Notes：
Author admin	

Test Case 029：浏览器测试	
Summary： 系统在所有主流的浏览器（IE 6、IE 7、傲游、火狐、腾迅、360 等）下均能正常使用	
Steps： 1. 用户使用不同的主流的浏览器（如：IE 6、IE 7、傲游、火狐、腾迅、360 等），在地址栏中输入“权限管理系统”URL 2. 在购物网站的不同页面间切换	Expected Results： 1. 可以顺利地进入“权限管理系统”主页面（至少支持 IE 6 和 IE 7） 2. 所有的功能均可用，且页面美观
错误推测法	
Pass/Fail：	Test Notes：
Author admin	

Test Case 030：平台测试	
Summary： 系统可以搭建在 Windows、UNIX、Macintosh、Linux 等操作系统上，数据库可以移植到 Oracle、SQL Server、Sybase 上，应用服务器可以使用 Tomcat、Websphere 上	
Steps： 将系统搭建在不同操作系统、数据库、应用服务器上	Expected Results： 系统至少支持 2 种以上运行环境
错误推测法	
Pass/Fail：	Test Notes：
Author admin	

Test Case 031：打印机	
Summary： 使用各种类型的打印机均能打印出相关单据，单据完整、清晰、页面美观	
Steps： 安装各种类型的打印机，单击“打印”按钮	Expected Results： 可以打印出相关表单，表单内容完整、页面布局合理、美观大方（至少支持主流打印机）
错误推测法	
Pass/Fail：	Test Notes：
Author admin	

2.3.6 Test Suite 帮助文档测试

一、工作任务描述

文档测试是一种很重要的阶段，就是通过对需求分析文档、概要设计文档、详细设计文档等的阅读，找出错误的或者不合适的地方。

因为软件测试技术发展到现在，软件测试不仅仅是开发完再测试，而是要深入到软件开发流程中，从最初的需求分析入手，一直贯穿到软件开发完毕，甚至到维护。

二、工作过程

编写帮助文档测试的测试用例集。

<table>
<tr><td colspan="2">Test Case 032：帮助文档中的性能介绍与说明要与系统性能配套一致</td></tr>
<tr><td colspan="2">Summary：
帮助文档中的性能介绍与说明要与系统性能配套一致</td></tr>
<tr><td>Steps：
单击“帮助”按钮，打开帮助文档</td><td>Expected Results：
帮助文档中的性能介绍与说明要与系统性能配套一致</td></tr>
<tr><td colspan="2">错误推测法</td></tr>
<tr><td>Pass/Fail：</td><td>Test Notes：</td></tr>
<tr><td colspan="2">Author admin</td></tr>
</table>

<table>
<tr><td colspan="2">Test Case 033：打包新系统时，对做了修改的地方在帮助文档中要做相应的修改</td></tr>
<tr><td colspan="2">Summary：
打包新系统时，对做了修改的地方在帮助文档中要做相应的修改</td></tr>
<tr><td>Steps：
单击“帮助”按钮，打开最新的帮助文档</td><td>Expected Results：
做了修改的地方在帮助文档中已做相应的修改</td></tr>
<tr><td colspan="2">错误推测法</td></tr>
<tr><td>Pass/Fail：</td><td>Test Notes：</td></tr>
<tr><td colspan="2">Author admin</td></tr>
</table>

<table>
<tr><td colspan="2">Test Case 034：提供搜索功能</td></tr>
<tr><td colspan="2">Summary：
用户可以用关键词在帮助索引中搜索所要的帮助，也可以使用帮助主题词定位到主题</td></tr>
<tr><td>Steps：
单击“帮助”按钮</td><td>Expected Results：
在帮助页面中用户可以用关键词在帮助索引中搜索所要的帮助，也可以通过帮助主题词定位到所关心的主题</td></tr>
<tr><td colspan="2">错误推测法</td></tr>
<tr><td>Pass/Fail：</td><td>Test Notes：</td></tr>
<tr><td colspan="2">Author admin</td></tr>
</table>

<table>
<tr><td colspan="2">Test Case 035：提供技术支持方式</td></tr>
<tr><td colspan="2">Summary：
在帮助中应该提供我们的技术支持方式，一旦用户难以自己解决可以方便地寻求新的帮助方式</td></tr>
<tr><td>Steps：
单击“帮助”按钮</td><td>Expected Results：
在帮助页面可以很容易地找到技术支持方式
一旦用户难以自己解决可以方便地寻求新的帮助方式</td></tr>
<tr><td colspan="2">错误推测法</td></tr>
<tr><td>Pass/Fail：</td><td>Test Notes：</td></tr>
<tr><td colspan="2">Author admin</td></tr>
</table>

<table>
<tr><td colspan="2">Test Case 036：提供留言功能</td></tr>
<tr><td colspan="2">Summary：
在帮助中应提供留言管理功能，让用户可以方便地进行沟通</td></tr>
<tr><td>Steps：
单击“帮助”按钮</td><td>Expected Results：
提供留言功能，方便在线用户进行经验交流</td></tr>
<tr><td colspan="2">错误推测法</td></tr>
<tr><td>Pass/Fail：</td><td>Test Notes：</td></tr>
<tr><td colspan="2">Author admin</td></tr>
</table>

<table>
<tr><td colspan="2">Test Case 037：返回</td></tr>
<tr><td colspan="2">Summary：
单击“返回”按钮，可以返回到上一页面</td></tr>
<tr><td>Steps：
在权限管理系统的不同页面间切换，单击“返回”按钮</td><td>Expected Results：
可以返回到上一页面</td></tr>
<tr><td colspan="2">场景法</td></tr>
<tr><td>Pass/Fail：</td><td>Test Notes：</td></tr>
<tr><td colspan="2">Author admin</td></tr>
</table>

<table>
<tr><td colspan="2">Test Case 038：已查看过的商品是否被突出显示</td></tr>
<tr><td colspan="2">Summary：
查看和未查看过的商品，在显示上应有所区别</td></tr>
<tr><td>Steps：
单击商品“儿童电动车”，查看商品详情，单击“返回”按钮，返回到商品浏览页面</td><td>Expected Results：
已被查看过的“儿童电动车”与其他未被查看过的商品在显示上有所区别（例如，已被访问过的字体是褐色的）</td></tr>
<tr><td colspan="2">错误推测法</td></tr>
<tr><td>Pass/Fail：</td><td>Test Notes：</td></tr>
<tr><td colspan="2">Author admin</td></tr>
</table>

第3章　缺陷管理

本章主要介绍缺陷管理的相关知识，并以“权限管理系统”权限模块为例进行测试执行。通过本章的学习，读者能够完整地浏览测试执行例的全过程。

本章重点

- 软件缺陷生命周期。
- 软件缺陷的严重级别。

当测试计划、测试用例都完成时，我们就要开始执行测试了。

工作任务 3.1　知识储备

一、软件回归测试

下面简要介绍软件回归测试的概念和进行回归测试的基本步骤，介绍可用于回归测试的测试用例库的维护方法，并给出几种可以保证回归测试效率和有效性的回归测试策略，总结回归测试时应该注意的一些实际问题。

1. 概述

在软件生命周期中的任何一个阶段，只要软件发生了改变，就可能给该软件带来问题。软件的改变可能是源于发现了错误并做了修改，也有可能是因为在集成或维护阶段加入了新的模块。当软件中所含错误被发现时，如果错误跟踪与管理系统不够完善，就可能会遗漏对这些错误的修改；而开发者对错误理解得不够透彻，也可能导致所做的修改只修正了错误的外在表现，而没有修复错误本身，从而造成修改失败；修改还有可能产生副作用从而导致软件未被修改的部分产生新的问题，使本来工作正常的功能产生错误。同样，在有新代码加入软件的时候，除了新加入的代码中有可能含有错误外，新代码还有可能对原有的代码带来影响。因此，每当软件发生变化时，我们就必须重新测试现有的功能，以便确定修改是否达到了预期的目的，检查修改是否损害了原有的正常功能。同时，还需要补充新的测试用例来测试新的或被修改了的功能。为了验证修改的正确性及其影响就需要进行回归测试。

回归测试在软件生命周期中扮演着重要的角色，因忽视回归测试而造成严重后果的例子不计其数，导致阿里亚娜 5 型火箭发射失败的软件缺陷就是由于复用的代码没有经过充分的回归测试。

回归测试作为软件生命周期的一个组成部分，在整个软件测试过程中占有很大的工作比重，软件开发的各个阶段都会进行多次回归测试。在渐进和快速迭代开发中，新版本的连续发布使回归测试进行得更加频繁，而在极端编程方法中，更是要求每天都进行若干次回归测试。因此，通过选择正确的回归测试策略来改进回归测试的效率和有效性是非常有意义的。

2. 回归测试策略

对于一个软件开发项目来说，项目的测试组在实施测试的过程中会将所开发的测试用例保存到测试用例库中，并对其进行维护和管理。当得到一个软件的基线版本时，用于基线版本测试的所有测试用例就形成了基线测试用例库。在需要进行回归测试的时候，就可以根据所选择的回归测试策略，从基线测试用例库中提取合适的测试用例组成回归测试包，通过运行回归测试包来实现回归测试。保存在基线测试用例库中的测试用例可能是自动测试脚本，也有可能是测试用例的手工实现过程。

回归测试需要时间、经费和人力来计划、实施和管理。为了在给定的预算和进度下，尽可能有效地进行回归测试，需要对测试用例库进行维护并依据一定的策略选择相应的回归测试包。

（1）测试用例库的维护

为了最大限度地满足客户的需要和适应应用的要求，软件在其生命周期中会频繁地被修改和不断推出新的版本，修改后的或者新版本的软件会添加一些新的功能或者在软件功能上产生某些变化。随着软件的改变，软件的功能和应用接口及软件的实现发生了演变，测试用例库中的一些测试用例可能会失去针对性和有效性，而另一些测试用例可能会变得过时，还有一些测试用例将完全不能运行。为了保证测试用例库中测试用例的有效性，必须对测试用例库进行维护。同时，被修改的或新增添的软件功能，仅仅靠重新运行以前的测试用例并不足以揭示其中的问题，有必要追加新的测试用例来测试这些新的功能或特征。因此，测试用例库的维护工作还应包括开发新测试用例，这些新的测试用例用来测试软件的新特征或者覆盖现有测试用例无法覆盖的软件功能或特征。

测试用例的维护是一个不间断的过程，通常可以将软件开发的基线作为基准，维护的主要内容包括以下几个方面。

① 删除过时的测试用例。因为需求的改变等原因可能会使一个基线测试用例不再适合被测试系统，这些测试用例就会过时。例如，某个变量的界限发生了改变，原来针对边界值的测试就无法完成对新边界测试。所以，在软件的每次修改后都应进行相应的过时测试用例的删除。

② 改进不受控制的测试用例。随着软件项目的进展，测试用例库中的用例会不断增加，其中会出现一些对输入或运行状态十分敏感的测试用例。这些测试不容易重复且结果难以控制，会影响回归测试的效率，需要进行改进，使其达到可重复和可控制的要求。

③ 删除冗余的测试用例。如果存在两个或者更多个测试用例针对一组相同的输入和输出进行测试，那么这些测试用例是冗余的。冗余测试用例的存在降低了回归测试的效率。所以需要定期地整理测试用例库，并将冗余的用例删除掉。

④ 增添新的测试用例。如果某个程序段、构件或关键的接口在现有的测试中没有被测试，那么应该开发新测试用例重新对其进行测试，并将新开发的测试用例合并到基线测试包中。

对测试用例库的维护不仅改善了测试用例的可用性，而且也提高了测试用例库的可信性，同时还可以将一个基线测试用例库的效率和效用保持在一个较高的级别上。

（2）回归测试包的选择

在软件生命周期中，即使一个得到良好维护的测试用例库也可能变得相当大，这使每次回归测试都重新运行完整的测试包变得不切实际。一个完全的回归测试包括每个基线测试用例，时间和成本约束可能阻碍运行这样一个测试，有时测试组不得不选择一个缩减的回归测试包来完成回归测试。

回归测试的价值在于它是一个能够检测到回归错误的受控实验。当测试组选择缩减的回归测试时，有可能删除了将揭示回归错误的测试用例，消除了发现回归错误的机会。然而，如果采用了代码相依性分析等安全的缩减技术，就可以决定哪些测试用例可以被删除而不会让回归测试的意图遭到破坏。

选择回归测试策略应该兼顾效率和有效性两个方面。常用的选择回归测试的方式包括：

① 再测试全部用例。选择基线测试用例库中的全部测试用例组成回归测试包，这是一种比较安全的方法，再测试全部用例具有最低的遗漏回归错误的风险，但测试成本最高。全部再测试几乎可以应用于任何情况下，基本上不需要进行分析和重新开发，但是，随着开发工作的进展，测试用例不断增多，重复原先所有的测试将带来很大的工作量，往往超出了我们的预算和进度。

② 基于风险选择测试。可以基于一定的风险标准来从基线测试用例库中选择回归测试包。首先运行最重要的、关键的和可疑的测试，而跳过那些非关键的、优先级别低的或者高稳定的测试用例，这些用例即便可能测试到缺陷，这些缺陷的严重性也仅有三级或四级。一般而言，应按从主要特征到次要特征的顺序进行测试。

③ 基于操作剖面选择测试。如果基线测试用例库的测试用例是基于软件操作剖面开发的，测试用例的分布情况反映了系统的实际使用情况。回归测试所使用的测试用例个数可以由测试预算确定，回归测试可以优先选择那些针对最重要或最频繁使用功能的测试用例，释放和缓解最高级别的风险，有助于尽早发现那些对可靠性有最大影响的故障。这种方法可以在一个给定的预算下最有效地提高系统可靠性，但实施起来有一定的难度。

④ 再测试修改的部分。当测试者对修改的部分有足够的信心时，可以通过相依性分析识别软件的修改情况并分析修改的影响，将回归测试局限于被改变的模块和它的接口上。通常，一个回归错误一定涉及一个新的、修改的或删除的代码段。在允许的条件下，回归测试应尽可能覆盖受到影响的部分。

再测试全部用例的策略是最安全的策略，但已经运行过许多次的回归测试不太可能揭示新的错误，而且很多时候，由于时间、人员、设备和经费的原因，不允许选择再测试全部用例的回归测试策略，此时，可以选择适当的策略进行缩减的回归测试。

（3）回归测试的基本过程

有了测试用例库的维护方法和回归测试包的选择策略，回归测试可遵循以下基本过程：

① 识别出软件中被修改的部分。

② 从原基线测试用例库 T 中，排除所有不再适用的测试用例，确定那些对新的软件版本依然有效的测试用例，其结果是建立一个新的基线测试用例库 T0。

③ 依据一定的策略从 T0 中选择测试用例测试被修改的软件。

④ 如果必要，生成新的测试用例集 T1，用于测试 T0 无法充分测试的软件部分。

⑤ 用 T1 执行修改后的软件。

第②和第③步测试验证修改是否破坏了现有的功能，第④和第⑤步测试验证修改工作本身。

3. 回归测试实践

在实际工作中，回归测试需要反复进行，当测试者一次又一次地完成相同的测试时，这些回归测试将变得非常令人厌烦，而在大多数回归测试需要手工完成的时候尤其如此，因此，需要通过自动测试来实现重复的、一致的回归测试。通过测试自动化可以提高回归测试效率。为了支持多种回归测试策略，自动测试工具应该是通用的和灵活的，以便满足达到不同回归测试目标的要求。

在测试软件时，应用多种测试技术是常见的。当测试一个修改了的软件时，测试者也可能希望采用多于一种回归测试策略来增加对修改软件的信心。不同的测试者可能会依据自己的经验和判断选择不同的回归测试技术和策略。

回归测试并不减少对系统新功能和特征的测试需求，回归测试应包括新功能和特征的测试。如果回归测试不能达到所需的覆盖要求，必须补充新的测试用例使覆盖率达到规定的要求。

回归测试是重复性较高的活动，容易使测试者感到疲劳和厌倦，降低测试效率，在实际工作中可以采用一些策略减轻这些问题。例如，安排新的测试者完成手工回归测试，分配更有经验的测试者开发新的测试用例，编写和调试自动测试脚本，做一些探索性的测试。还可以在不影响测试目标的情况下，鼓励测试者创造性地执行测试用例，变化的输入、按键和配置能够有助于激励测试者又能揭示新的错误。

在组织回归测试时需要注意两点，首先，各测试阶段发生的修改一定要在本测试阶段内完成回归，以免将错误遗留到下一测试阶段。其次，回归测试期间应对该软件版本冻结，将回归测试发现的问题集中修改，集中回归。

在实际工作中，可以将回归测试与兼容性测试结合起来进行。在新的配置条件下运行旧的测试可以发现兼容性问题，而同时也可以揭示编码在回归方面的错误。

二、软件缺陷的概念和种类

1. 软件缺陷概念

软件缺陷（Defect），常常又被叫作Bug。所谓软件缺陷，即计算机软件或程序中存在的某种破坏正常运行能力的问题、错误，或者隐藏的功能缺陷。缺陷的存在会导致软件产品在某种程度上不能满足用户的需要。IEEE729—1983对缺陷有一个标准的定义：从产品内部看，缺陷是软件产品开发或维护过程中存在的错误、毛病等各种问题；从产品外部看，缺陷是系统所需要实现的某种功能的失效或违背。

2. 软件缺陷有以下五大类

（1）功能缺陷

规格说明书缺陷：规格说明书可能不完全，有二义性或自身矛盾。另外，在设计过程中可能修改功能，如果不能紧跟这种变化并及时修改规格说明书，则产生规格说明书错误。

功能缺陷：程序实现的功能与用户要求的不一致。这常常是由于规格说明书包含错误的功能、多余的功能或遗漏的功能所导致的。在发现和改正这些缺陷的过程中又可能引入新的缺陷。

测试缺陷：软件测试的设计与实施发生错误。特别是系统级的功能测试，要求复杂的测试环境和数据库支持，还需要对测试进行脚本编写。因此软件测试自身也可能发生错误。另外，如果测试人员对系统缺乏了解，或对规格说明书做了错误的解释，也会发生许多错误。

测试标准引起的缺陷：对软件测试的标准要选择适当，若测试标准太复杂，则导致测试过程出错的可能就大。

（2）系统缺陷

外部接口缺陷：外部接口是指如终端、打印机、通信线路等系统与外部环境通信的手段。所有外部接口之间、人与机器之间的通信都使用形式的或非形式的专门协议。如果协议有错，或太复杂，难以理解，致使在使用中出错。此外，还包括对输入/输出格式的错误理解，对输入数据不合理的容错等。

内部接口缺陷：内部接口是指程序内部子系统或模块之间的联系。它所发生的缺陷与外部接口相同，只是与程序内实现的细节有关，如设计协议错误、输入/输出格式错误、数据保护不可靠、子程序访问出错等。

硬件结构缺陷：与硬件结构有关的软件缺陷在于不能正确地理解硬件如何工作，如忽视或错误地理解分页机构、地址生成、通道容量、I/O 指令、中断处理、设备初始化和启动等而导致的出错。

操作系统缺陷：与操作系统有关的软件缺陷在于不了解操作系统的工作机制而导致出错。当然，操作系统本身也有缺陷，但是一般用户很难发现这种缺陷。

软件结构缺陷：由于软件结构不合理而产生的缺陷。这种缺陷通常与系统的负载有关，而且往往在系统满载时才出现。如错误地设置局部参数或全局参数；错误地假定寄存器与存储器单元初始化了；错误地假定被调用子程序常驻内存或非常驻内存等，都将导致软件出错。

控制与顺序缺陷：如忽视了时间因素而破坏了事件的顺序；等待一个不可能发生的条件；漏掉先决条件；规定错误的优先级或程序状态；漏掉处理步骤；存在不正确的处理步骤或多余的处理步骤等。

资源管理缺陷：由于不正确地使用资源而产生的缺陷。如使用未经获准的资源；使用后未释放资源；资源死锁；把资源链接到错误的队列中等。

（3）加工缺陷

算法与操作缺陷：是指在算术运算、函数求值和一般操作过程中发生的缺陷，如数据类型转换错误；除法溢出；不正确地使用关系运算符；不正确地使用整数与浮点数做比较等。

初始化缺陷：如忘记初始化工作区，忘记初始化寄存器和数据区；错误地对循环控制变量赋初值；用不正确的格式、数据或类类型进行初始化等。

控制和次序缺陷：与系统级同名缺陷相比，它是局部缺陷。如遗漏路径；不可达到的代码；不符合语法的循环嵌套；循环返回和终止的条件不正确；漏掉处理步骤或处理步骤有错等。

静态逻辑缺陷：如不正确地使用 Switch 语句；在表达式中使用不正确的否定（例如，用“>”代替“<”的否定）；对情况不适当地分解与组合；混淆“或”与“异或”等。

（4）数据缺陷

① 动态数据缺陷：动态数据是在程序执行过程中暂时存在的数据，它的生存期非常短。各种不同类型的动态数据在执行期间将共享一个共同的存储区域，若程序启动时对这个区域未初始化，就会导致数据出错。

② 静态数据缺陷：静态数据在内容和格式上都是固定的。它们直接或间接地出现在程序或数据库中，有编译程序或其他专门对它们做预处理，但预处理也会出错。

③ 数据内容、结构和属性缺陷：数据内容是指存储于存储单元或数据结构中的位串、字符串或数字。数据内容缺陷就是由于内容被破坏或被错误地解释而造成的缺陷。数据结构是指数据元素的大小和组织形式。在同一存储区域中可以定义不同的数据结构。数据结构缺陷包括结构说明错误及数据结构误用的错误。数据属性是指数据内容的含义或语义。数据属性缺陷包括对数据属性不正确的解释，如错把整数当实数，允许不同类型数据混合运算而导致的错误等。

（5）代码缺陷

代码缺陷包括数据说明错误、数据使用错误、计算错误、比较错误、控制流错误、界面错误、输入\输出错误及其他的错误。

规格说明书是软件缺陷出现最多的地方，其原因是：

① 用户一般是非软件开发专业人员，软件开发人员和用户的沟通存在较大困难，对要开发的产品功能理解不一致。

② 由于在开发初期，软件产品还没有设计和编程，完全靠想象去描述系统的实现结果，所以有些需求特性不够完整、清晰。

③ 用户的需求总在不断变化，这些变化如果没有在产品规格说明书中得到正确的描述，容易引起前后文、上下文的矛盾。

④ 对规格说明书不够重视，在规格说明书的设计和写作上投入的人力、时间不足。

⑤ 没有在整个开发队伍中进行充分沟通，有时只有设计师或项目经理得到比较多的信息。

排在产品规格说明书之后的是设计，编程排在第三位。许多人印象中，软件测试主要是找程序代码中的错误，这是一个认识的误区。

三、软件缺陷的生命周期

软件的生命周期，亦称软件的生存周期。它是按开发软件的规模和复杂程度，从时间上把软件开发的整个过程（从计划开发开始到软件报废为止的整个历史阶段）进行分解，形成相对独立的几个阶段，每个阶段又分解成几个具体的任务，然后按规定顺序依次完成各阶段的任务并规定一套标准的文档作为各个阶段的开发成果，最后生产出高质量的软件。

（1）新建：当缺陷被第一次递交的时候，它的状态即为“新建”。这也就是说缺陷未被确认其是否真正是一个缺陷。

（2）打开：在测试员提交一个缺陷后，测试组长确认其确实为一个缺陷的时候他会把状态置为“打开”。

（3）分配：一旦缺陷被测试经理置为“打开”，他会把缺陷交给相应的开发人员或者开发组。这时缺陷状态变更为“分配”。

（4）测试：当开发人员修复缺陷后，他会把缺陷提交给测试员进行新一轮的测试。在开发人员公布已修复缺陷的程序之前，他会把缺陷状态置为“测试”。这时表明缺陷已经修复并且已经交给了测试员。

（5）延迟的：缺陷状态被置为“延迟的”意味着缺陷将会在下一个版本中被修复。将缺陷置为“延迟的”原因有许多种。有些由于缺陷优先级不高，有些由于时间紧，有些是因为缺陷对软件不会造成太大影响。

（6）不接受的：如果开发人员不认为其是一个缺陷，他会不接受。他会把缺陷状态置为“不接受的”。

（7）重复提交：如果同一个缺陷被重复提交或者两个缺陷表明的意思相同，那么这个缺陷状态会被置为“重复提交”。

（8）已核实：一旦缺陷被修复它就会被置为“测试”，测试员会执行测试。如果缺陷不再出现，这就证明缺陷被修复了同时其状态被置为“已核实”。

（9）再次打开：如果缺陷被开发人员修复后仍然存在，测试员会把缺陷状态置为“再次打开”。缺陷即将再次穿越其生命周期。

（10）关闭：一旦缺陷被修复，测试员会对其进行测试。如果测试员认为缺陷不存在了，他会把缺陷状态置为“关闭”。这个状态意味着缺陷被修复，通过了测试并且核实确实如此。

四、软件缺陷的严重性和优先级

1. 软件缺陷严重性级别分类

如何确定缺陷的严重性和优先级？

（1）通常由软件测试人员确定缺陷的严重性，由软件开发人员确定优先级较为适当。但是，实际测试中，通常都是由软件测试员在缺陷报告中同时确定严重性和优先级的。

（2）确定缺陷的严重性和优先级要全面了解和深刻体会缺陷的特征，从用户和开发人员及市场的因素综合考虑。通常功能性的缺陷较为严重，具有较高的优先级，而软件界面类缺陷的严重性一般较低，优先级也较低。

对于缺陷的严重性，一般分为4级：

（1）非常严重的缺陷。例如，软件的意外退出甚至操作系统崩溃，造成数据丢失。

（2）较严重的缺陷。例如，软件的某个菜单不起作用或者产生错误的结果。

（3）软件一般缺陷。例如，本地化软件的某些字符没有翻译或者翻译不准确。

（4）软件界面的细微缺陷。例如，某个控件没有对齐，某个标点符号丢失等。

2. 软件缺陷的优先级

对于缺陷的优先性，如果分为4级，则可以参考下面的方法确定：

（1）最高优先级。例如，软件的主要功能错误或者造成软件崩溃，数据丢失的缺陷。

（2）较高优先级。例如，影响软件功能和性能的一般缺陷。

（3）一般优先级。例如，本地化软件的某些字符没有翻译或者翻译不准确的缺陷。

（4）低优先级。例如，对软件的质量影响非常轻微或出现概率很低的缺陷。

3. 处理缺陷的严重性和优先级的常见错误

正确处理缺陷的严重性和优先级不是件非常容易的事情，对于经验不是很丰富的测试员和开发人员而言，经常犯的错误有以下几种：

（1）将比较轻微的缺陷报告成较高级别的缺陷和高优先级，夸大缺陷的严重程度，经常给人“狼来了”的错觉，将影响软件质量的正确评估，也耗费开发人员辨别和处理缺陷的时间。

（2）将很严重的缺陷报告成轻微缺陷和低优先级，这样可能掩盖了很多严重的缺陷。如果在项目发布前，发现还有很多由于不正确分配优先级造成的严重缺陷，将需要投入很多人力和时间进行修正，影响软件的正常发布。或者这些严重的缺陷成了“漏网之鱼”，随软件一起发布出去，影响软件的质量和用户的使用信心。

因此，正确处理和区分缺陷的严重性和优先级，是软件测试员和开发人员，以及全体项目组人员的一件大事。处理严重性和优先级，既是一种经验技术，也是保证软件质量的重要环节，应该引起足够的重视。

工作任务 3.2　缺陷总结报告

权限管理系统系统管理员角色共找到 86 个缺陷，具体如下：角色管理具体缺陷报告参照《软件测试项目实训》配套教材。

缺陷编号：QXGL-001	角色：系统管理员
模块名称：顶部菜单-修改密码	抓图说明：
摘要描述： 单击顶部菜单中的“修改密码”，弹出修改密码弹窗，原密码为必填项，未用红色*号标注，新密码为必填项，由红色*标注	
操作步骤： 1. 系统管理员登录，进入首页 2. 单击顶部菜单中的“修改密码”按钮	
预期结果： 新密码和原密码均是必填项，由红色*号标注	
实际结果： 原密码为必填项，未用红色*号标注	
缺陷严重程度： 高	

缺陷编号：QXGL-002	角色：系统管理员
模块名称：顶部菜单-修改密码	抓图说明：
摘要描述： 单击顶部菜单中的“修改密码”，弹出修改密码弹窗，原密码输入正确，新密码输入超过 8 位仍能修改成功	
操作步骤： 1. 系统管理员登录，进入首页 2. 单击顶部菜单中的“修改密码”按钮 3. 输入原密码:sysadmin 4. 输入新密码:123456789 5. 单击“确定”按钮	
预期结果： 系统提示“长度和格式不符合规则，请重新输入”	
实际结果： 新密码长度和格式不符合规则，回到系统首页，仍能修改成功	
缺陷严重程度： 高	

<table>
<tr><td>缺陷编号：QXGL-003</td><td>角色：系统管理员</td></tr>
<tr><td>模块名称：顶部菜单-修改密码</td><td>抓图说明：</td></tr>
<tr><td>摘要描述：
单击顶部菜单中的“修改密码”，弹出修改密码弹窗，原名密码和新密码输入正确，单击“确定”按钮，回到系统首页</td><td rowspan="5"> 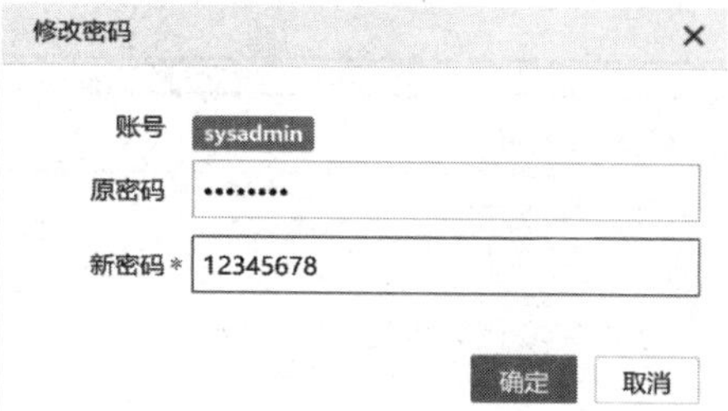修改密码 ✕
账号 sysadmin
原密码 ••••••••
新密码* 12345678
确定 取消</td></tr>
<tr><td>操作步骤：
1. 系统管理员登录，进入首页
2. 单击顶部菜单中的“修改密码”按钮
3. 输入原密码:sysadmin
4. 输入新密码:12345678
5. 单击“确定”按钮</td></tr>
<tr><td>预期结果：
回到登录页面</td></tr>
<tr><td>实际结果：
回到系统首页</td></tr>
<tr><td>缺陷严重程度：
高</td></tr>
</table>

<table>
<tr><td>缺陷编号：QXGL-004</td><td>角色：系统管理员</td></tr>
<tr><td>模块名称：行政区域</td><td>抓图说明：</td></tr>
<tr><td>摘要描述：
行政区域页面 title 显示“权限管理系统”</td><td rowspan="5">权限管理系统 × +</td></tr>
<tr><td>操作步骤：

浏览器版本：93.0.4577.82
操作步骤：
1. 系统管理员登录，进入首页
2. 单击左侧导航栏中的“行政区域”模块菜单，进入行政区域页面</td></tr>
<tr><td>预期结果：
页面 title 显示“行政区域”</td></tr>
<tr><td>实际结果：
页面 title 显示“权限管理系统”</td></tr>
<tr><td>缺陷严重程度：
中</td></tr>
</table>

<table>
<tr><td>缺陷编号：QXGL-005</td><td>角色：系统管理员</td></tr>
<tr><td>模块名称：行政区域</td><td>抓图说明：</td></tr>
<tr><td>摘要描述：
新增区域，页面 title 显示“权限管理系统”</td><td rowspan="2">权限管理系统 × +</td></tr>
<tr><td>操作步骤：

浏览器版本：93.0.4577.82
操作步骤：
1. 系统管理员登录，进入首页
2. 单击左侧导航栏中的“行政区域”模块菜单，进入行政区域页面
3. 在区域列表页，勾选要新增区域的区域名称，单击“新增”按钮，弹出“新增区域”窗口</td></tr>
</table>

续表

预期结果： 页面 title 显示“新增区域”	
实际结果： 页面 title 显示“权限管理系统”	
缺陷严重程度： 中	

缺陷编号：QXGL-006	角色：系统管理员
模块名称：行政区域	抓图说明：
摘要描述： 新增区域，区域代码重复，仍能新增成功	
操作步骤： 1. 系统管理员登录，进入首页 2. 单击左侧导航栏中的“行政区域”模块菜单，进入行政区域页面 3. 在区域列表页，勾选要新增区域的区域名称，单击“新增”按钮，弹出“新增区域”窗口 4. 区域代码输入：110100 5. 区域名称输入：测试一 6. 排序输入：1 7. 层级选择：地级 8. 可用选择：正常 9. 单击“确定”按钮	
预期结果： 提示“区域代码输入有误，请重新输入。”	
实际结果： 提示“操作成功！”，列表中出现新增区域	
缺陷严重程度： 高	

缺陷编号：QXGL-007	角色：系统管理员
模块名称：行政区域	抓图说明：
摘要描述： 新增区域，区域代码包含汉字，仍能新增成功	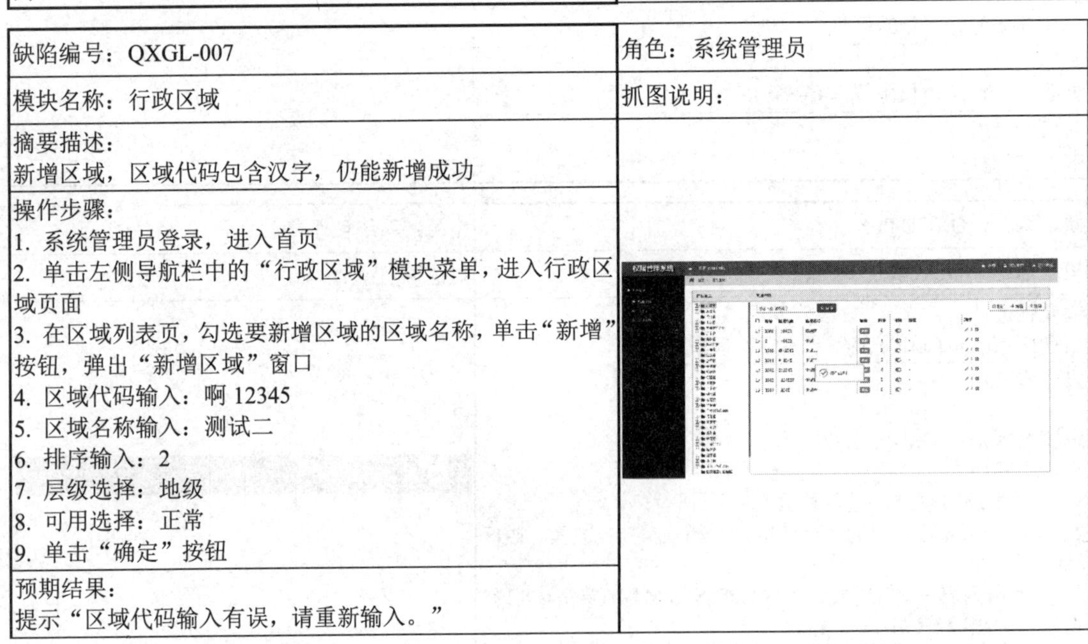
操作步骤： 1. 系统管理员登录，进入首页 2. 单击左侧导航栏中的“行政区域”模块菜单，进入行政区域页面 3. 在区域列表页，勾选要新增区域的区域名称，单击“新增”按钮，弹出“新增区域”窗口 4. 区域代码输入：啊 12345 5. 区域名称输入：测试二 6. 排序输入：2 7. 层级选择：地级 8. 可用选择：正常 9. 单击“确定”按钮	
预期结果： 提示“区域代码输入有误，请重新输入。”	

续表

实际结果： 提示“操作成功！”，列表中出现新增区域	
缺陷严重程度： 高	

缺陷编号：QXGL-008	角色：系统管理员
模块名称：行政区域	抓图说明：
摘要描述： 新增区域，区域代码包含特殊字符，仍能新增成功	
操作步骤： 1. 系统管理员登录，进入首页 2. 单击左侧导航栏中的“行政区域”模块菜单，进入行政区域页面 3. 在区域列表页，勾选要新增区域的区域名称，单击“新增”按钮，弹出“新增区域”窗口 4. 区域代码输入：#12345 5. 区域名称输入：测试三 6. 排序输入：3 7. 层级选择：地级 8. 可用选择：正常 9. 单击“确定”按钮	
预期结果： 提示“区域代码输入有误，请重新输入。”	
实际结果： 提示“操作成功！”，列表中出现新增区域	
缺陷严重程度： 高	

缺陷编号：QXGL-009	角色：系统管理员
模块名称：行政区域	抓图说明：
摘要描述： 新增区域，区域代码以 0 开头，仍能新增成功	
操作步骤： 1. 系统管理员登录，进入首页 2. 单击左侧导航栏中的“行政区域”模块菜单，进入行政区域页面 3. 在区域列表页，勾选要新增区域的区域名称，单击“新增”按钮，弹出“新增区域”窗口 4. 区域代码输入：012345 5. 区域名称输入：测试四 6. 排序输入：4 7. 层级选择：地级 8. 可用选择：正常 9. 单击“确定”按钮	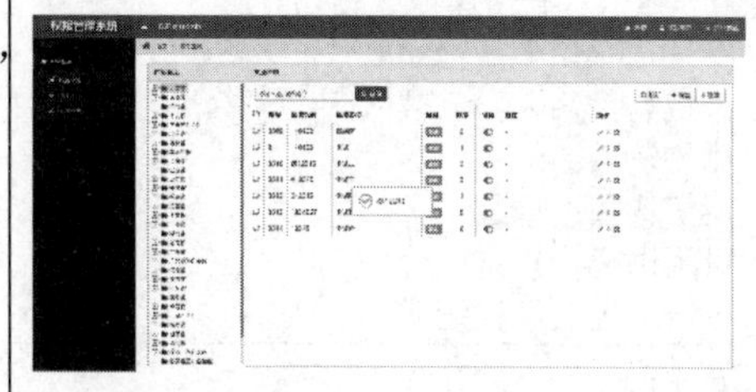
预期结果： 提示“区域代码输入有误，请重新输入。”	
实际结果： 提示“操作成功！”，列表中出现新增区域	

续表

缺陷严重程度： 高	

缺陷编号：QXGL-010	角色：系统管理员
模块名称：行政区域	抓图说明：
摘要描述： 新增区域，区域代码为长度大于 6 个字，仍能新增成功	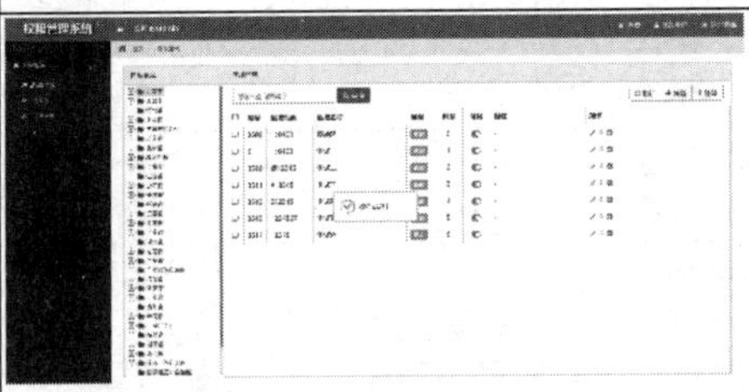
操作步骤： 1. 系统管理员登录，进入首页 2. 单击左侧导航栏中的“行政区域”模块菜单，进入行政区域页面 3. 在区域列表页，勾选要新增区域的区域名称，单击“新增”按钮，弹出“新增区域”窗口 4. 区域代码输入：1234567 5. 区域名称输入：测试五 6. 排序输入：5 7. 层级选择：地级 8. 可用选择：正常 9. 单击“确定”按钮	
预期结果： 提示“区域代码输入有误，请重新输入。”	
实际结果： 提示“操作成功！”，列表中出现新增区域	
缺陷严重程度： 高	

缺陷编号：QXGL-011	角色：系统管理员
模块名称：行政区域	抓图说明：
摘要描述： 新增区域，区域代码为长度小于 6 个字，仍能新增成功	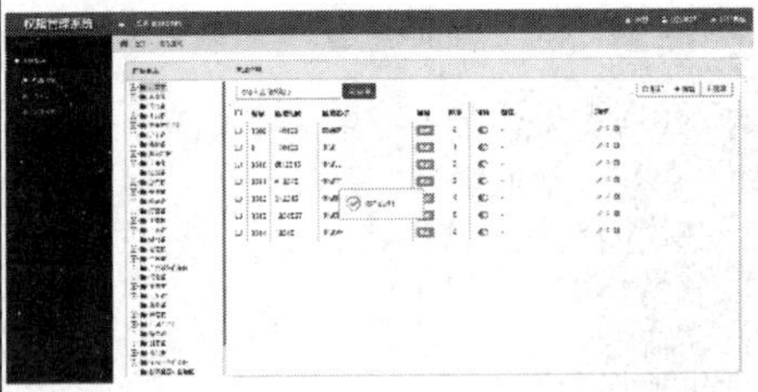
操作步骤： 1. 系统管理员登录，进入首页 2. 单击左侧导航栏中的“行政区域”模块菜单，进入行政区域页面 3. 在区域列表页，勾选要新增区域的区域名称，单击“新增”按钮，弹出“新增区域”窗口 4. 区域代码输入：12345 5. 区域名称输入：测试六 6. 排序输入：6 7. 层级选择：地级 8. 可用选择：正常 9. 单击“确定”按钮	
预期结果： 提示“区域代码输入有误，请重新输入。”	
实际结果： 提示“操作成功！”，列表中出现新增区域	
缺陷严重程度： 高	

缺陷编号：QXGL-012	角色：系统管理员
模块名称：行政区域	抓图说明：
摘要描述： 新增区域，区域代码包含符号，仍能新增成功	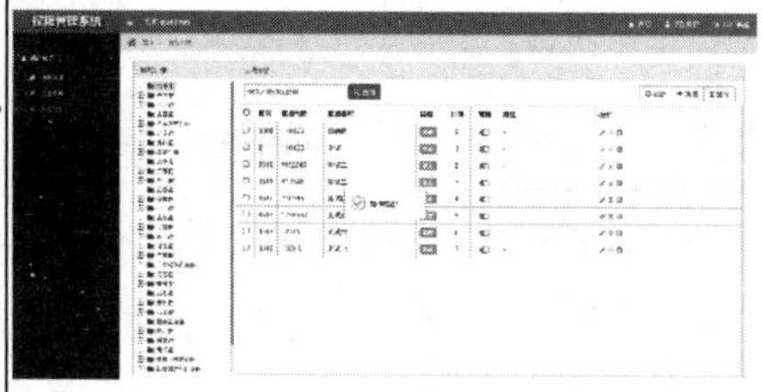
操作步骤： 1. 系统管理员登录，进入首页 2. 单击左侧导航栏中的“行政区域”模块菜单，进入行政区域页面 3. 在区域列表页，勾选要新增区域的区域名称，单击“新增”按钮，弹出“新增区域”窗口 4. 区域代码输入：.12345 5. 区域名称输入：测试七 6. 排序输入：7 7. 层级选择：地级 8. 可用选择：正常 9. 单击“确定”按钮	
预期结果： 提示“区域代码输入有误，请重新输入。”	
实际结果： 提示“操作成功！”，列表中出现新增区域	
缺陷严重程度： 高	

缺陷编号：QXGL-013	角色：系统管理员
模块名称：行政区域	抓图说明：
摘要描述： 新增区域，区域名称与系统内的区域名称重复字，仍能新增成功	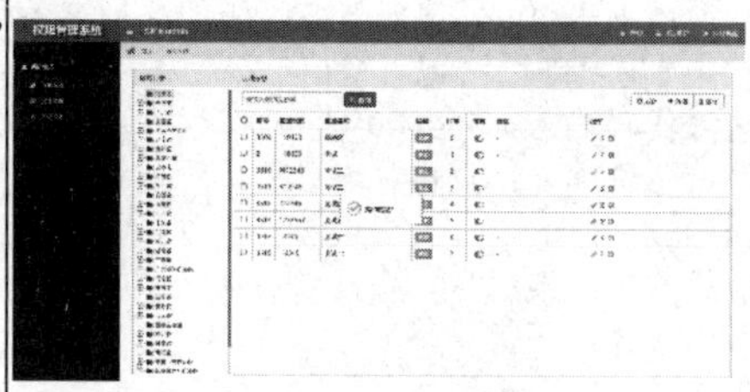
操作步骤： 1. 系统管理员登录，进入首页 2. 单击左侧导航栏中的“行政区域”模块菜单，进入行政区域页面 3. 在区域列表页，勾选要新增区域的区域名称，单击“新增”按钮，弹出“新增区域”窗口 4. 区域代码输入：100000 5. 区域名称输入：直辖区 6. 排序输入：0 7. 层级选择：地级 8. 可用选择：正常 9. 单击“确定”按钮	
预期结果： 提示：“区域名称不唯一，请重新输入。”	
实际结果： 提示“操作成功！”，列表中出现新增区域	
缺陷严重程度： 高	

缺陷编号：QXGL-014	角色：系统管理员
模块名称：行政区域	抓图说明：
摘要描述： 新增区域，区域名称包含符号，仍能新增成功	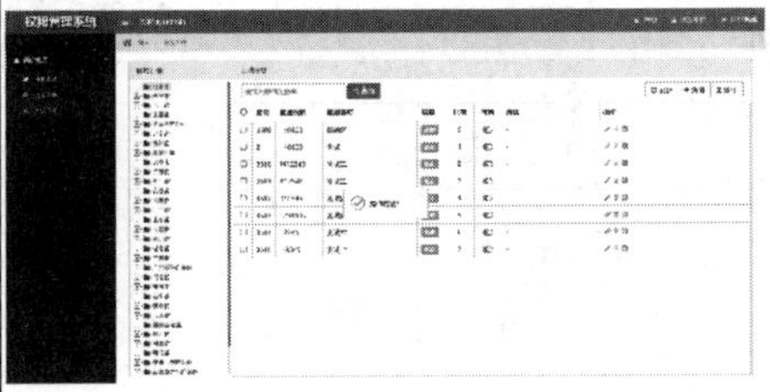
操作步骤： 1. 系统管理员登录，进入首页 2. 单击左侧导航栏中的“行政区域”模块菜单，进入行政区域页面 3. 在区域列表页，勾选要新增区域的区域名称，单击“新增”按钮，弹出“新增区域”窗口 4. 区域代码输入：200000 5. 区域名称输入：直辖区. 6. 排序输入：0 7. 层级选择：地级 8. 可用选择：正常 9. 单击“确定”按钮	
预期结果： 提示“区域名称输入有误，请重新输入。”	
实际结果： 提示“操作成功！”，列表中出现新增区域	
缺陷严重程度： 高	

缺陷编号：QXGL-015	角色：系统管理员
模块名称：行政区域	抓图说明：
摘要描述： 新增区域，区域名称包特殊字符，仍能新增成功	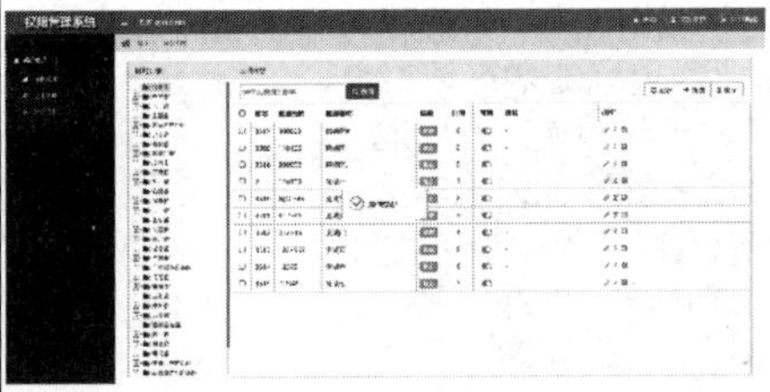
操作步骤： 1. 系统管理员登录，进入首页 2. 单击左侧导航栏中的“行政区域”模块菜单，进入行政区域页面 3. 在区域列表页，勾选要新增区域的区域名称，单击“新增”按钮，弹出“新增区域”窗口 4. 区域代码输入：300000 5. 区域名称输入：直辖区# 6. 排序输入：0 7. 层级选择：地级 8. 可用选择：正常 9. 单击“确定”按钮	
预期结果： 提示“区域名称输入有误，请重新输入。”	
实际结果： 提示“操作成功！”，列表中出现新增区域	
缺陷严重程度： 高	

缺陷编号：QXGL-016	角色：系统管理员
模块名称：行政区域	抓图说明：
摘要描述： 新增区域，区域名称小于 3 个字，仍能新增成功	
操作步骤： 1. 系统管理员登录，进入首页 2. 单击左侧导航栏中的“行政区域”模块菜单，进入行政区域页面 3. 在区域列表页，勾选要新增区域的区域名称，单击“新增”按钮，弹出“新增区域”窗口 4. 区域代码输入：400000 5. 区域名称输入：直辖 6. 排序输入：0 7. 层级选择：地级 8. 可用选择：正常 9. 单击“确定”按钮	
预期结果： 提示“区域名称输入有误，请重新输入。”	
实际结果： 提示“操作成功！”，列表中出现新增区域	
缺陷严重程度： 高	

缺陷编号：QXGL-017	角色：系统管理员
模块名称：行政区域	抓图说明：
摘要描述： 新增区域，区域名称为 22 个字，出现未知异常	
操作步骤： 1. 系统管理员登录，进入首页 2. 单击左侧导航栏中的“行政区域”模块菜单，进入行政区域页面 3. 在区域列表页，勾选要新增区域的区域名称，单击“新增”按钮，弹出“新增区域”窗口 4. 区域代码输入：500000 5. 区域名称输入：直辖区直辖区直辖区直辖区直辖区直辖区直辖区 6. 排序输入：0 7. 层级选择：地级 8. 可用选择：正常 9. 单击“确定”按钮	
预期结果： 提示“区域名称输入有误，请重新输入。”	
实际结果： 弹出弹框显示“未知错误，请联系管理员”，单击“确定”按钮回到新增区域界面，区域列表未新增区域	
缺陷严重程度： 严重	

缺陷编号：QXGL-018	角色：系统管理员
模块名称：行政区域	抓图说明：
摘要描述： 新增区域，区域名称为 21 个字，仍能新增区域成功	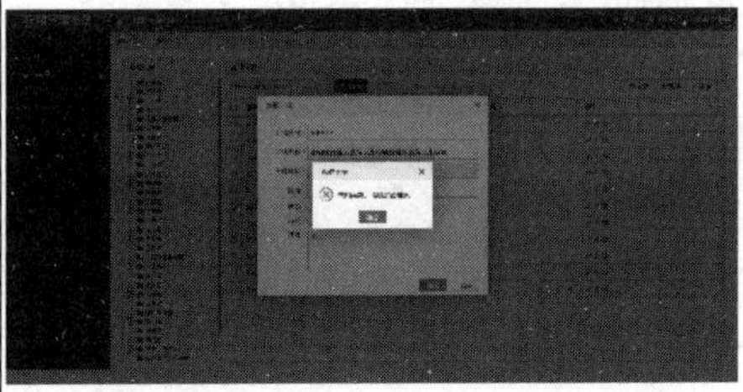
操作步骤： 1. 系统管理员登录，进入首页 2. 单击左侧导航栏中的“行政区域”模块菜单，进入行政区域页面 3. 在区域列表页，勾选要新增区域的区域名称，单击“新增”按钮，弹出“新增区域”窗口 4. 区域代码输入：600000 5. 区域名称输入：直辖区直辖区直辖区直辖区直辖区直辖区直辖 6. 排序输入：0 7. 层级选择：地级 8. 可用选择：正常 9. 单击“确定”按钮	
预期结果： 提示“区域名称输入有误，请重新输入。”	
实际结果： 弹出弹框显示“未知错误，请联系管理员”，单击“确定”按钮回到新增区域界面，区域列表未新增区域	
缺陷严重程度： 高	

缺陷编号：QXGL-019	角色：系统管理员
模块名称：行政区域	抓图说明：
摘要描述： 新增区域，排序输入英文字母，仍能新增区域成功	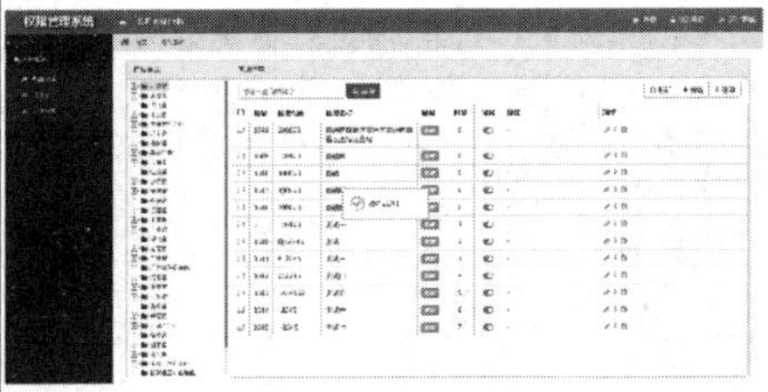
操作步骤： 1. 系统管理员登录，进入首页 2. 单击左侧导航栏中的“行政区域”模块菜单，进入行政区域页面 3. 在区域列表页，勾选要新增区域的区域名称，单击“新增”按钮，弹出“新增区域”窗口 4. 区域代码输入：700000 5. 区域名称输入：测试八 6. 排序输入：a 7. 层级选择：地级 8. 可用选择：正常 9. 单击“确定”按钮	
预期结果： 提示“区域名称输入有误，请重新输入。”	
实际结果： 弹出弹框显示“未知错误，请联系管理员”，单击“确定”按钮回到新增区域界面，区域列表未新增区域	
缺陷严重程度： 严重	

缺陷编号：QXGL-020	角色：系统管理员
模块名称：行政区域	抓图说明：
摘要描述： 新增区域，排序输入汉字，仍能新增区域成功	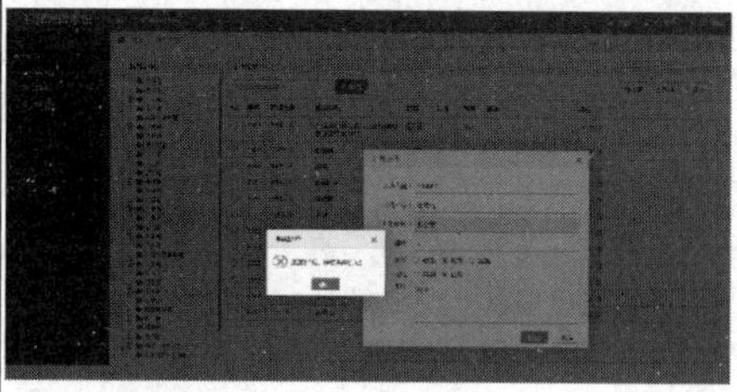
操作步骤： 1. 系统管理员登录，进入首页 2. 单击左侧导航栏中的“行政区域”模块菜单，进入行政区域页面 3. 在区域列表页，勾选要新增区域的区域名称，单击“新增”按钮，弹出“新增区域”窗口 4. 区域代码输入：700000 5. 区域名称输入：测试八 6. 排序输入：啊 7. 层级选择：地级 8. 可用选择：正常 9. 单击“确定”按钮	
预期结果： 提示“序号输入有误，请重新输入。”	
实际结果： 弹出弹框显示“未知错误，请联系管理员”，单击“确定”按钮回到新增区域界面，区域列表未新增区域	
缺陷严重程度： 严重	

缺陷编号：QXGL-021	角色：系统管理员
模块名称： 行政区域	抓图说明：
摘要描述： 新增区域，排序输入符号，仍能新增区域成功	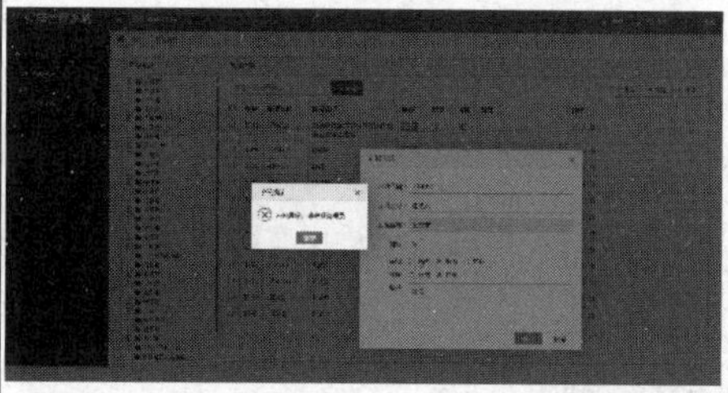
操作步骤： 1. 系统管理员登录，进入首页 2. 单击左侧导航栏中的“行政区域”模块菜单，进入行政区域页面 3. 在区域列表页，勾选要新增区域的区域名称，单击“新增”按钮，弹出“新增区域”窗口 4. 区域代码输入：700000 5. 区域名称输入：测试八 6. 排序输入：. 7. 层级选择：地级 8. 可用选择：正常 9. 单击“确定”按钮	
预期结果： 提示“序号输入有误，请重新输入。”	
实际结果： 弹出弹框显示“未知错误，请联系管理员”，单击“确定”按钮回到新增区域界面，区域列表未新增区域	
缺陷严重程度： 严重	

缺陷编号：QXGL-022	角色：系统管理员
模块名称：行政区域	抓图说明：
摘要描述： 新增区域，排序输入特殊字符，仍能新增区域成功	
操作步骤： 1. 系统管理员登录，进入首页 2. 单击左侧导航栏中的“行政区域”模块菜单，进入行政区域页面 3. 在区域列表页，勾选要新增区域的区域名称，单击“新增”按钮，弹出“新增区域”窗口 4. 区域代码输入：700000 5. 区域名称输入：测试八 6. 排序输入：# 7. 层级选择：地级 8. 可用选择：正常 9. 单击“确定”按钮	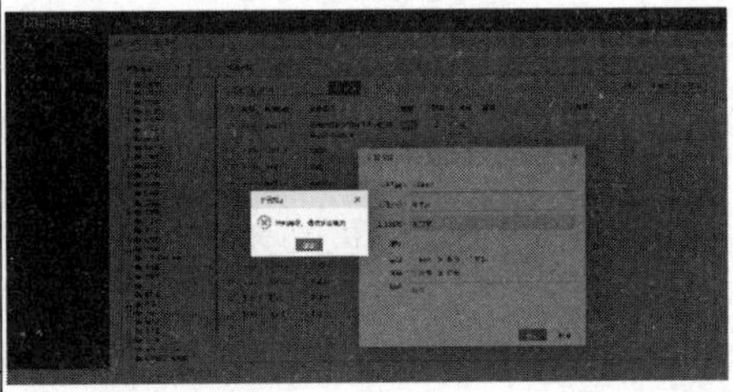
预期结果： 提示“序号输入有误，请重新输入。”	
实际结果： 弹出弹框显示“未知错误，请联系管理员”，单击“确定”按钮回到新增区域界面，区域列表未新增区域	
缺陷严重程度： 严重	

缺陷编号：QXGL-023	角色：系统管理员
模块名称：行政区域	抓图说明：
摘要描述： 新增区域，排序输入长度大于 10，出现未知错误	
操作步骤： 1. 系统管理员登录，进入首页 2. 单击左侧导航栏中的“行政区域”模块菜单，进入行政区域页面 3. 在区域列表页，勾选要新增区域的区域名称，单击“新增”按钮，弹出“新增区域”窗口 4. 区域代码输入：700000 5. 区域名称输入：测试八 6. 排序输入：12345123451 7. 层级选择：地级 8. 可用选择：正常 9. 单击“确定”按钮	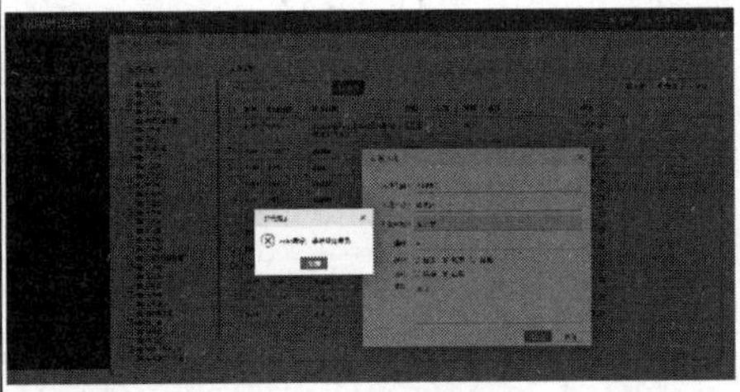
预期结果： 提示“序号输入有误，请重新输入。”	
实际结果： 弹出弹框显示“未知错误，请联系管理员”，单击“确定”按钮回到新增区域界面，区域列表未新增区域	
缺陷严重程度：严重	

缺陷编号：QXGL-024	角色：系统管理员
模块名称：行政区域	抓图说明：
摘要描述： 新增区域，备注输入长度大于 500，出现未知错误	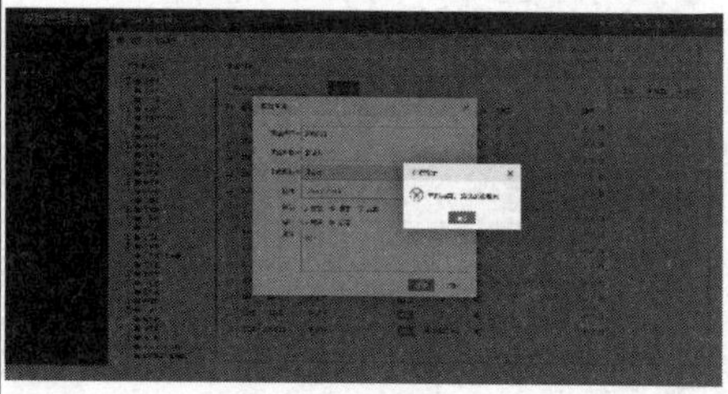
操作步骤： 1. 系统管理员登录，进入首页 2. 单击左侧导航栏中的“行政区域”模块菜单，进入行政区域页面 3. 在区域列表页，勾选要新增区域的区域名称，单击“新增”按钮，弹出“新增区域”窗口 4. 区域代码输入：700000 5. 区域名称输入：测试八 6. 排序输入：8 7. 层级选择：地级 8. 可用选择：正常 9. 备注：012345678901234567890123456789012345678901234567890 10. 单击“确定”按钮	
预期结果： 提示“备注输入有误，请重新输入。”	
实际结果： 弹出弹框显示“未知错误，请联系管理员”，单击“确定”按钮回到新增区域界面，区域列表未新增区域	
缺陷严重程度：严重	

缺陷编号：QXGL-025	角色：系统管理员
模块名称：行政区域	抓图说明：
摘要描述： 修改区域，页面 title 显示“权限管理系统”	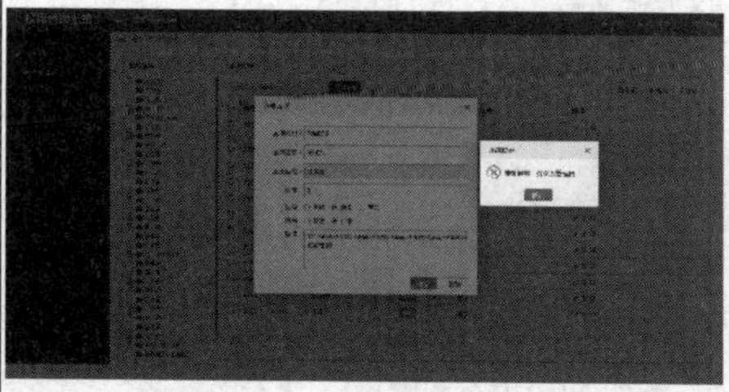
操作步骤： 1. 系统管理员登录，进入首页 2. 单击左侧导航栏中的“行政区域”模块菜单，进入行政区域页面 3. 在区域列表页，勾选要修改区域的区域名称，单击“修改”按钮，弹出“修改区域”窗口	
预期结果： 页面 title 显示“修改区域”	
实际结果： 页面 title 显示“权限管理系统”	
缺陷严重程度： 中	

缺陷编号：QXGL-026	角色：系统管理员
模块名称： 行政区域	抓图说明：
摘要描述： 修改区域，区域代码重复，仍能修改成功	
操作步骤： 1. 系统管理员登录，进入首页	

续表

2. 单击左侧导航栏中的“行政区域”模块菜单，进入行政区域页面 3. 在区域列表页，勾选要修改区域的区域名称，单击“修改”按钮，弹出“修改区域”窗口 4. 区域代码输入：110100 5. 区域名称输入：测试一 6. 排序输入：1 7. 层级选择：地级 8. 可用选择：正常 9. 单击“确定”按钮	
预期结果： 提示“区域代码输入有误，请重新输入。”	
实际结果： 提示“操作成功！”，列表中出现修改区域	
缺陷严重程度： 高	

缺陷编号：QXGL-027	角色：系统管理员
模块名称：行政区域	抓图说明：
摘要描述： 修改区域，区域代码包含汉字，仍能修改成功	
操作步骤： 1. 系统管理员登录，进入首页 2. 单击左侧导航栏中的“行政区域”模块菜单，进入行政区域页面 3. 在区域列表页，勾选要修改区域的区域名称，单击“修改”按钮，弹出“修改区域”窗口 4. 区域代码输入：啊12345 5. 区域名称输入：测试二 6. 排序输入：2 7. 层级选择：地级 8. 可用选择：正常 9. 单击“确定”按钮	
预期结果： 提示“区域代码输入有误，请重新输入。”	
实际结果： 提示“操作成功！”，列表中出现修改区域	
缺陷严重程度： 高	

缺陷编号：QXGL-028	角色：系统管理员
模块名称：行政区域	抓图说明：

续表

<table>
<tr><td>摘要描述：
修改区域，区域代码包含特殊字符，仍能修改成功</td><td rowspan="6">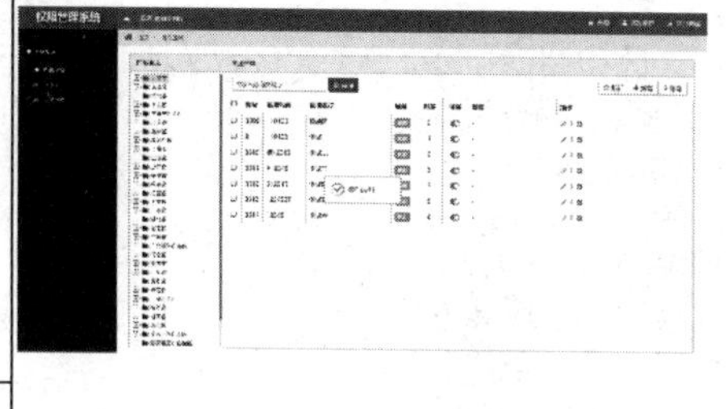</td></tr>
<tr><td>操作步骤：
1. 系统管理员登录，进入首页
2. 单击左侧导航栏中的“行政区域”模块菜单，进入行政区域页面
3. 在区域列表页，勾选要修改区域的区域名称，单击“修改”按钮，弹出“修改区域”窗口
4. 区域代码输入：#12345
5. 区域名称输入：测试三
6. 排序输入：3
7. 层级选择：地级
8. 可用选择：正常
9. 单击“确定”按钮</td></tr>
<tr><td>预期结果：
提示“区域代码输入有误，请重新输入。”</td></tr>
<tr><td>实际结果：
提示“操作成功！”，列表中出现修改区域</td></tr>
<tr><td>缺陷严重程度：
高</td></tr>
</table>

<table>
<tr><td>缺陷编号：QXGL-029</td><td>角色：系统管理员</td></tr>
<tr><td>模块名称：行政区域</td><td>抓图说明：</td></tr>
<tr><td>摘要描述：
修改区域，区域代码以 0 开头，仍能修改成功</td><td rowspan="5">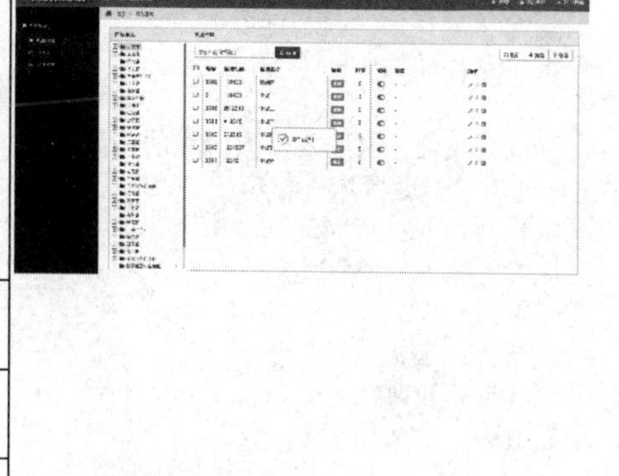</td></tr>
<tr><td>操作步骤：
1. 系统管理员登录，进入首页
2. 单击左侧导航栏中的“行政区域”模块菜单，进入行政区域页面
3. 在区域列表页，勾选要修改区域的区域名称，单击“修改”按钮，弹出“修改区域”窗口
4. 区域代码输入：012345
5. 区域名称输入：测试四
6. 排序输入：4
7. 层级选择：地级
8. 可用选择：正常
9. 单击“确定”按钮</td></tr>
<tr><td>预期结果：
提示“区域代码输入有误，请重新输入。”</td></tr>
<tr><td>实际结果：
提示“操作成功！”，列表中出现修改区域</td></tr>
<tr><td>缺陷严重程度：
高</td></tr>
</table>

缺陷编号：QXGL-030	角色：系统管理员
模块名称：行政区域	抓图说明：

续表

摘要描述： 修改区域，区域代码为长度大于 6 个字，仍能修改成功	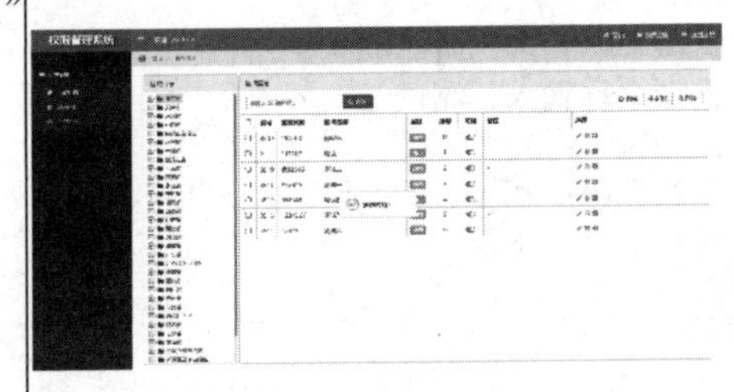
操作步骤： 1. 系统管理员登录，进入首页 2. 单击左侧导航栏中的“行政区域”模块菜单，进入行政区域页面 3. 在区域列表页，勾选要修改区域的区域名称，单击“修改”按钮，弹出“修改区域”窗口 4. 区域代码输入：1234567 5. 区域名称输入：测试五 6. 排序输入：5 7. 层级选择：地级 8. 可用选择：正常 9. 单击“确定”按钮	
预期结果： 提示“区域代码输入有误，请重新输入。”	
实际结果： 提示“操作成功！”，列表中出现修改区域	
缺陷严重程度： 高	

缺陷编号：QXGL-031	角色：系统管理员
模块名称：行政区域	抓图说明：
摘要描述： 修改区域，区域代码为长度小于 6 个字，仍能修改成功	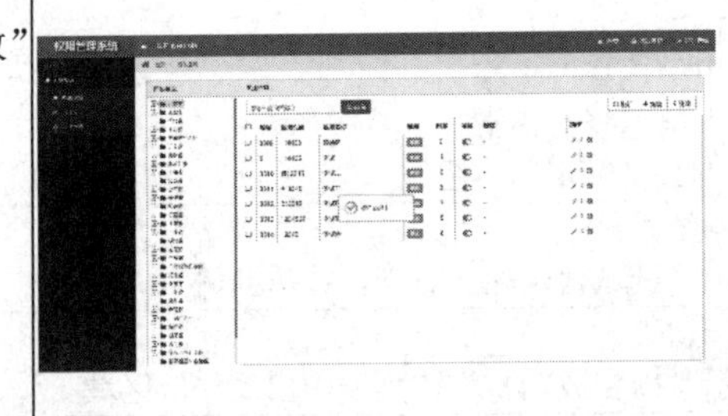
操作步骤： 1. 系统管理员登录，进入首页 2. 单击左侧导航栏中的“行政区域”模块菜单，进入行政区域页面 3. 在区域列表页，勾选要修改区域的区域名称，单击“修改”按钮，弹出“修改区域”窗口 4. 区域代码输入：12345 5. 区域名称输入：测试六 6. 排序输入：6 7. 层级选择：地级 8. 可用选择：正常 9. 单击“确定”按钮	
预期结果： 提示“区域代码输入有误，请重新输入。”	
实际结果： 提示“操作成功！”，列表中出现修改区域	
缺陷严重程度： 高	

<table>
<tr><td>缺陷编号：QXGL-032</td><td>角色：系统管理员</td></tr>
<tr><td>模块名称：　行政区域</td><td>抓图说明：</td></tr>
<tr><td>摘要描述：
修改区域，区域代码包含符号，仍能修改成功</td><td rowspan="6"> 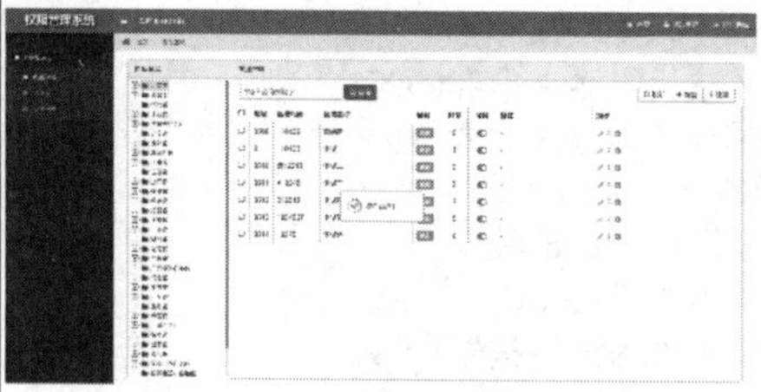</td></tr>
<tr><td>操作步骤：
1. 系统管理员登录，进入首页
2. 单击左侧导航栏中的“行政区域”模块菜单，进入行政区域页面
3. 在区域列表页，勾选要修改区域的区域名称，单击“修改”按钮，弹出“修改区域”窗口
4. 区域代码输入：.12345
5. 区域名称输入：测试七
6. 排序输入：7
7. 层级选择：地级
8. 可用选择：正常
9. 单击“确定”按钮</td></tr>
<tr><td>预期结果：
提示“区域代码输入有误，请重新输入。”</td></tr>
<tr><td>实际结果：
提示“操作成功！”，列表中出现修改区域</td></tr>
<tr><td>缺陷严重程度：
高</td></tr>
</table>

<table>
<tr><td>缺陷编号：QXGL-033</td><td>角色：系统管理员</td></tr>
<tr><td>模块名称：行政区域</td><td>抓图说明：</td></tr>
<tr><td>摘要描述：
修改区域，区域名称与系统内的区域名称重复字，仍能修改成功</td><td rowspan="6"> 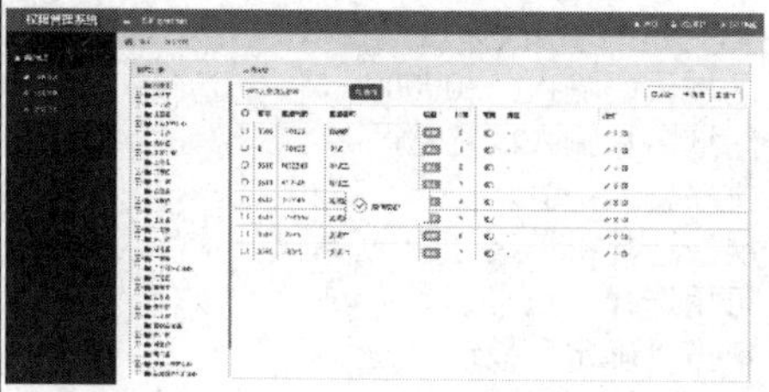</td></tr>
<tr><td>操作步骤：
1. 系统管理员登录，进入首页
2. 单击左侧导航栏中的“行政区域”模块菜单，进入行政区域页面
3. 在区域列表页，勾选要修改区域的区域名称，单击“修改”按钮，弹出“修改区域”窗口
4. 区域代码输入：100000
5. 区域名称输入：直辖区
6. 排序输入：0
7. 层级选择：地级
8. 可用选择：正常
9. 单击“确定”按钮</td></tr>
<tr><td>预期结果：
提示：“区域名称不唯一，请重新输入。”</td></tr>
<tr><td>实际结果：
提示“操作成功！”，列表中出现修改区域</td></tr>
<tr><td>缺陷严重程度：
高</td></tr>
</table>

<table>
<tr><td>缺陷编号：QXGL-034</td><td>角色：系统管理员</td></tr>
<tr><td>模块名称：　行政区域</td><td>抓图说明：</td></tr>
<tr><td>摘要描述：
修改区域，区域名称包含符号，仍能修改成功</td><td rowspan="5"> 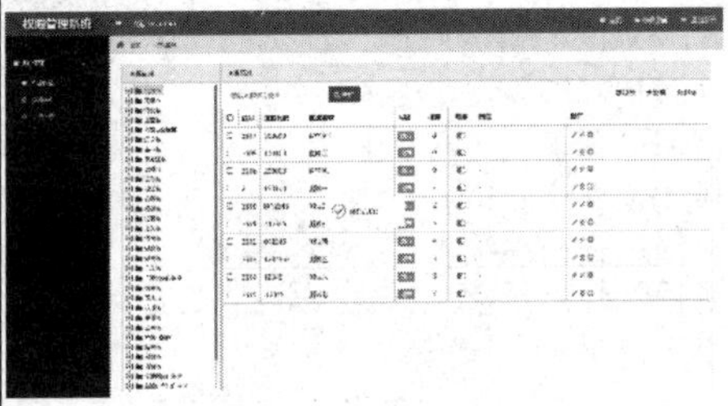</td></tr>
<tr><td>操作步骤：
1. 系统管理员登录，进入首页
2. 单击左侧导航栏中的“行政区域”模块菜单，进入行政区域页面
3. 在区域列表页，勾选要修改区域的区域名称，单击“修改”按钮，弹出“修改区域”窗口
4. 区域代码输入：200000
5. 区域名称输入：直辖区.
6. 排序输入：0
7. 层级选择：地级
8. 可用选择：正常
9. 单击“确定”按钮</td></tr>
<tr><td>预期结果：
提示“区域名称输入有误，请重新输入。”</td></tr>
<tr><td>实际结果：
提示“操作成功！”，列表中出现修改区域</td></tr>
<tr><td>缺陷严重程度：
高</td></tr>
</table>

<table>
<tr><td>缺陷编号：QXGL-035</td><td>角色：系统管理员</td></tr>
<tr><td>模块名称：行政区域</td><td>抓图说明：</td></tr>
<tr><td>摘要描述：
修改区域，区域名称包特殊字符，仍能修改成功</td><td rowspan="5"> 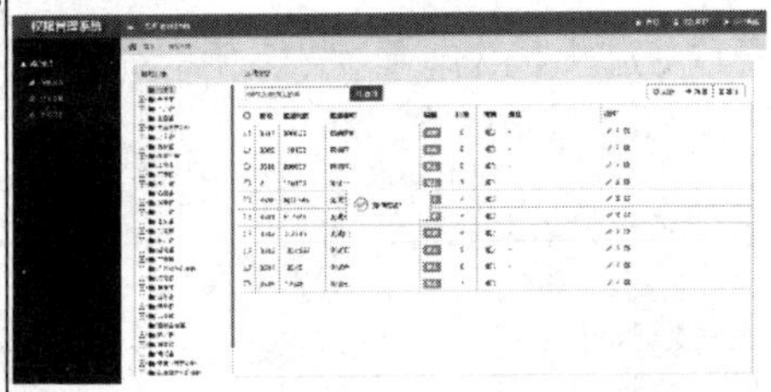</td></tr>
<tr><td>操作步骤：
1. 系统管理员登录，进入首页
2. 单击左侧导航栏中的“行政区域”模块菜单，进入行政区域页面
3. 在区域列表页，勾选要修改区域的区域名称，单击“修改”按钮，弹出“修改区域”窗口
4. 区域代码输入：300000
5. 区域名称输入：直辖区#
6. 排序输入：0
7. 层级选择：地级
8. 可用选择：正常
9. 单击“确定”按钮</td></tr>
<tr><td>预期结果：
提示“区域名称输入有误，请重新输入。”</td></tr>
<tr><td>实际结果：
提示“操作成功！”，列表中出现修改区域</td></tr>
<tr><td>缺陷严重程度：
高</td></tr>
</table>

缺陷编号：QXGL-036	角色：系统管理员
模块名称：　行政区域	抓图说明：
摘要描述： 修改区域，区域名称小于 3 个字，仍能修改成功	
操作步骤： 1. 系统管理员登录，进入首页 2. 单击左侧导航栏中的“行政区域”模块菜单，进入行政区域页面 3. 在区域列表页，勾选要修改区域的区域名称，单击“修改”按钮，弹出“修改区域”窗口 4. 区域代码输入：400000 5. 区域名称输入：直辖 6. 排序输入：0 7. 层级选择：地级 8. 可用选择：正常 9. 单击“确定”按钮	
预期结果： 提示“区域名称输入有误，请重新输入。”	
实际结果： 提示“操作成功！”，列表中出现修改区域	
缺陷严重程度： 高	

缺陷编号：QXGL-037	角色：系统管理员
模块名称：　行政区域	抓图说明：
摘要描述： 修改区域，区域名称为 22 个字，出现未知异常	
操作步骤： 1. 系统管理员登录，进入首页 2. 单击左侧导航栏中的“行政区域”模块菜单，进入行政区域页面 3. 在区域列表页，勾选要修改区域的区域名称，单击“修改”按钮，弹出“修改区域”窗口 4. 区域代码输入：500000 5. 区域名称输入：直辖区直辖区直辖区直辖区直辖区直辖区直辖区 6. 排序输入：0 7. 层级选择：地级 8. 可用选择：正常 9. 单击“确定”按钮	
预期结果： 提示“区域名称输入有误，请重新输入。”	
实际结果： 弹出弹框显示“未知错误，请联系管理员”，单击“确定”按钮回到修改区域界面，区域列表未修改区域	
缺陷严重程度： 严重	

缺陷编号：QXGL-038	角色：系统管理员
模块名称：行政区域	抓图说明：
摘要描述： 修改区域，区域名称为 21 个字，仍能修改区域成功	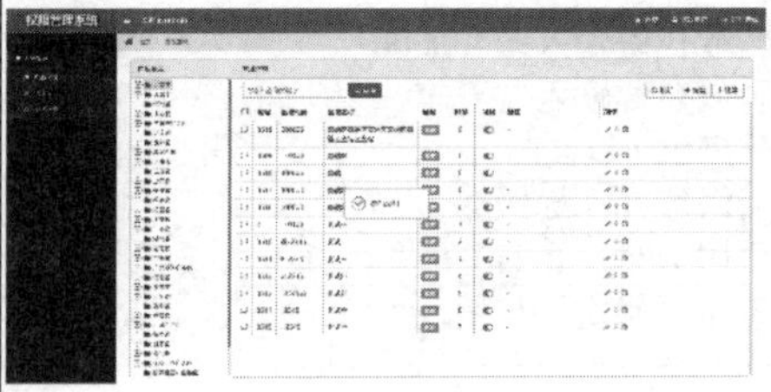
操作步骤： 1. 系统管理员登录，进入首页 2. 单击左侧导航栏中的“行政区域”模块菜单，进入行政区域页面 3. 在区域列表页，勾选要修改区域的区域名称，单击“修改”按钮，弹出“修改区域”窗口 4. 区域代码输入：600000 5. 区域名称输入：直辖区直辖区直辖区直辖区直辖区直辖区直辖 6. 排序输入：0 7. 层级选择：地级 8. 可用选择：正常 9. 单击“确定”按钮	
预期结果： 提示“区域名称输入有误，请重新输入。”	
实际结果： 弹出弹框显示“未知错误，请联系管理员”，单击“确定”按钮回到修改区域界面，区域列表未修改区域	
缺陷严重程度：高	

缺陷编号：QXGL-039	角色：系统管理员
模块名称：　行政区域	抓图说明：
摘要描述： 修改区域，排序输入英文字母，出现未知错误	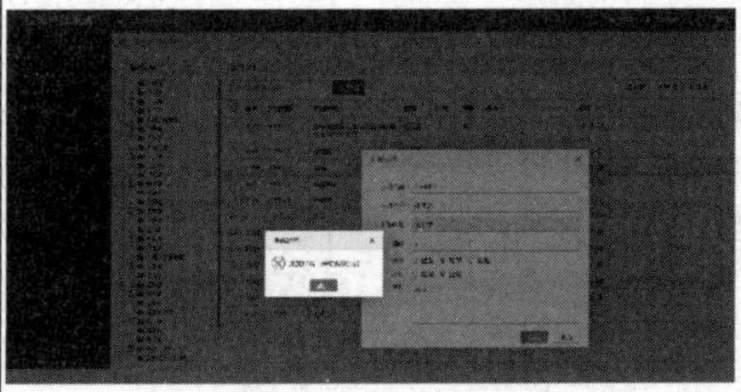
操作步骤： 1. 系统管理员登录，进入首页 2. 单击左侧导航栏中的“行政区域”模块菜单，进入行政区域页面 3. 在区域列表页，勾选要修改区域的区域名称，单击“修改”按钮，弹出“修改区域”窗口 4. 区域代码输入：700000 5. 区域名称输入：测试八 6. 排序输入：a 7. 层级选择：地级 8. 可用选择：正常 9. 单击“确定”按钮	
预期结果： 提示“区域名称输入有误，请重新输入。”	
实际结果： 弹出弹框显示“未知错误，请联系管理员”，单击“确定”按钮回到修改区域界面，区域列表未修改区域	
缺陷严重程度： 严重	

缺陷编号：QXGL-040	角色：系统管理员
模块名称：行政区域	抓图说明：
摘要描述： 修改区域，排序输入汉字，出现未知错误	
操作步骤： 1. 系统管理员登录，进入首页 2. 单击左侧导航栏中的“行政区域”模块菜单，进入行政区域页面 3. 在区域列表页，勾选要修改区域的区域名称，单击“修改”按钮，弹出“修改区域”窗口 4. 区域代码输入：700000 5. 区域名称输入：测试八 6. 排序输入：啊 7. 层级选择：地级 8. 可用选择：正常 9. 单击“确定”按钮	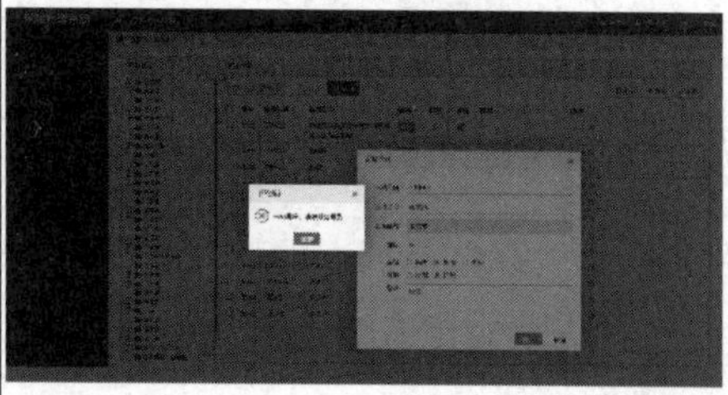
预期结果： 提示“序号输入有误，请重新输入。”	
实际结果： 弹出弹框显示“未知错误，请联系管理员”，单击“确定”按钮回到修改区域界面，区域列表未修改区域	
缺陷严重程度：严重	

缺陷编号：QXGL-041	角色：系统管理员
模块名称：行政区域	抓图说明：
摘要描述： 修改区域，排序输入符号，出现未知错误	
操作步骤： 1. 系统管理员登录，进入首页 2. 单击左侧导航栏中的“行政区域”模块菜单，进入行政区域页面 3. 在区域列表页，勾选要修改区域的区域名称，单击“修改”按钮，弹出“修改区域”窗口 4. 区域代码输入：700000 5. 区域名称输入：测试八 6. 排序输入：. 7. 层级选择：地级 8. 可用选择：正常 9. 单击“确定”按钮	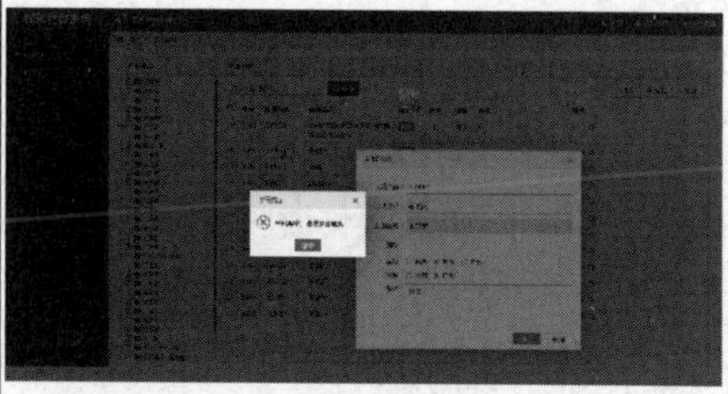
预期结果： 提示“序号输入有误，请重新输入。”	
实际结果： 弹出弹框显示“未知错误，请联系管理员”，单击“确定”按钮回到修改区域界面，区域列表未修改区域	
缺陷严重程度： 严重	

缺陷编号：QXGL-042	角色：系统管理员
模块名称：行政区域	抓图说明：
摘要描述： 修改区域，排序输入特殊字符，出现未知错误	
操作步骤： 1. 系统管理员登录，进入首页 2. 单击左侧导航栏中的“行政区域”模块菜单，进入行政区域页面 3. 在区域列表页，勾选要修改区域的区域名称，单击“修改”按钮，弹出“修改区域”窗口 4. 区域代码输入：700000 5. 区域名称输入：测试八 6. 排序输入：# 7. 层级选择：地级 8. 可用选择：正常 9. 单击“确定”按钮	
预期结果： 提示“序号输入有误，请重新输入。”	
实际结果： 弹出弹框显示“未知错误，请联系管理员”，单击“确定”按钮回到修改区域界面，区域列表未修改区域	
缺陷严重程度：严重	

缺陷编号：QXGL-043	角色：系统管理员
模块名称：行政区域	抓图说明：
摘要描述： 修改区域，排序输入长度大于 10，出现未知错误	
操作步骤： 1. 系统管理员登录，进入首页 2. 单击左侧导航栏中的“行政区域”模块菜单，进入行政区域页面 3. 在区域列表页，勾选要修改区域的区域名称，单击“修改”按钮，弹出“修改区域”窗口 4. 区域代码输入：700000 5. 区域名称输入：测试八 6. 排序输入：12345123451 7. 层级选择：地级 8. 可用选择：正常 9. 单击“确定”按钮	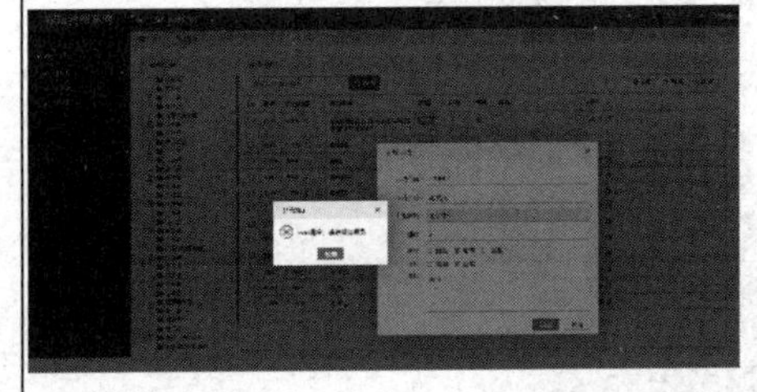
预期结果： 提示“序号输入有误，请重新输入。”	
实际结果： 弹出弹框显示“未知错误，请联系管理员”，单击“确定”按钮回到修改区域界面，区域列表未修改区域	
缺陷严重程度：严重	

缺陷编号：QXGL-044	角色：系统管理员
模块名称：行政区域	抓图说明：
摘要描述： 修改区域，备注输入长度大于500，出现未知错误	
操作步骤： 1. 系统管理员登录，进入首页 2. 单击左侧导航栏中的“行政区域”模块菜单，进入行政区域页面 3. 在区域列表页，勾选要修改区域的区域名称，单击【修改】按钮，弹出“修改区域”窗口 4. 区域代码输入：700000 5. 区域名称输入：测试八 6. 排序输入：8 7. 层级选择：地级 8. 可用选择：正常 9. 备注：01234567890123456789012345678901234567890123456789 0 10. 单击“确定”按钮	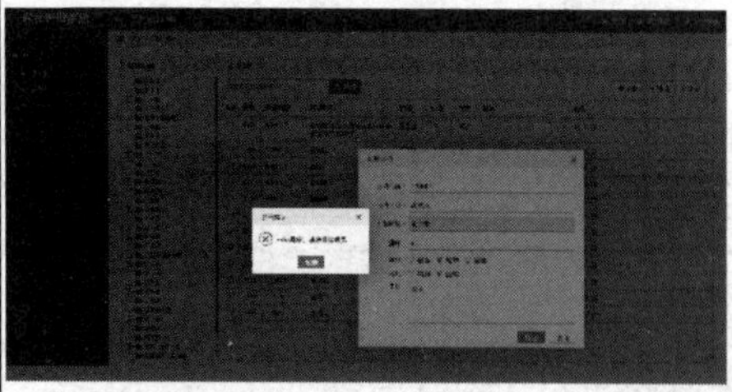
预期结果： 提示“备注输入有误，请重新输入。”	
实际结果： 弹出弹框显示“未知错误，请联系管理员”，单击“确定”按钮回到修改区域界面，区域列表未修改区域	
缺陷严重程度：严重	

缺陷编号：QXGL-045	角色：系统管理员
模块名称：区域管理	抓图说明：
摘要描述： 删除的区域，当前区域的编号也被删除	
操作步骤： 1. 系统管理员登录，进入首页 2. 单击左侧导航栏中的“区域管理”模块菜单，进入区域管理页面 3. 区域列表页已有10条记录，编号为1-10 4. 将10条记录全部删除 5. 新增区域成功	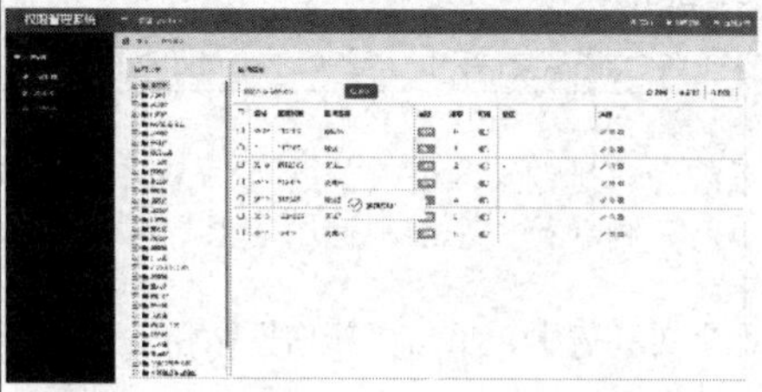
预期结果： 新增区域的编号从1开始	
实际结果： 新增区域的编号从11开始	
缺陷严重程度： 高	

缺陷编号：QXGL-046	角色：系统管理员
模块名称：通用字典	抓图说明：
摘要描述： 通用字典页面 title 显示“权限管理系统”	
操作步骤： 1. 系统管理员登录，进入首页 2. 单击左侧导航栏中的“通用字典”模块菜单，进入通用字典页面	
预期结果： 页面 title 显示“通用字典”	
实际结果： 页面 title 显示“权限管理系统”	
缺陷严重程度： 中	

缺陷编号：QXGL-047	角色：系统管理员
模块名称：通用字典	抓图说明：
摘要描述： 新增字典，页面 title 显示“权限管理系统”	
操作步骤： 1. 系统管理员登录，进入首页 2. 单击左侧导航栏中的“通用字典”模块菜单，进入通用字典页面 3. 在字典列表页，勾选要新增字典的字典名称，单击“新增”按钮，弹出“新增字典”窗口	
预期结果： 页面 title 显示“新增字典”	
实际结果： 页面 title 显示“权限管理系统”	
缺陷严重程度： 中	

缺陷编号：QXGL-048	角色：系统管理员
模块名称：通用字典	抓图说明：
摘要描述： 新增字典，字典名称小于 2 个字，仍能新增成功	
操作步骤： 1. 系统管理员登录，进入首页 2. 单击左侧导航栏中的“通用字典”模块菜单，进入通用字典页面 3. 在字典列表页，单击“新增”按钮，弹出“新增字典”窗口 4. 类型：目录 5. 名称：一 6. 英文代码：one 7. 参数类型：一级目录 8. 排序：1 9. 单击“确定”按钮	

续表

预期结果： 提示“字典名称输入有误，请重新输入。”	
实际结果： 提示“操作成功！”，列表中出现新增字典	
缺陷严重程度： 高	

缺陷编号：QXGL-049	角色：系统管理员
模块名称：通用字典	抓图说明：
摘要描述： 新增字典，字典名称大于 10 个字，仍能新增成功	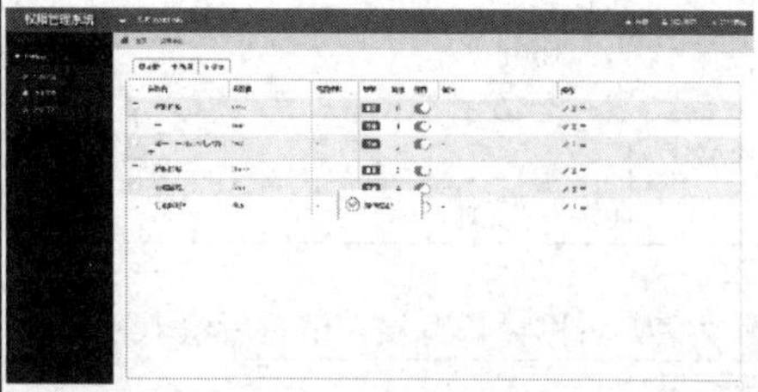
操作步骤： 1. 系统管理员登录，进入首页 2. 单击左侧导航栏中的“通用字典”模块菜单，进入通用字典页面 3. 在字典列表页，单击“新增”按钮，弹出“新增字典”窗口 4. 类型：目录 5. 名称：零一二三四五六七八九十 6. 英文代码：two 7. 参数类型：一级目录 8. 排序：2 9. 单击“确定”按钮	
预期结果： 提示“字典名称输入有误，请重新输入。”	
实际结果： 提示“操作成功！”，列表中出现新增字典	
缺陷严重程度： 高	

缺陷编号：QXGL-050	角色：系统管理员
模块名称：通用字典	抓图说明：
摘要描述： 新增字典，字典名称与系统内的字典名称重复字，仍能新增成功	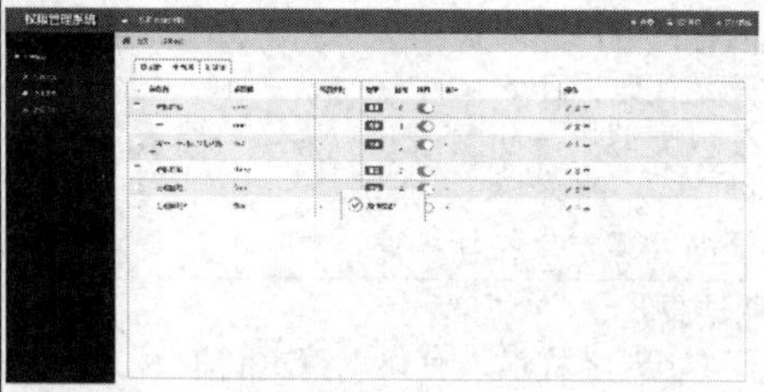
操作步骤： 1. 系统管理员登录，进入首页 2. 单击左侧导航栏中的.“通用字典”模块菜单，进入通用字典页面 3. 在字典列表页，单击“新增”按钮，弹出“新增字典”窗口 4. 类型：目录 5. 名称：行政区域 6. 英文代码：three 7. 参数类型：一级目录 8. 排序：3 9. 单击“确定”按钮	
预期结果： 提示：“字典名称不唯一，请重新输入。”	

续表

实际结果： 提示“操作成功！”，列表中出现新增字典	
缺陷严重程度： 高	

缺陷编号：QXGL-051	角色：系统管理员
模块名称：通用字典	抓图说明：
摘要描述： 新增字典，字典名称包含符号，仍能新增成功	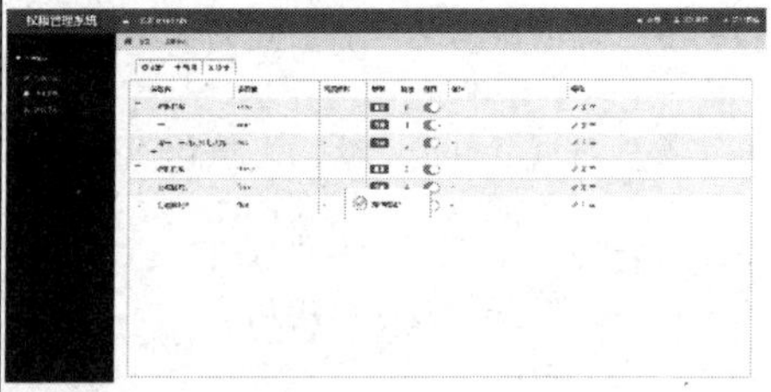
操作步骤： 1. 系统管理员登录，进入首页 2. 单击左侧导航栏中的“通用字典”模块菜单，进入通用字典页面 3. 在字典列表页，单击“新增”按钮，弹出“新增字典”窗口 4. 类型：目录 5. 名称：行政区域, 6. 英文代码：four 7. 参数类型：一级目录 8. 排序：4 9. 单击“确定”按钮	
预期结果： 提示“字典名称输入有误，请重新输入。”	
实际结果： 提示“操作成功！”，列表中出现新增字典	
缺陷严重程度： 高	

缺陷编号：QXGL-052	角色：系统管理员
模块名称：通用字典	抓图说明：
摘要描述： 新增字典，字典名称包含特殊字符，仍能新增成功	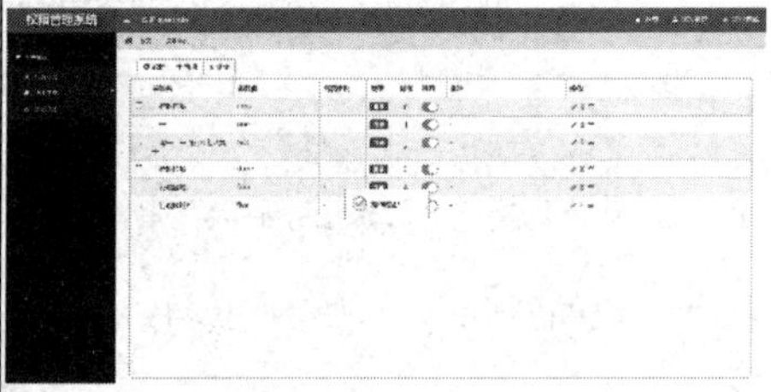
操作步骤： 1. 系统管理员登录，进入首页 2. 单击左侧导航栏中的“通用字典”模块菜单，进入通用字典页面 3. 在字典列表页，单击“新增”按钮，弹出“新增字典”窗口 4. 类型：目录 5. 名称：行政区域# 6. 英文代码：five 7. 参数类型：一级目录 8. 排序：5 9. 单击“确定”按钮	
预期结果： 提示“字典名称输入有误，请重新输入。”	
实际结果： 提示“操作成功！”，列表中出现新增字典	
缺陷严重程度： 高	

缺陷编号：QXGL-053	角色：系统管理员
模块名称：通用字典	抓图说明：
摘要描述： 新增字典，字典名称大于 50 个字，系统出现未知错误	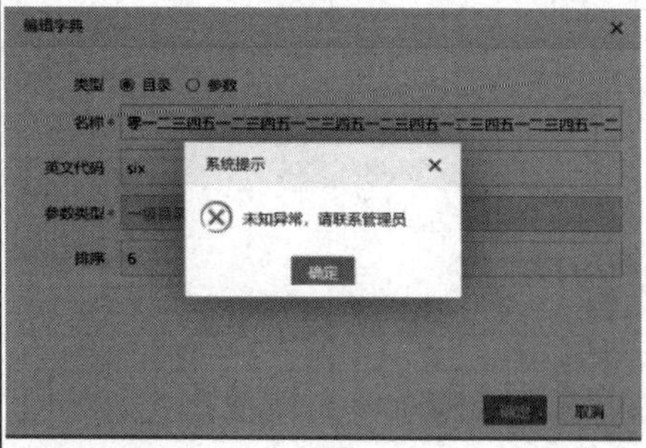
操作步骤： 1. 系统管理员登录，进入首页 2. 单击左侧导航栏中的“通用字典”模块菜单，进入通用字典页面 3. 在字典列表页，单击“新增”按钮，弹出“新增字典”窗口 4. 类型：目录 5. 名称：零一二三四五一二三四五一二三四五一二三四五一二三四五一二三四五一二三四五一二三四五一二三四五一二三四五 6. 英文代码：six 7. 参数类型：一级目录 8. 排序：6 9. 单击“确定”按钮	
预期结果： 提示“字典名称输入有误，请重新输入。”	
实际结果： 弹出弹框显示“未知错误，请联系管理员”，单击“确定”按钮回到新增字典界面，通用字典未新增字典	
缺陷严重程度： 严重	

缺陷编号：QXGL-054	角色：系统管理员
模块名称：通用字典	抓图说明：
摘要描述： 新增字典，英文代码小于 2 个字，仍能新增成功	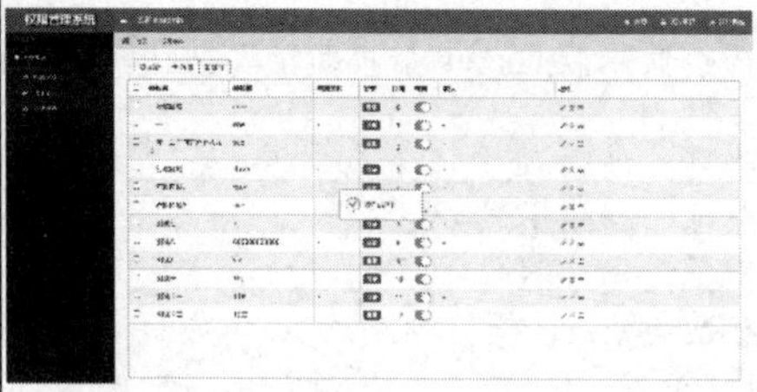
操作步骤： 1. 系统管理员登录，进入首页 2. 单击左侧导航栏中的“通用字典”模块菜单，进入通用字典页面 3. 在字典列表页，单击“新增”按钮，弹出“新增字典”窗口 4. 类型：目录 5. 名称：测试七 6. 英文代码：7 7. 参数类型：一级目录 8. 排序：7 9. 单击“确定”按钮	
预期结果： 提示“英文代码输入有误，请重新输入。”	
实际结果： 提示“操作成功！”，列表中出现新增字典	
缺陷严重程度： 高	

缺陷编号：QXGL-055	角色：系统管理员
模块名称：通用字典	抓图说明：
摘要描述： 新增字典，英文代码大于 10 个字，仍能新增成功	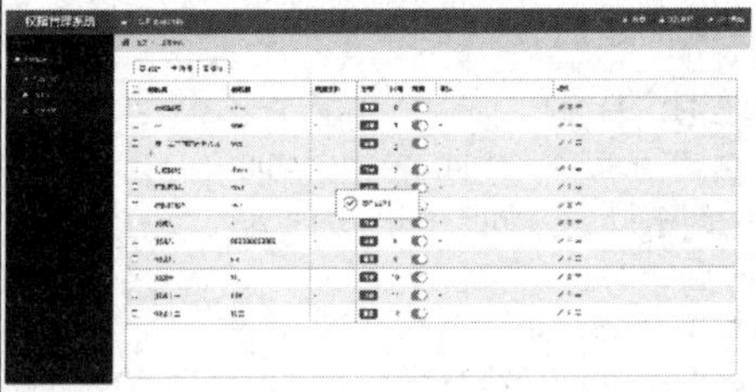
操作步骤： 1. 系统管理员登录，进入首页 2. 单击左侧导航栏中的“通用字典”模块菜单，进入通用字典页面 3. 在字典列表页，单击“新增”按钮，弹出“新增字典”窗口 4. 类型：目录 5. 名称：测试八 6. 英文代码：888888888888 7. 参数类型：一级目录 8. 排序：8 9. 单击“确定”按钮	
预期结果： 提示“英文代码输入有误，请重新输入。”	
实际结果： 提示“操作成功！”，列表中出现新增字典	
缺陷严重程度： 高	

缺陷编号：QXGL-056	角色：系统管理员
模块名称：通用字典	抓图说明：
摘要描述： 新增字典，英文代码与系统内的英文代码重复字，仍能新增成功	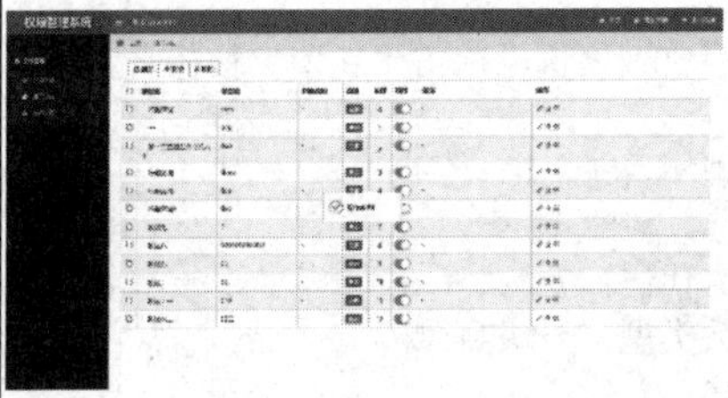
操作步骤： 浏览器版本：93.0.4577.82 操作步骤： 1. 系统管理员登录，进入首页 2. 单击左侧导航栏中的“通用字典”模块菜单，进入通用字典页面 3. 在字典列表页，单击“新增”按钮，弹出“新增字典”窗口 4. 类型：目录 5. 名称：测试九 6. 英文代码：six 7. 参数类型：一级目录 8. 排序：9 9. 单击“确定”按钮	
预期结果： 提示“英文代码输入有误，请重新输入。”	
实际结果： 提示“操作成功！”，列表中出现新增字典	
缺陷严重程度： 高	

缺陷编号：QXGL-057	角色：系统管理员
模块名称：通用字典	抓图说明：
摘要描述： 新增字典，英文代码包含符号，仍能新增成功	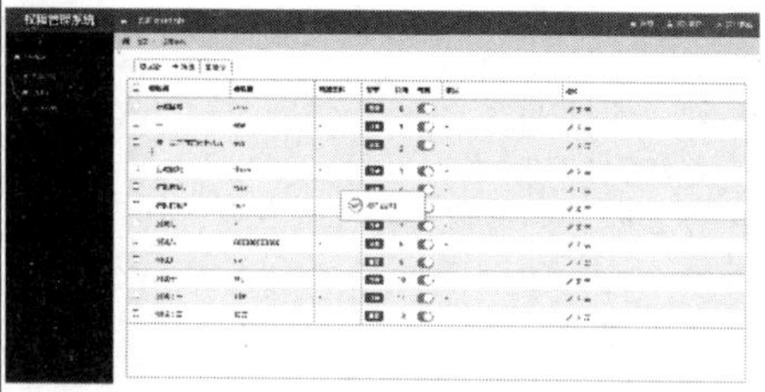
操作步骤： 1. 系统管理员登录，进入首页 2. 单击左侧导航栏中的“通用字典”模块菜单，进入通用字典页面 3. 在字典列表页，单击“新增”按钮，弹出“新增字典”窗口 4. 类型：目录 5. 名称：测试十 6. 英文代码：10， 7. 参数类型：一级目录 8. 排序：10 9. 单击“确定”按钮	
预期结果： 提示“英文代码输入有误，请重新输入。”	
实际结果： 提示“操作成功！”，列表中出现新增字典	
缺陷严重程度： 高	

缺陷编号：QXGL-058	角色：系统管理员
模块名称：通用字典	抓图说明：
摘要描述： 新增字典，英文代码包特殊字符，仍能新增成功	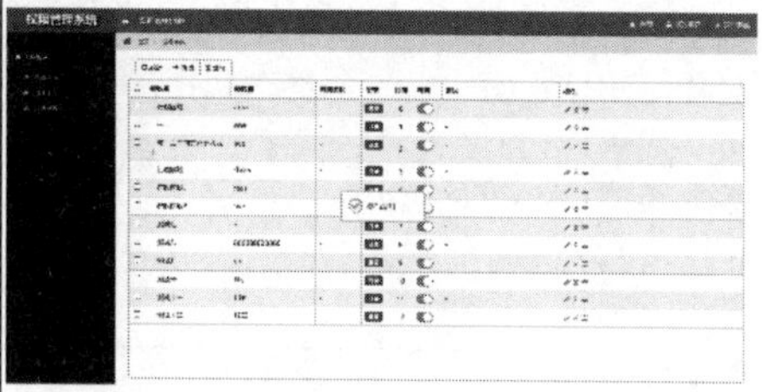
操作步骤： 1. 系统管理员登录，进入首页 2. 单击左侧导航栏中的“通用字典”模块菜单，进入通用字典页面 3. 在字典列表页，单击“新增”按钮，弹出“新增字典”窗口 4. 类型：目录 5. 名称：测试十一 6. 英文代码：11# 7. 参数类型：一级目录 8. 排序：10 9. 单击“确定”按钮	
预期结果： 提示“英文代码输入有误，请重新输入。”	
实际结果： 提示“操作成功！”，列表中出现新增字典	
缺陷严重程度： 高	

缺陷编号：QXGL-059	角色：系统管理员
模块名称：通用字典	抓图说明：
摘要描述： 新增字典，英文代码包含汉字，仍能新增成功	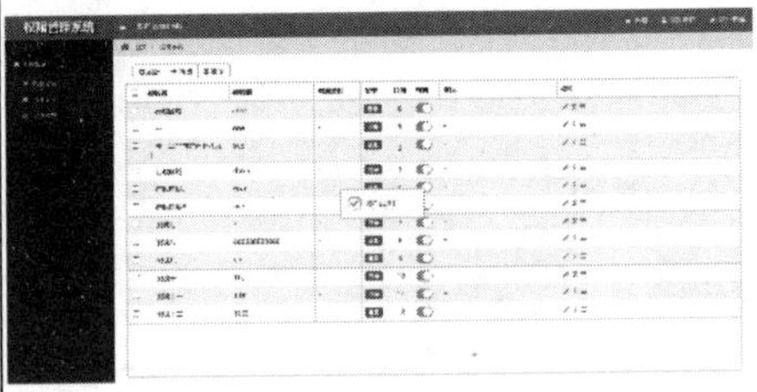
操作步骤： 1. 系统管理员登录，进入首页 2. 单击左侧导航栏中的“通用字典”模块菜单，进入通用字典页面 3. 在字典列表页，单击“新增”按钮，弹出“新增字典”窗口 4. 类型：目录 5. 名称：测试十二 6. 英文代码：12 二 7. 参数类型：一级目录 8. 排序：12 9. 单击“确定”按钮	
预期结果： 提示“英文代码输入有误，请重新输入。”	
实际结果： 提示“操作成功！”，列表中出现新增字典	
缺陷严重程度： 高	

缺陷编号：QXGL-060	角色：系统管理员
模块名称：通用字典	抓图说明：
摘要描述： 新增字典，排序输入英文字母，出现未知错误	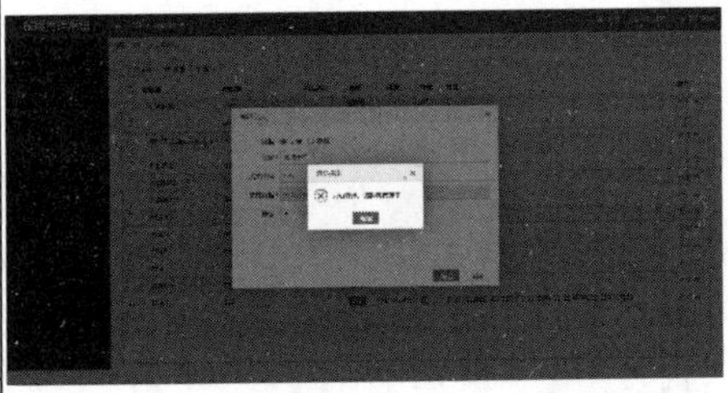
操作步骤： 1. 系统管理员登录，进入首页 2. 单击左侧导航栏中的“通用字典”模块菜单，进入通用字典页面 3. 在字典列表页，单击“新增”按钮，弹出“新增字典”窗口 4. 类型：目录 5. 名称：测试十二 6. 英文代码：123 7. 参数类型：一级目录 8. 排序：a 9. 单击“确定”按钮	
预期结果： 提示“序号输入有误，请重新输入。”	
实际结果： 弹出弹框显示“未知错误，请联系管理员”，单击“确定”按钮回到新增字典界面，区域列表未新增字典	
缺陷严重程度： 严重	

缺陷编号：QXGL-061	角色：系统管理员
模块名称：通用字典	抓图说明：
摘要描述： 新增字典，排序输入汉字，出现未知错误	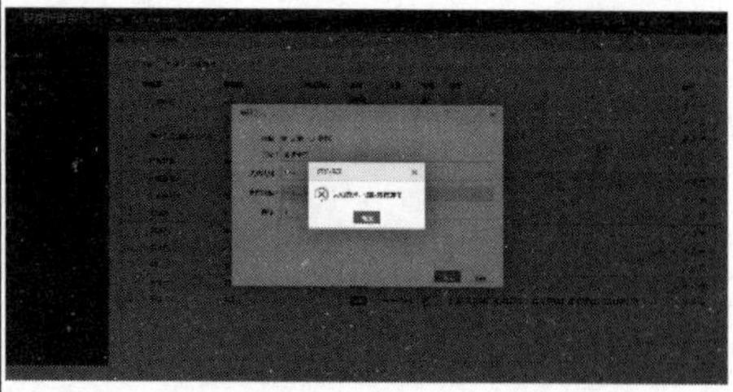
操作步骤： 1. 系统管理员登录，进入首页 2. 单击左侧导航栏中的“通用字典”模块菜单，进入通用字典页面 3. 在字典列表页，单击“新增”按钮，弹出“新增字典”窗口 4. 类型：目录 5. 名称：测试十二 6. 英文代码：123 7. 参数类型：一级目录 8. 排序：十二 9. 单击“确定”按钮	
预期结果： 提示“序号输入有误，请重新输入。”	
实际结果： 弹出弹框显示“未知错误，请联系管理员”，单击“确定”按钮回到新增字典界面，区域列表未新增字典	
缺陷严重程度： 严重	

缺陷编号：QXGL-062	角色：系统管理员
模块名称：通用字典	抓图说明：
摘要描述： 新增字典，排序输入符号，出现未知错误	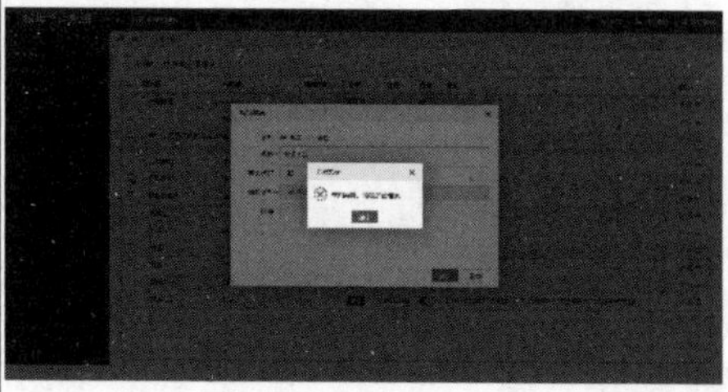
操作步骤： 1. 系统管理员登录，进入首页 2. 单击左侧导航栏中的“通用字典”模块菜单，进入通用字典页面 3. 在字典列表页，单击“新增”按钮，弹出“新增字典”窗口 4. 类型：目录 5. 名称：测试十二 6. 英文代码：123 7. 参数类型：一级目录 8. 排序：， 9. 单击“确定”按钮	
预期结果： 提示“序号输入有误，请重新输入。”	
实际结果： 弹出弹框显示“未知错误，请联系管理员”，单击“确定”按钮回到新增字典界面，区域列表未新增字典	
缺陷严重程度： 严重	

缺陷编号：QXGL-063	角色：系统管理员
模块名称：通用字典	抓图说明：
摘要描述： 新增字典，排序输入特殊字符，出现未知错误	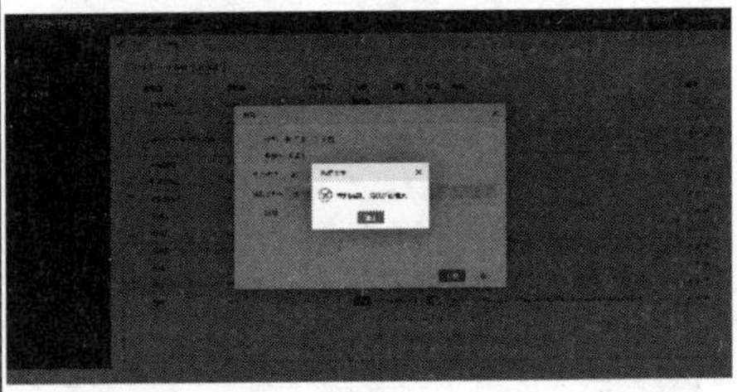
操作步骤： 1. 系统管理员登录，进入首页 2. 单击左侧导航栏中的“通用字典”模块菜单，进入通用字典页面 3. 在字典列表页，单击“新增”按钮，弹出“新增字典”窗口 4. 类型：目录 5. 名称：测试十二 6. 英文代码：123 7. 参数类型：一级目录 8. 排序：# 9. 单击“确定”按钮	
预期结果： 提示“序号输入有误，请重新输入。”	
实际结果： 弹出弹框显示“未知错误，请联系管理员”，单击“确定”按钮回到新增字典界面，区域列表未新增字典	
缺陷严重程度： 严重	

缺陷编号：QXGL-064	角色：系统管理员
模块名称：通用字典	抓图说明：
摘要描述： 新增字典，排序输入长度大于 10，出现未知错误	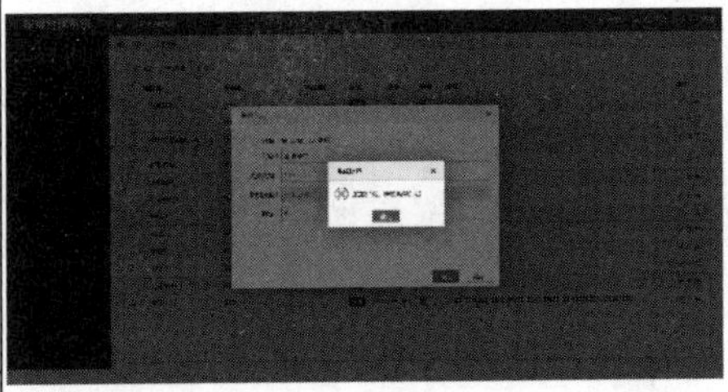
操作步骤： 1. 系统管理员登录，进入首页 2. 单击左侧导航栏中的“通用字典”模块菜单，进入通用字典页面 3. 在字典列表页，单击“新增”按钮，弹出“新增字典”窗口 4. 类型：目录 5. 名称：测试十二 6. 英文代码：123 7. 参数类型：一级目录 8. 排序：12345678901 9. 单击“确定”按钮	
预期结果： 提示“序号输入有误，请重新输入。”	
实际结果： 弹出弹框显示“未知错误，请联系管理员”，单击“确定”按钮回到新增字典界面，区域列表未新增字典	
缺陷严重程度： 严重	

缺陷编号：QXGL-065	角色：系统管理员
模块名称：通用字典	抓图说明：
摘要描述： 新增字典，备注输入长度大于 500，出现未知错误	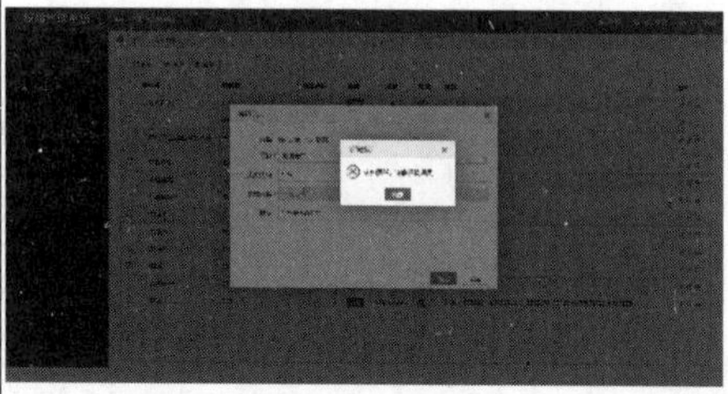
操作步骤： 1. 系统管理员登录，进入首页 2. 单击左侧导航栏中的“通用字典”模块菜单，进入通用字典页面 3. 在字典列表页，单击“新增”按钮，弹出“新增字典”窗口 4. 类型：参数 5. 名称：测试十二 6. 英文代码：123 7. 参数类型：一级目录 8. 排序：12 9. 备注：012345678901234567890123456789012345678901234567890123456789 0 10. 状态：显示	
预期结果： 提示“备注输入有误，请重新输入。”	
实际结果： 弹出弹框显示“未知错误，请联系管理员”，单击“确定”按钮回到新增字典界面，区域列表未新增字典	
缺陷严重程度： 严重	

缺陷编号：QXGL-066	角色：系统管理员
模块名称：通用字典	抓图说明：
摘要描述： 修改字典，页面 title 显示“权限管理系统”	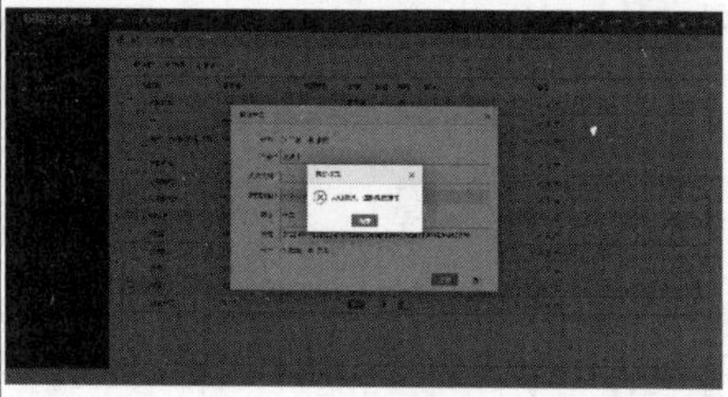
操作步骤： 1. 系统管理员登录，进入首页 2. 单击左侧导航栏中的“通用字典”模块菜单，进入通用字典页面 3. 在字典列表页，勾选要修改字典的字典名称，单击“修改”按钮，弹出“修改字典”窗口	
预期结果： 页面 title 显示“修改字典”	
实际结果： 页面 title 显示“权限管理系统”	
缺陷严重程度： 中	

缺陷编号：QXGL-067	角色：系统管理员
模块名称：通用字典	抓图说明：
摘要描述： 修改字典，字典名称小于2个字，仍能修改成功	权限管理系统
操作步骤： 1. 系统管理员登录，进入首页 2. 单击左侧导航栏中的“通用字典”模块菜单，进入通用字典页面 3. 在字典列表页，单击“修改”按钮，弹出“修改字典”窗口 4. 类型：目录 5. 名称：一 6. 英文代码：one 7. 参数类型：一级目录 8. 排序：1 9. 单击“确定”按钮	
预期结果： 提示“字典名称输入有误，请重新输入。”	
实际结果： 提示“操作成功！”，列表中出现修改字典	
缺陷严重程度： 高	

缺陷编号：QXGL-068	角色：系统管理员
模块名称：通用字典	抓图说明：
摘要描述： 修改字典，字典名称大于10个字，仍能修改成功	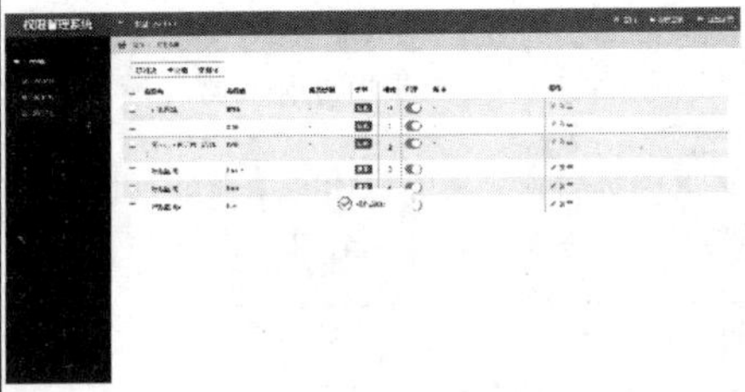
操作步骤： 1. 系统管理员登录，进入首页 2. 单击左侧导航栏中的“通用字典”模块菜单，进入通用字典页面 3. 在字典列表页，单击“修改”按钮，弹出“修改字典”窗口 4. 类型：目录 5. 名称：零一二三四五六七八九十 6. 英文代码：two 7. 参数类型：一级目录 8. 排序：2 9. 单击“确定”按钮	
预期结果： 提示“字典名称输入有误，请重新输入。”	
实际结果： 提示“操作成功！”，列表中出现修改字典	
缺陷严重程度： 高	

缺陷编号：QXGL-069	角色：系统管理员
模块名称：通用字典	抓图说明：
摘要描述： 修改字典，字典名称与系统内的字典名称重复字，仍能修改成功	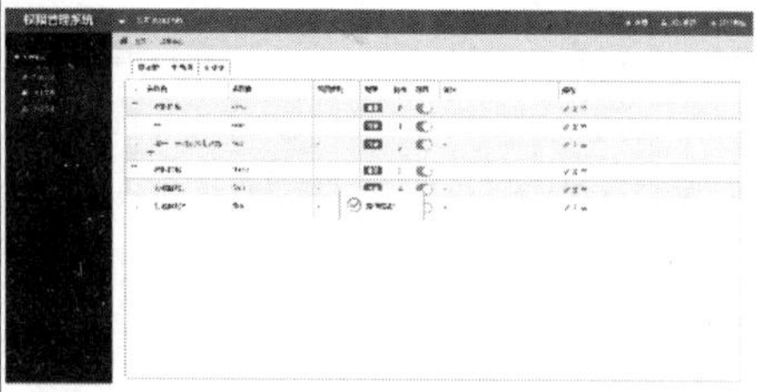
操作步骤： 1. 系统管理员登录，进入首页 2. 单击左侧导航栏中的“通用字典”模块菜单，进入通用字典页面 3. 在字典列表页，单击“修改”按钮，弹出“修改字典”窗口 4. 类型：目录 5. 名称：行政区域 6. 英文代码：three 7. 参数类型：一级目录 8. 排序：3 9. 单击“确定”按钮	
预期结果： 提示：“字典名称不唯一，请重新输入。”	
实际结果： 提示“操作成功！”，列表中出现修改字典	
缺陷严重程度： 高	

缺陷编号：QXGL-070	角色：系统管理员
模块名称：通用字典	抓图说明：
摘要描述： 修改字典，字典名称包含符号，仍能修改成功	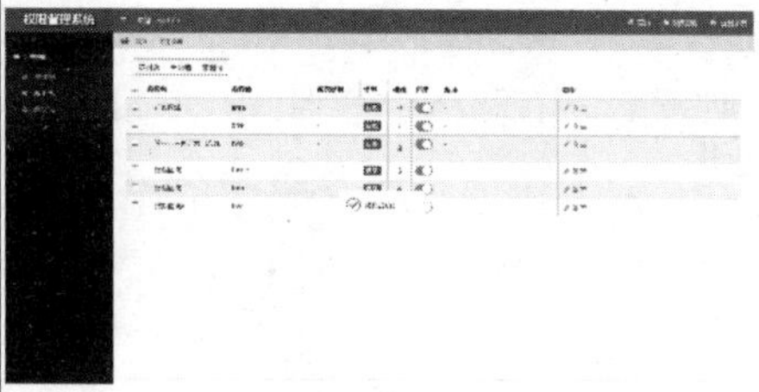
操作步骤： 1. 系统管理员登录，进入首页 2. 单击左侧导航栏中的“通用字典”模块菜单，进入通用字典页面 3. 在字典列表页，单击“修改”按钮，弹出“修改字典”窗口 4. 类型：目录 5. 名称：行政区域, 6. 英文代码：four 7. 参数类型：一级目录 8. 排序：4 9. 单击“确定”按钮	
预期结果： 提示“字典名称输入有误，请重新输入。”	
实际结果： 提示“操作成功！”，列表中出现修改字典	
缺陷严重程度： 高	

缺陷编号：QXGL-071	角色：系统管理员
模块名称：通用字典	抓图说明：
摘要描述： 修改字典，字典名称包含特殊字符，仍能修改成功	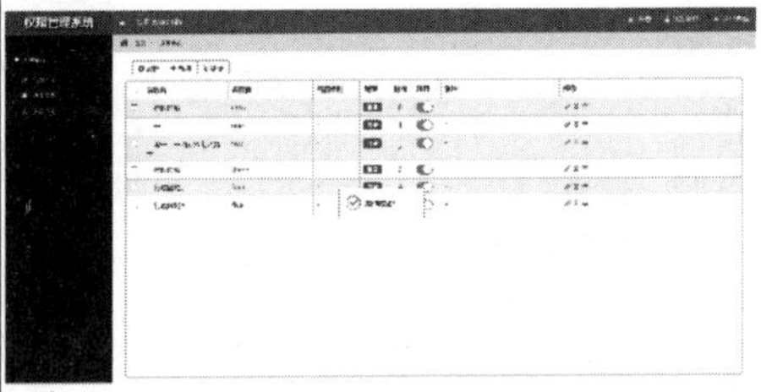
操作步骤： 1. 系统管理员登录，进入首页 2. 单击左侧导航栏中的“通用字典”模块菜单，进入通用字典页面 3. 在字典列表页，单击“修改”按钮，弹出“修改字典”窗口 4. 类型：目录 5. 名称：行政区域# 6. 英文代码：five 7. 参数类型：一级目录 8. 排序：5 9. 单击“确定”按钮	
预期结果： 提示“字典名称输入有误，请重新输入。”	
实际结果： 提示“操作成功！”，列表中出现修改字典	
缺陷严重程度： 高	

缺陷编号：QXGL-072	角色：系统管理员
模块名称：通用字典	抓图说明：
摘要描述： 修改字典，字典名称大于50个字，系统出现未知错误	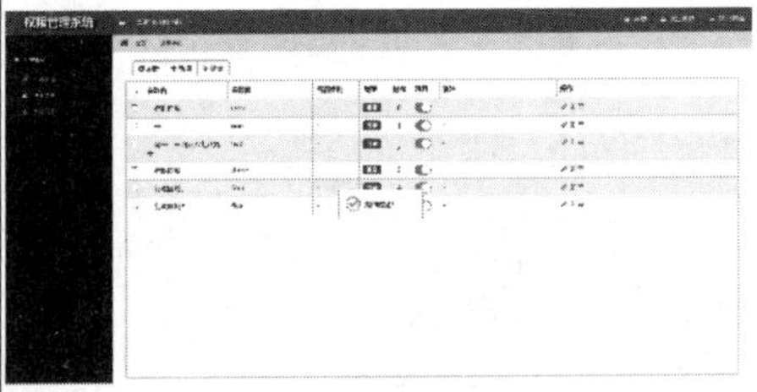
操作步骤： 1. 系统管理员登录，进入首页 2. 单击左侧导航栏中的“通用字典”模块菜单，进入通用字典页面 3. 在字典列表页，单击“修改”按钮，弹出“修改字典”窗口 4. 类型：目录 5. 名称：零一二三四五一二三四五一二三四五一二三四五一二三四五一二三四五一二三四五一二三四五一二三四五一二三四五 6. 英文代码：six 7. 参数类型：一级目录 8. 排序：6 9. 单击“确定”按钮	
预期结果： 提示“字典名称输入有误，请重新输入。”	
实际结果： 弹出弹框显示“未知错误，请联系管理员”，单击“确定”按钮回到修改字典界面，通用字典未修改字典	
缺陷严重程度： 严重	

缺陷编号：QXGL-073	角色：系统管理员
模块名称：通用字典	抓图说明：
摘要描述： 修改字典，英文代码小于 2 个字，仍能修改成功	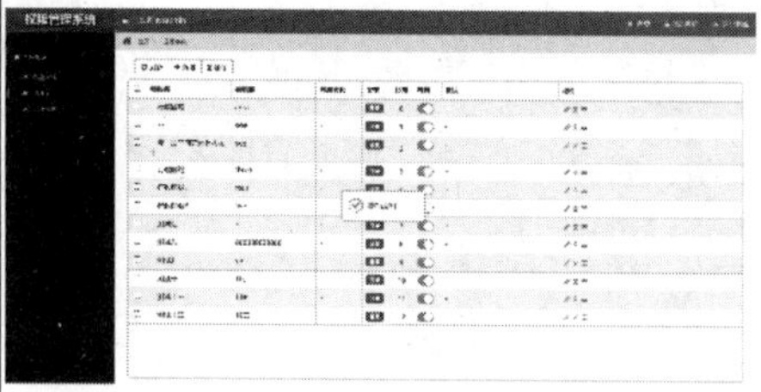
操作步骤： 1. 系统管理员登录，进入首页 2. 单击左侧导航栏中的“通用字典”模块菜单，进入通用字典页面 3. 在字典列表页，单击“修改”按钮，弹出“修改字典”窗口 4. 类型：目录 5. 名称：测试七 6. 英文代码：7 7. 参数类型：一级目录 8. 排序：7 9. 单击“确定”按钮	
预期结果： 提示“英文代码输入有误，请重新输入。”	
实际结果： 提示“操作成功！”，列表中出现修改字典	
缺陷严重程度： 高	

缺陷编号：QXGL-074	角色：系统管理员
模块名称：通用字典	抓图说明：
摘要描述： 修改字典，英文代码大于 10 个字，仍能修改成功	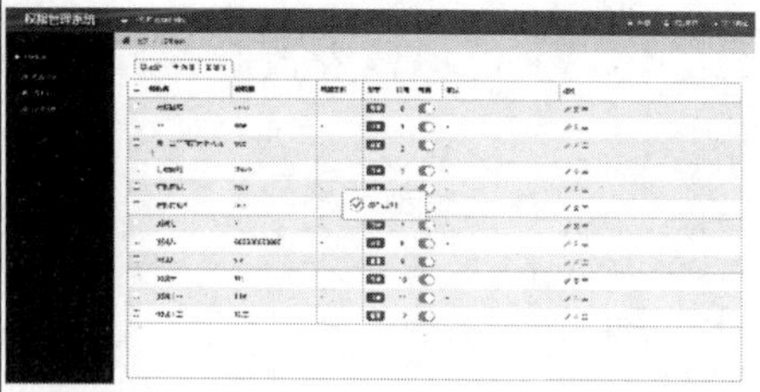
操作步骤： 1. 系统管理员登录，进入首页 2. 单击左侧导航栏中的“通用字典”模块菜单，进入通用字典页面 3. 在字典列表页，单击“修改”按钮，弹出“修改字典”窗口 4. 类型：目录 5. 名称：测试八 6. 英文代码：888888888888 7. 参数类型：一级目录 8. 排序：8 9. 单击“确定”按钮	
预期结果： 提示“英文代码输入有误，请重新输入。”	
实际结果： 提示“操作成功！”，列表中出现修改字典	
缺陷严重程度： 高	

缺陷编号：QXGL-075	角色：系统管理员
模块名称：通用字典	抓图说明：
摘要描述： 修改字典，英文代码与系统内的英文代码重复字，仍能修改成功	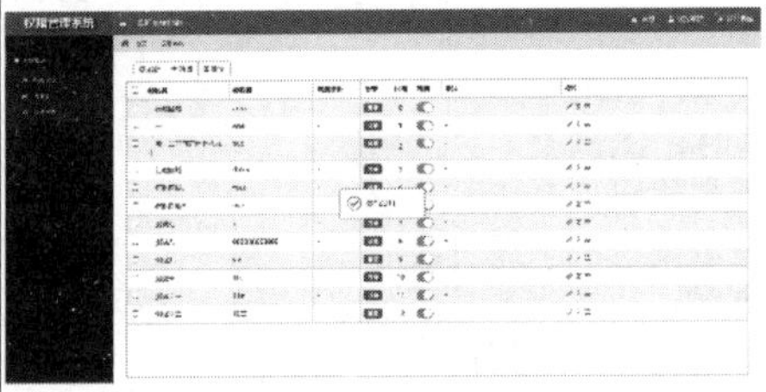
操作步骤： 1. 系统管理员登录，进入首页 2. 单击左侧导航栏中的“通用字典”模块菜单，进入通用字典页面 3. 在字典列表页，单击“修改”按钮，弹出“修改字典”窗口 4. 类型：目录 5. 名称：测试九 6. 英文代码：six 7. 参数类型：一级目录 8. 排序：9 9. 单击“确定”按钮	
预期结果： 提示“英文代码输入有误，请重新输入。”	
实际结果： 提示“操作成功！”，列表中出现修改字典	
缺陷严重程度： 高	

缺陷编号：QXGL-076	角色：系统管理员
模块名称：通用字典	抓图说明：
摘要描述： 修改字典，英文代码包含符号，仍能修改成功	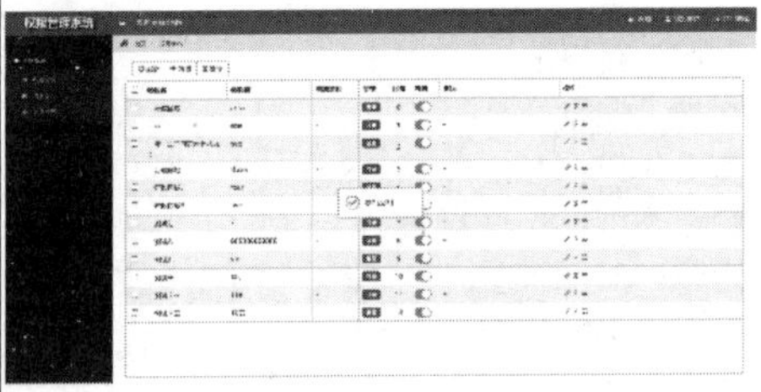
操作步骤： 1. 系统管理员登录，进入首页 2. 单击左侧导航栏中的“通用字典”模块菜单，进入通用字典页面 3. 在字典列表页，单击“修改”按钮，弹出“修改字典”窗口 4. 类型：目录 5. 名称：测试十 6. 英文代码：10, 7. 参数类型：一级目录 8. 排序：10 9. 单击“确定”按钮	
预期结果： 提示“英文代码输入有误，请重新输入。”	
实际结果： 提示“操作成功！”，列表中出现修改字典	
缺陷严重程度： 高	

缺陷编号：QXGL-077	角色：系统管理员
模块名称：通用字典	抓图说明：
摘要描述： 修改字典，英文代码包特殊字符，仍能修改成功	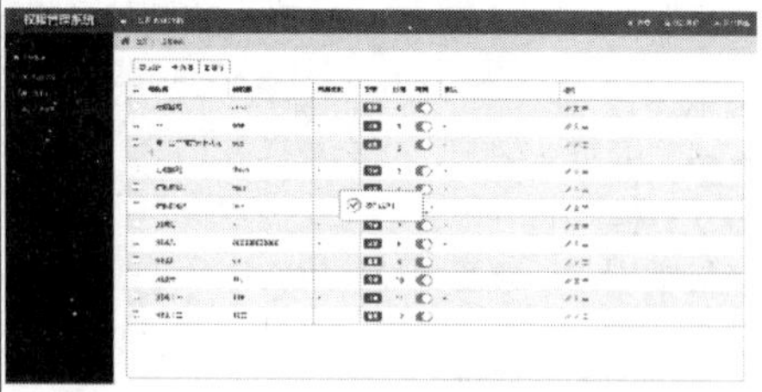
操作步骤： 1. 系统管理员登录，进入首页 2. 单击左侧导航栏中的“通用字典”模块菜单，进入通用字典页面 3. 在字典列表页，单击“修改”按钮，弹出“修改字典”窗口 4. 类型：目录 5. 名称：测试十一 6. 英文代码：11# 7. 参数类型：一级目录 8. 排序：10 9. 单击“确定”按钮	
预期结果： 提示“英文代码输入有误，请重新输入。”	
实际结果： 提示“操作成功！”，列表中出现修改字典	
缺陷严重程度： 高	

缺陷编号：QXGL-078	角色：系统管理员
模块名称：通用字典	抓图说明：
摘要描述： 修改字典，英文代码包含汉字，仍能修改成功	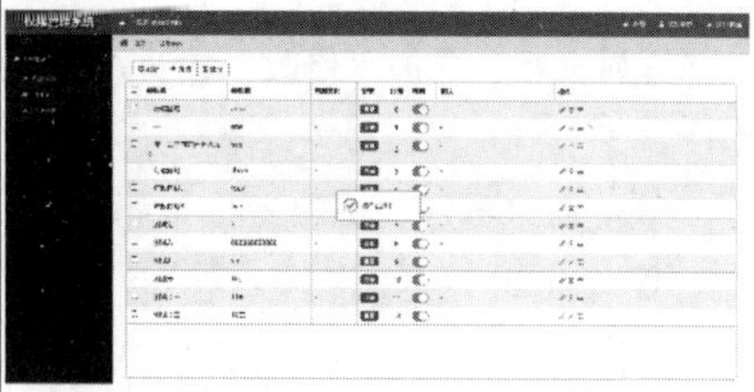
操作步骤： 1. 系统管理员登录，进入首页 2. 单击左侧导航栏中的“通用字典”模块菜单，进入通用字典页面 3. 在字典列表页，单击“修改”按钮，弹出“修改字典”窗口 4. 类型：目录 5. 名称：测试十二 6. 英文代码：12 二 7. 参数类型：一级目录 8. 排序：12 9. 单击“确定”按钮	
预期结果： 提示“英文代码输入有误，请重新输入。”	
实际结果： 提示“操作成功！”，列表中出现修改字典	
缺陷严重程度： 高	

缺陷编号：QXGL-079	角色：系统管理员
模块名称：通用字典	抓图说明：
摘要描述： 修改字典，排序输入英文字母，出现未知错误	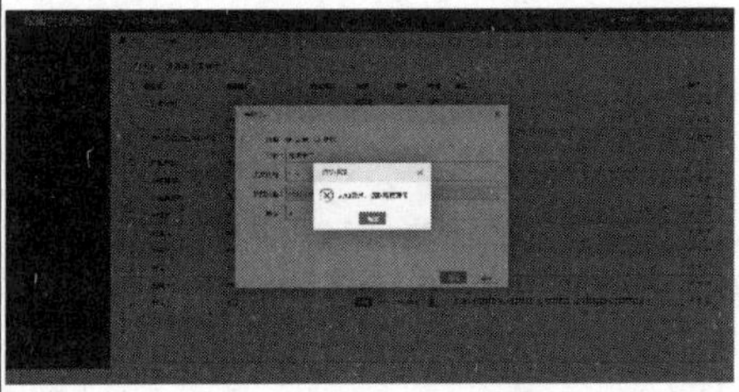
操作步骤： 1. 系统管理员登录，进入首页 2. 单击左侧导航栏中的“通用字典”模块菜单，进入通用字典页面 3. 在字典列表页，单击“修改”按钮，弹出“修改字典”窗口 4. 类型：目录 5. 名称：测试十二 6. 英文代码：123 7. 参数类型：一级目录 8. 排序：a 9. 单击“确定”按钮	
预期结果： 提示“序号输入有误，请重新输入。”	
实际结果： 弹出弹框显示“未知错误，请联系管理员”，单击“确定”按钮回到修改字典界面，区域列表未修改字典	
缺陷严重程度： 严重	

缺陷编号：QXGL-080	角色：系统管理员
模块名称：通用字典	抓图说明：
摘要描述： 修改字典，排序输入汉字，出现未知错误	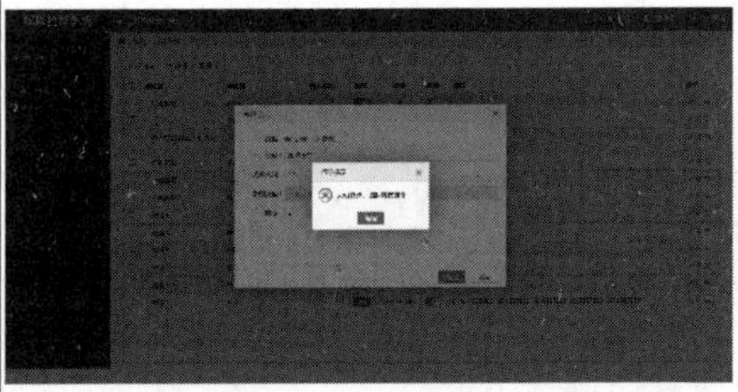
操作步骤： 1. 系统管理员登录，进入首页 2. 单击左侧导航栏中的“通用字典”模块菜单，进入通用字典页面 3. 在字典列表页，单击“修改”按钮，弹出“修改字典”窗口 4. 类型：目录 5. 名称：测试十二 6. 英文代码：123 7. 参数类型：一级目录 8. 排序：十二 9. 单击“确定”按钮	
预期结果： 提示“序号输入有误，请重新输入。”	
实际结果： 弹出弹框显示“未知错误，请联系管理员”，单击“确定”按钮回到修改字典界面，区域列表未修改字典	
缺陷严重程度： 严重	

缺陷编号：QXGL-081	角色：系统管理员
模块名称：通用字典	抓图说明：
摘要描述： 修改字典，排序输入符号，出现未知错误	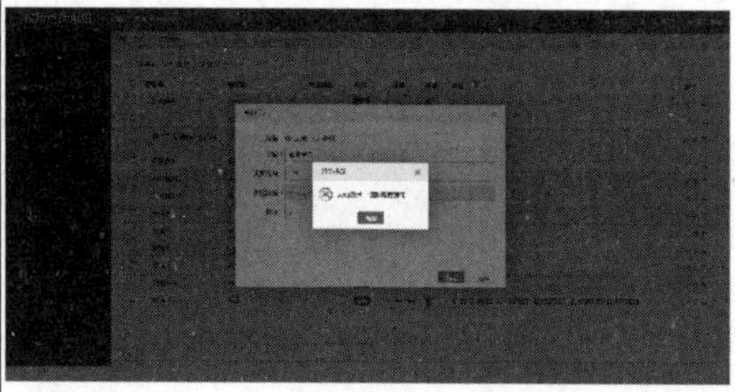
操作步骤： 1. 系统管理员登录，进入首页 2. 单击左侧导航栏中的“通用字典”模块菜单，进入通用字典页面 3. 在字典列表页，单击“修改”按钮，弹出“修改字典”窗口 4. 类型：目录 5. 名称：测试十二 6. 英文代码：123 7. 参数类型：一级目录 8. 排序：， 9. 单击“确定”按钮	
预期结果： 提示“序号输入有误，请重新输入。”	
实际结果： 弹出弹框显示“未知错误，请联系管理员”，单击“确定”按钮回到修改字典界面，区域列表未修改字典	
缺陷严重程度： 严重	

缺陷编号：QXGL-082	角色：系统管理员
模块名称：通用字典	抓图说明：
摘要描述： 修改字典，排序输入特殊字符，出现未知错误	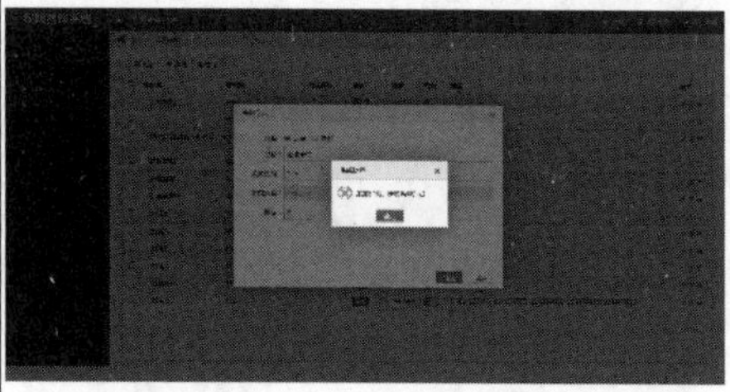
操作步骤： 1. 系统管理员登录，进入首页 2. 单击左侧导航栏中的“通用字典”模块菜单，进入通用字典页面 3. 在字典列表页，单击“修改”按钮，弹出“修改字典”窗口 4. 类型：目录 5. 名称：测试十二 6. 英文代码：123 7. 参数类型：一级目录 8. 排序：# 9. 单击“确定”按钮	
预期结果： 提示“序号输入有误，请重新输入。”	
实际结果： 弹出弹框显示“未知错误，请联系管理员”，单击“确定”按钮回到修改字典界面，区域列表未修改字典	
缺陷严重程度： 严重	

缺陷编号：QXGL-083	角色：系统管理员
模块名称：通用字典	抓图说明：
摘要描述： 修改字典，排序输入长度大于10，出现未知错误	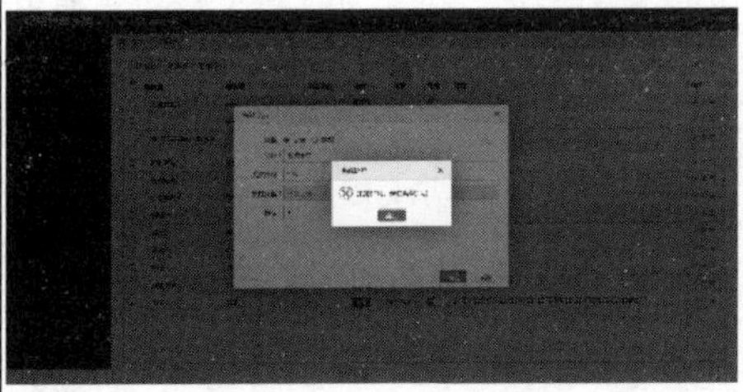
操作步骤： 1. 系统管理员登录，进入首页 2. 单击左侧导航栏中的“通用字典”模块菜单，进入通用字典页面 3. 在字典列表页，单击“修改”按钮，弹出“修改字典”窗口 4. 类型：目录 5. 名称：测试十二 6. 英文代码：123 7. 参数类型：一级目录 8. 排序：12345678901 9. 单击“确定”按钮	
预期结果： 提示“序号输入有误，请重新输入。”	
实际结果： 弹出弹框显示“未知错误，请联系管理员”，单击“确定”按钮回到修改字典界面，区域列表未修改字典	
缺陷严重程度： 严重	

缺陷编号：QXGL-084	角色：系统管理员
模块名称：通用字典	抓图说明：
摘要描述： 修改字典，备注输入长度大于500，出现未知错误	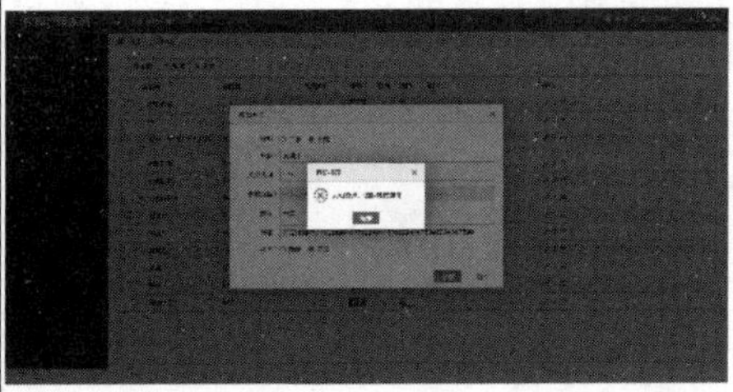
操作步骤： 1. 系统管理员登录，进入首页 2. 单击左侧导航栏中的“通用字典”模块菜单，进入通用字典页面 3. 在字典列表页，单击“修改”按钮，弹出“修改字典”窗口 4. 类型：参数 5. 名称：测试十二 6. 英文代码：123 7. 参数类型：一级目录 8. 排序：12 9. 备注：01234567890123456789012345678901234567890123 4567890 10. 状态：显示	
预期结果： 提示“备注输入有误，请重新输入。”	
实际结果： 弹出弹框显示“未知错误，请联系管理员”，单击“确定”按钮回到修改字典界面，区域列表未修改字典	
缺陷严重程度： 严重	

缺陷编号：QXGL-085	角色：系统管理员
模块名称：日志管理	抓图说明：
摘要描述： 设置每页显示 10 条记录，列表中，已存在 10 条记录，新增日志成功后，没有自动跳转到下一页	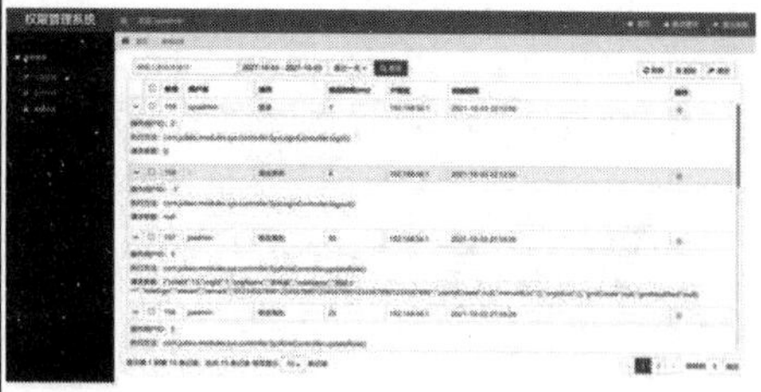
操作步骤： 1. 系统管理员登录，进入首页 2. 单击左侧导航栏中的“日志管理”模块菜单，进入日志管理页面 3. 日志列表页已有 10 条记录 4. 设置每页显示 10 条记录 5. 新增日志成功	
预期结果： 自动跳转到下一页列表显示新增的日志	
实际结果： 没有自动跳转到下一页	
缺陷严重程度： 中	

缺陷编号：QXGL-086	角色：系统管理员
模块名称：日志管理	抓图说明：
摘要描述： 删除的日志，当前日志的编号也被删除	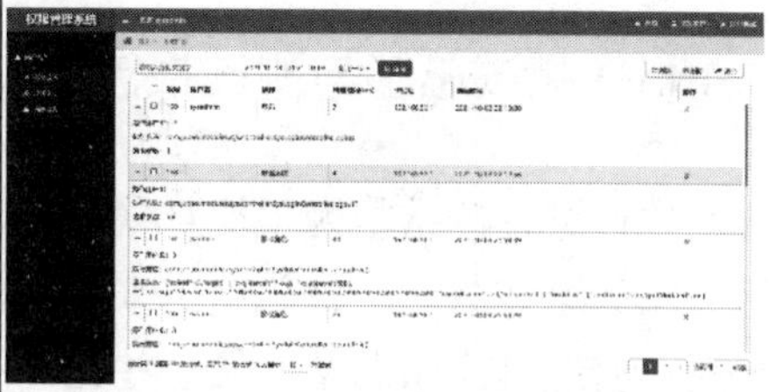
操作步骤： 1. 系统管理员登录，进入首页 2. 单击左侧导航栏中的“日志管理”模块菜单，进入角色管理页面 3. 日志列表页已有 10 条记录，编号为 1-10 4. 将十条记录全部删除 5. 新增日志	
预期结果： 新增日志的编号从 1 开始	
实际结果： 新增日志编号从 11 开始	
缺陷严重程度： 高	

第 4 章　测试总结

本章介绍“权限管理系统”的测试总结的编写。

本章重点

- 测试总结编写规范。
- 测试总结与测试报告的区别。

测试总结是在每做完一轮测试之后要写的一个总结性质的文档。编写测试总结是很有必要的，因为每做完一轮测试如果能够详细地总结这次测试过程中发现的问题及要注意的事项，就能在下一轮测试中更有效地选择测试的方向。

工作任务 4.1　知识储备

4.1.1　测试总结与测试报告

对软件进行测试是为了检查软件的合理性，尽量多地发现软件的缺陷。测试总结则用于分析并总结这些缺陷，将总结出来的经验用于指导下一次的测试用例设计。在每个版本测试完毕后，要进行测试总结，做一些比例的总结、缺陷严重级别及比例的总结，人员工作效率的总结，等等，最重要的是风险的评估，还有对下一测试版本的建议等。

测试报告按标准流程是需要每天都要编写的，其中包括执行的测试用例、发现的缺陷有哪些、这些缺陷的详细情况等。

4.1.2　各种模板

下面将测试报告模板、测试总结模板、系统验收测试分析报告模板附在后面，供读者参考。

测试报告（模板）

一、引言

1.1　编写目的

说明这份测试分析报告的具体编写目的，指出预期的阅读范围。

1.2　背景

说明：

被测试软件系统的名称。

该软件的任务提出者、开发者、用户及安装此软件的计算中心，指出测试环境与实际运行环境之间可能存在的差异及这些差异对测试结果的影响。

1.3　定义

列出本文件中用到的专用术语的定义和外文首字母词组的原词组。

1.4　参考资料

列出要用到的参考资料，如本项目的经核准的计划任务书或合同、上级机关的批文；属于本项目的其他已发表的文件；本文件中各处引用的文件、资料，包括所要用到的软件开发标准。列出这些文件的标题、文件编号、发表日期和出版单位，说明足够得到这些文件资料的来源。

二、测试概要

用表格的形式列出每一项测试的标识符及其测试内容，并指明实际进行的测试工作内容与测试计划中预先设计的内容之间的差别，说明做出这种改变的原因。

三、测试结果及发现

测试 1（标识符）

把本项测试中实际得到的动态输出（包括内部生成数据输出）结果同对于动态输出的要求进行比较，陈述其中的各项发现。

<table>
<tr><td>设计人</td><td></td><td>测试</td><td></td><td>功能编号</td><td>（按顺序自行编号）</td></tr>
<tr><td>功能组</td><td>（如主页、政务公开频道）</td><td>功能</td><td>（如用户登录）</td><td>测试日期</td><td></td></tr>
<tr><td colspan="6">测 试 环 境 及 前 提</td></tr>
<tr><td>测试 URL</td><td colspan="5"></td></tr>
<tr><td>测试条件</td><td colspan="5">（如：已注册用户。如果用户没有注册，先进行用户注册）</td></tr>
<tr><td colspan="6">测 试 项 目 及 内 容</td></tr>
<tr><td>测试步骤</td><td>输入项</td><td colspan="2">预期输出项</td><td colspan="2">实际输出</td></tr>
<tr><td rowspan="2">1</td><td rowspan="2"></td><td colspan="2"></td><td colspan="2"></td></tr>
<tr><td colspan="2"></td><td colspan="2"></td></tr>
<tr><td rowspan="3">2</td><td rowspan="3"></td><td colspan="2"></td><td colspan="2"></td></tr>
<tr><td colspan="2"></td><td colspan="2"></td></tr>
<tr><td colspan="2"></td><td colspan="2"></td></tr>
<tr><td>3</td><td></td><td colspan="2"></td><td colspan="2"></td></tr>
<tr><td colspan="6">测 试 结 论</td></tr>
<tr><td>测试记录</td><td colspan="2"></td><td>总体结论</td><td colspan="2">□通过　□基本通过　□未通过</td></tr>
</table>

用类似以上报告的方式给出其后各项测试内容的测试结果和发现。

四、对软件功能的结论

4.1　功能 1（标识符）

4.1.1　能力

简述该项功能，说明为满足此项功能而设计的软件能力及经过一项或多项测试已证实的能力。

4.1.2 限制

说明测试数据值的范围（包括动态数据和静态数据），就这项功能而言，列出测试期间在该软件中查出的缺陷、局限性。

4.2 功能2（标识符）

用类似本报告4.1的方式给出第2项及其后各项功能的测试结论。

五、分析摘要

5.1 能力

陈述经测试证实了的本软件的能力。如果所进行的测试是为了验证一项或几项特定性能要求的实现，应提供这方面的测试结果与要求之间的比较，并确定测试环境与实际运行环境之间可能存在的差异对能力的测试所带来的影响。

5.2 缺陷和限制

陈述经测试证实的软件缺陷和限制，说明每项缺陷和限制对软件性能的影响，并说明全部测得的性能缺陷的累积影响和总影响。

5.3 建议

对每项缺陷提出改进建议，如各项修改可采用的修改方法；各项修改的紧迫程度；各项修改预计的工作量；各项修改的负责人。

5.4 评价

说明该项软件的开发是否已达到预定目标，能否交付使用。

六、测试资源消耗

总结测试工作的资源消耗数据，如工作人员的水平级别数量、机时消耗等。

测试总结编写指南

摘要

测试总结是把测试的过程和结果写成文档，并对发现的问题和缺陷进行分析，为纠正软件存在的质量问题提供依据，同时为软件验收和交付打下基础。这里提供测试总结模板及如何编写的实例指南。

关键字

测试总结　缺陷

正文

测试总结是测试阶段最后的文档产物，优秀的测试经理应该具备良好的文档编写能力，一份详细的测试总结包含足够的信息，包括产品质量和测试过程的评价，测试总结基于测试中的数据采集及对最终的测试结果分析。

下面以通用的测试总结模板为例，详细展开对测试总结编写的具体描述。

PARTⅠ 首页

0.1 页面内容：

密级

通常，测试总结供内部测试完毕后使用，因此密级为“中”，如果可供用户和更多的人阅读，密级为“低”，高密级的测试总结适合内部研发项目及涉及保密行业和技术版权的项目。

××××项目/系统测试总结

总结编号

（可供索引的内部编号或者用户要求分布提交时的序列号）

部门经理 ______项目经理______

开发经理______测试经理______

×××公司 ××××单位 （此处包含用户单位及研发此系统的公司）

××××年××月××日

0.2 格式要求：

标题一般采用大字体（如一号），加粗，宋体，居中排列；

副标题采用小一号字（如二号）加粗，宋体，居中排列；

其他采用四号字，宋体，居中排列。

0.3 版本控制：

版本 作者 时间 变更摘要；

新建/变更/审核。

PARTⅡ 引言部分

1.1 编写目的

本部分总结了具体编写目的，指出预期的读者范围。

实例：本测试总结为×××项目的测试总结，目的在于总结测试阶段的测试及分析测试结果，描述系统是否符合需求（或达到×××功能目标）。预期参考人员包括用户、测试人员、开发人员、项目管理者、其他质量管理人员和需要阅读本总结的高层经理。

提示：通常，用户对测试结论部分感兴趣，开发人员希望从缺陷结果及分析中得到产品开发质量的信息，项目管理者对测试执行中成本、资源和时间予以重视，而高层经理希望能够阅读到简单的图表并且能够与其他项目进行同向比较。此部分可以具体描述为什么类型的人可参考本总结××页××章节，你总结的读者越多，你的工作越容易被人重视，前提是必须让阅读者感到你的总结是有价值而且值得浪费一点时间去关注的。

1.2 项目背景

对项目目标和目的进行简要说明。必要时包括项目简史，这部分不需要脑力劳动，直接从需求或者招标文件中复制即可。

1.3 系统简介

如果设计说明书有此部分，可以照抄。注意必要的框架图和网络拓扑图能吸引眼球。

1.4 术语和缩写词

列出设计本系统/项目的专用术语和缩写语约定。对于技术相关的名词和多义词一定要标注清楚，以便阅读时不会产生歧义。

1.5　参考资料

1. 需求、设计、测试用例、手册，以及其他项目文档都是范围内可参考的东西。

2. 测试使用的国家标准、行业指标、公司规范和质量手册等。

PART Ⅲ 测试概要

测试的概要介绍，包括测试的一些声明、测试范围、测试目的等，主要是测试情况简介（其他测试经理和质量人员关注部分）。

2.1　测试用例设计

简要介绍测试用例的设计方法。例如，等价类划分、边界值分析、因果图，以及用这类方法进行的设计（3～4 句）。

提示：如果能够具体对设计进行说明，在其他开发人员、测试经理阅读的时候就容易对你的用例设计有个整体的概念，顺便说一句，在这里写上一些非常规的设计方法也是有利的，至少在没有看到测试结论之前就可以了解到测试经理的设计技术，重点测试部分一定要保证有两种以上不同的用例设计方法。

2.2　测试环境与配置

本部分简要介绍测试环境及其配置。

提示：清单如下，如果系统/项目比较大，则用表格方式列出。

- 数据库服务器配置
- CPU
- 内存
- 硬盘：可用空间大小
- 操作系统
- 应用软件
- 机器网络名
- 局域网地址
- 应用服务器配置
- 客户端配置
- ……

对于网络设备和要求也可以使用相应的表格，对于三层架构的，可以根据网络拓扑图列出相关配置。

2.3　测试方法（和工具）

简要介绍测试中采用的方法（和工具）。

提示：主要是黑盒测试，测试方法可以写上测试的重点和采用的测试模式，这样可以一目了然地知道是否遗漏了重要的测试点和关键块。工具为可选项，当使用到测试工具和相关工具时，要加以说明。注意要注明自产还是厂商，版本号多少，在测试总结发布后要避免许多工具的版权问题。

PART Ⅳ 测试结果及缺陷分析

整个测试总结中这是最激动人心的部分，这部分主要汇总各种数据并进行度量，度量包括对测试过程的度量和能力评估、对软件产品的质量度量和产品评估。对于不需要过程度量或者相对较小的项目，例如，用于验收时提交用户的测试总结、小型项目的测试总结，可省略过程方面的度量部分；而采用了 CMM/ISO 或者其他工程标准过程的，需要提供过程改进建议和参考的测试总结，主要用于公司内部测试改进和缺陷预防机制，则过程度量需要列出。

3.1　测试执行情况与记录

描述测试资源消耗情况，记录实际数据（测试、项目经理关注部分）。

3.1.1　测试组织

可列出简单的测试组架构图，包括：

- 测试组架构（如存在分组、用户参与等情况）
- 测试经理（领导人员）
- 主要测试人员
- 参与测试人员

3.1.2　测试时间

列出测试的跨度和工作量，最好区分测试文档和活动的时间。数据可供过程度量使用。

例如，×××子系统/子功能要列出的内容如下：

- 实际开始时间—实际结束时间
- 总工时/总工作日
- 任务开始时间和结束时间
- 时间的总计或合计

对于大系统/项目来说最终要统计资源的总投入，必要时要增加成本一栏，以便管理者清楚地知道究竟花费了多少人力去完成测试。成本中可以列出如下内容：

- 测试类型
- 人员成本
- 工具设备
- 其他费用
- 费用总计

在数据汇总时可以统计个人的平均投入时间和总体时间、整体投入平均时间和总体时间，还可以算出每一个功能点所花费的时/人，具体内容如下：

- 用时人员
- 编写用例
- 执行测试
- 总计

另外还要列出用于过程度量的数据包括文档生产率和测试执行率，内容如下：

- 生产率人员
- 用例/编写时间
- 用例/执行时间
- 平均
- 合计

3.1.3　测试版本

给出测试的版本，如果是最终总结，可能要总结测试次数、回归测试多少次。列出表格清单则便于知道子系统/子模块的测试频度，多次回归的子系统/子模块将引起开发者的关注。

3.2 覆盖分析

3.2.1 需求覆盖率

需求覆盖率是指经过测试的需求/功能和需求规格说明书中所有需求/功能的比值，通常情况下要达到100%的目标，具体列出如下内容：

- 需求/功能（或编号）
- 测试类型
- 是否通过
- 备注

根据测试结果，按编号给出每一测试需求通过与否的结论。可以用P表示部分通过，N/A表示不可测试或者用例不适用。实际上，需求跟踪矩阵列出了一一对应的用例情况以避免遗漏，其作用为传达需求的测试信息以供检查和审核。

需求覆盖率计算公式如下：

需求覆盖率=通过测试的项数/需求总数×100%

3.2.2 测试覆盖

此部分要分析测试的覆盖率，要列出以下内容：

- 需求/功能（或编号）
- 用例个数
- 执行总数
- 未执行总数
- 未/漏测分析和原因

实际上，测试用例已经记载了预期结果数据，测试缺陷上说明了实测结果数据和与预期结果数据的偏差；因此没有必要对每个编号在此包含更详细说明的缺陷记录与偏差，列表的目的仅在于更好地查看测试结果。

测试覆盖率计算公式如下：

测试覆盖率=执行数/用例总数×100%

3.3 缺陷的统计与分析

缺陷统计主要涉及被测系统的质量，因此，这部分成为开发人员、质量人员重点关注的部分。

3.3.1 缺陷汇总

本部分将缺陷进行汇总。

按所测试的阶段列出如下内容：

- 被测试系统中缺陷的严重程度
- 系统测试中缺陷的严重程度
- 回归测试中缺陷的严重程度

严重程度可以分为严重、一般、微小。

按缺陷类型列出如下内容：

- 用户界面
- 一致性
- 功能
- 算法

- 接口
- 文档
- 用户界面
- 其他

按功能分布列出如下内容：

- 功能一
- 功能二
- 功能三
- ……

最好给出缺陷的饼状图和柱状图以便直观查看。俗话说“一图胜千言”，图表能够使阅读者迅速获得信息，尤其是各层面管理人员没有时间去逐项阅读文章。

3.3.2　缺陷分析

本部分是对上述缺陷和其他收集数据进行综合分析。

缺陷综合分析公式如下：

缺陷发现效率=缺陷总数/执行测试用时

可到具体人员得出平均指标，公式如下：

用例质量=缺陷总数/测试用例总数×100%

缺陷密度=缺陷总数/功能点总数

缺陷密度可以得出系统各功能或各需求的缺陷分布情况，开发人员可以在此分析基础上可以得出哪部分功能或者需求的缺陷最多，从而在今后开发过程中注意避免并注意在实施时予以关注，测试经验表明，测试缺陷越多的部分，其隐藏的缺陷也越多。

并且在此部分还要附上测试曲线图，描绘被测系统每工作日或每周的缺陷数情况，得出缺陷走势和趋向。

最后还要以表格的形式列出重要缺陷摘要，包括缺陷编号、简要描述、分析结果等。

3.3.3　残留缺陷与未解决问题

本部分列出测试之后尚残留的缺陷及未解决的问题。

可将残留缺陷归纳成如下项：

- 残留缺陷编号。
- BUG 号。
- 缺陷概要：指该缺陷描述的事实。
- 原因分析：指如何引起缺陷，缺陷的后果，描述造成软件局限性和其他限制性的原因。
- 预防和改进措施：指弥补手段和长期策略。
- 未解决问题。
- 功能/测试类型。
- 测试结果：指与预期结果的偏差。
- 缺陷：指缺陷的具体描述。
- 评价：是对这些问题的看法，也就是这些问题如果未解决就发布了会造成什么样的影响。

PART Ⅴ　测试结论与建议

报告到了这个部分就剩下一个总结了，对上述过程、缺陷分析之后该下个结论，此部分为项目经理、部门经理及高层经理所关注，请清晰扼要地下定论。

4.1　测试结论

1. 测试执行是否充分（可以增加对安全性、可靠性、可维护性和功能性描述）

2. 对测试风险的控制措施和成效

3. 测试目标是否完成

4. 测试是否通过

5. 是否可以进入下一阶段

4.2　建议

1. 对系统存在问题的说明，描述测试所揭露的软件缺陷和不足，以及可能给软件实施和运行带来的影响。

2. 可能存在的潜在缺陷和后续工作。

3. 对缺陷修改和产品设计的建议。

4. 对过程改进方面的建议。

测试总结的内容大同小异，对于一些测试总结而言，可能将第四和第五部分合并，逐项列出测试项、缺陷、分析和建议，这种方法也比较多见，尤其在第三方评测总结中，此份总结模板仅供参考。

系统验收测试分析报告

（参考模板）

一、概述

1.1　编写目的

编写测试分析报告是为达到以下目的：

1. 对系统测试工作进行总结。

2. 对测试的各个阶段进行评价，并对测试结果进行分析。

3. 为纠正软件缺陷提供依据。

1.2　参考资料

列出系统测试所参考的资料，如需求分析、系统设计、用户手册等。

1.3　术语和缩写词

说明本次测试所涉及的专业术语和缩写词等。

1.4　测试人员安排和分工

列出本次系统测试实际的人员分工。

人员	单位	职务	分工
		测试负责人	
		测试员	
		测试员	

1.5　测试环境

列出系统验收测试使用的软、硬件环境。

1.6　测试工作流程

列出系统测试的工作流程。

二、测试内容

根据测试计划中编写的测试用例，列出系统验收测试的测试内容。

三、测试结果分析

汇总测试发现的问题，通过对测试结果的分析提出一个对软件能力的全面分析，需标明遗留缺陷、局限性和软件的约束限制等，并提出改进建议。

四、测试总结

对整个系统测试过程和测试系统的质量做总结评价，根据测试标准及测试结果，判定软件是否通过测试。

工作任务4.2　测试总结

4.2.1　权限管理系统的测试总结

一、工作任务描述

“权限管理系统”是Web应用程序，而Web测试相对于非Web测试来说都是更具挑战性的工作，因为用户对Web页面质量有很高的期望。所以在每个版本测试（回归测试）完成后，都要进行测试总结，包括列出Bug的严重级别及比例、总结人员的工作效率、对风险进行评估，并且给出下一版本的建议等。

在前面编写测试计划、设计测试用例并执行测试用例的基础上，本节任务就是撰写权限管理系统的测试总结。

二、工作过程

“权限管理系统”的测试总结报告如下。

权限管理系统测试总结报告

一、测试概述

1.1　编写目的

对权限管理系统项目中所有的软件测试活动，包括测试进度、资源、问题、风险及测试组和其他组间的协调等进行评估，总结测试活动的成功经验与不足，以便今后更好地开展测试工作。

本系统测试总结报告的预期读者是开发部经理、项目组所有人员、测试组人员、SQA人员、SCM人员，以及长春职业技术学院信息分院软件教研室软件测试组授权调阅本文档的其他人员。

1.2　测试范围

权限管理系统项目因其自身的特殊性，测试组仅依据用户需求说明书和软件需求规格说明书及相应的设计文档进行系统测试，包括功能测试、性能测试、用户访问与安全控制测试、用户界面测试及兼容性测试等，而单元测试和集成测试则由开发人员来执行，主要功能包括以下几项。

● 系统管理员：

➢ 登录页面

➢ 首页

- ➢ 行政区域
- ➢ 通过字典
- ➢ 系统日志
- ● 角色管理员：
- ➢ 登录页面
- ➢ 首页
- ➢ 机构管理
- ➢ 角色管理
- ➢ 用户管理

1.3 参考资料

资料名称	版本	作者	是否经过评审	备注
权限管理系统软件开发计划.doc	2.0		已评审	
权限管理系统需求文档.doc	1.1		已评审	

二、测试计划执行情况

2.1 测试类型

测试类型	测试内容	测试目的	所用的测试工具和方法
功能测试	用户前台：系统管理员，角色管理员下所有模块的功能测试	核实所有功能均已正常实现，即可按每个用户的需求购买商品 1. 业务流程检验：各个业务流程符合常规逻辑，用户使用时不会产生疑问 2. 数据精确：各数据类型的输入、输出时统计精确	采用黑盒测试，使用边界值测试、等价类划分、数据驱动等测试方法，进行手工测试
用户界面（UI）测试	1. 导航、链接、Cookie、页面结构包括菜单、背景、颜色、字体、按钮名称、TITLE、提示信息的一致性等 2. 友好性、易用性、合理性、一致性、正确性等（详见网站）	核实各个窗口风格（包括颜色、字体、提示信息、图标、TITLE，等等）都与基准版本保持一致，或符合可接受标准，能够保证用户界面的友好性、易操作性，而且符合用户操作习惯	Web测试通用方法手工测试
安全性和访问控制测试	1. 密码：登录、个人用户、管理员用户 2. 权限限制 3. 通过修改URL非法访问 4. 登录超时限制等	1. 应用程序级别的安全性：核实用户只能操作其所拥有权限能操作的功能 2. 系统级别的安全性：核实只有具备系统访问权限的用户才能访问系统	黑盒测试、手工测试
兼容性测试	1. 用不同版本的不同浏览器：NetScape、MyIE、Tecent，IE5.5，IE6.0，分辨率：800×600、1024×768，操作系统：Win 2000 Server、Win 2000 Professional、Win XP分别进行测试 2. 不同操作系统、浏览器、分辨率和各种运行软件等各种条件的组合测试	核实系统在不同的软件和硬件配置中运行稳定	黑盒测试、手工测试
性能测试	1. 最大并发数 2. 查询商品、加入购物车时，注册新用户时及登录时系统的响应时间	核实系统在大流量的数据与多用户操作时软件性能的稳定性，不造成系统崩溃或相关的异常现象	LoadRunner11自动化测试

2.2　进度偏差

测 试 活 动	计划起止日期	实际起止日期	进度偏差	备　　注
制订测试计划				待 SDP 评审完毕
测试计划评审				等待和 SCMP、SQAP 同时评审
分解测试需求				
测试需求 Review				
选定测试范围				
编写测试方案				
测试方案评审				待测试用例设计完毕后评审
设计测试用例				根据需求变更修改用例
测试用例评审				
测试执行				测试移交延迟一天
测试总结				

2.3　测试环境与配置

资源名称/类型	配　　置
测试 PC（4 台）	P4，主频 1.6GHz 以上，硬盘 40GB，内存 512MB，本要求是最小配置
TD7.6 服务器，DB 服务器（同 1 台）	PC Server：512MB 内存、40GB SCSI 硬盘
数据库管理系统	SQL Server 2000
应用软件	Microsoft　Office、Visio、Visual Sourcesafe、Microsoft Project
客户端前端展示	IE 6.0
负载性能测试工具	Load Runner 8.0
功能性测试工具	Manual
测试管理工具	TestDirector 7.6

2.4　测试机构和人员

测试阶段	测试机构名称	负责人	参与人员	所充当角色
系统测试	软件教研室测试组	于艳华	于艳华、孙佳帝	测试人员

2.5　测试问题总结

在整个系统测试执行期间，项目组开发人员高效及时地解决测试组人员提出的各种缺陷，在一定程度上较好地保证了测试执行的效率及测试最终期限。但是在整个软件测试活动中还是暴露了一些问题，具体表现在：

（1）测试执行时间相对较少，测试通过标准要求较低。

（2）测试执行人员对管理平台不够熟悉，使用时效率偏低。

（3）测试执行人员对系统了解不透彻，测试执行时存在理解偏差，导致提交无效缺陷。

三、测试总结

3.1　测试用例执行结果

此次测试我们主要对系统的登录、首页、行政区域、系统日志、机构管理、角色管理、用户管理模块等进行测试，共编写了 589 个测试用例，共 128 个 Bug。

3.1　软件能力

经过项目组开发人员、测试组人员及相关人员的协力合作，“权限管理系统”项目如期交付并达到交付标准。该系统能够实现“权限管理系统”项目在用户需求说明书中所约定的功能，但仍存在较多缺陷问题，需要开发人员重新修订，不能上线使用。

3.2　缺陷和限制

该系统除基本满足功能需求外，在性能方面还存在不足，有系统继续优化的空间。另外，部分功能在设计上仍存在不足之处。

3.3　建议

继续搜集用户的使用需求反馈，并结合市场同类产品的优势，在今后的版本中不断补充并完善功能。

另外，建议当项目组成员确定后，在项目组内部对一些事项进行约定。如Web开发/测试的通用规范等，将会在一定程度上提高开发和测试的效率。

第 5 章　白盒测试

本章主要介绍白盒测试方法。

本章重点

- 白盒测试逻辑覆盖法。
- 基本路径法。
- 代码调试。

白盒测试是用来测试证明每种内部操作和过程是否符合设计规格和要求，又称结构测试或逻辑驱动测试或基于程序的测试。白盒测试技术一般用于单元测试阶段。目前国内很少有公司花很大精力去做白盒测试，商业软件测试技术主要是黑盒测试，白盒测试全由开发人员来完成。

白盒测试主要对程序模块检查如下：

（1）保证一个模块中的所有独立的执行路径至少被使用一次。

（2）对所有逻辑值均需测试 TRUE 和 FALSE。

（3）在循环的上下边界及可操作范围内运行所有循环。

（4）测试内部数据结构以确保其有效性。

“错误潜伏在角落里，聚集在边界上”，而白盒测试更可能发现它。

工作任务 5.1　知识储备

白盒测试用例的设计方法从大的方面来说包括两个：逻辑覆盖法和基本路径测试法。

5.1.1　逻辑覆盖法

逻辑覆盖是以程序内部的逻辑结构为基础的测试用例设计技术，这一方法要求测试人员对程序的逻辑结构有清楚的了解。它是通过对程序逻辑结构遍历实现程序的覆盖，是一系列测试过程的总称，这组测试过程逐渐进行越来越完整的通路测试。从覆盖源程序语句的详尽程度分析，逻辑覆盖可分为语句覆盖（SC）、判定覆盖（DC）、条件覆盖（CC）、判定-条件覆盖（CDC）、条件组覆盖（MCC）与修正条件判定覆盖（MCDC）。例如：

```
int function(bool a, bool b, bool c)

{     int x;
```

```
    x=0;
    if(a&&(b||c))
        x=1;
    return x;
}
```

程序流程图如图 5-1 所示。

1. 语句覆盖

语句覆盖就是设计若干个测试用例，运行所测程序，使得每一条可执行语句至少执行一次。要想使每条语句都覆盖一次，我们设计以下的测试用例即可实现：

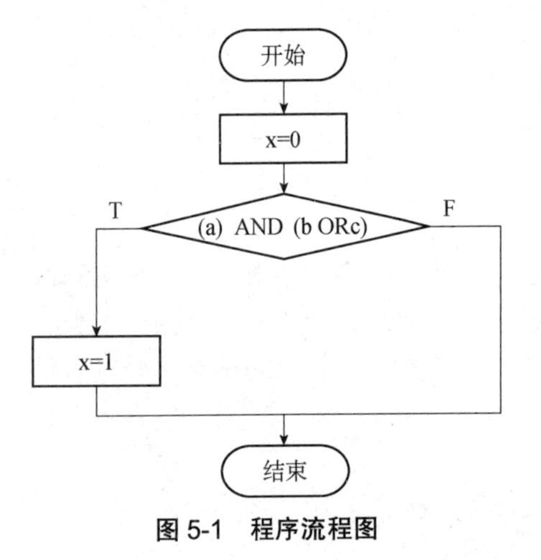

图 5-1 程序流程图

```
a=T,b=T,c=T
```

通过上面的用例，可以实现执行上述程序中的所有语句，但是语句覆盖的方法并不能测试到程序的逻辑错误，比如，在 if(a&&(b||c))中，将&&错写成||，或者||错写成&&，上述测试用例虽然可以达到语句 100%的覆盖率，但该逻辑错误却无法发现。因此，一般认为语句覆盖是很弱的逻辑覆盖法。

2. 判定覆盖

判定覆盖就是设计足够的若干个测试用例，运行所测程序，使得程序中每个判断的取真分支和取假分支至少经历一次，因此判定覆盖又称分支覆盖。判定覆盖比逻辑覆盖稍强。

除了双值（“真”或“假”）的判定语句以外，还有多值判定语句，如 case 语句，因此判定覆盖更一般的含义是：使得每一个判定获得每一种可能的结果至少一次。

以上述代码为例，构造下面的测试用例即可实现判定覆盖标准：

```
a=T,b=T,c=T
a=F,b=F,c=F
```

试用上述用例测试代码，它不仅满足了判定覆盖，而且满足了语句覆盖，因此判定覆盖比语句覆盖更强。但是，假设本段程序中有逻辑错误，如将第一个运算符&&错写成了||，或者第二个运算符错写成了&&。这时，虽然上述测试用例可以达到 100%的判定覆盖（真假条件都走了一遍），但是并不能发现上述的逻辑错误，如表 5-1 所示，当 a=T，b=T，c=T 时，a&&(b||c)如预期一样为 T，但是如果把 a&&(b||c)错写成 a||(b||c)，其结果仍然为 T，并不能发现这个逻辑错误。因此，需要更强的逻辑覆盖标准。

表 5-1 判定覆盖

序号	a	b	c	a&&(b‖c)	a‖(b‖c)	判定覆盖
1	T	T	T	T	T	50
2	F	F	F	F	F	50

3. 条件覆盖

由于程序中的判定条件可能是由多个条件组合而成的复合条件，条件覆盖就是设计若干个测试用例，运行所测程序，使得程序中每个判断的条件的可能取值至少执行一次。按照这个想法，设计一个测试用例，使得上述代码达到 100%的条件覆盖：

```
a=F,b=T,c=F
a=T,b=F,c=T
```

经过研究可以发现，上述两个测试用例，在满足了条件覆盖的同时，也覆盖了两个分支条件，但是，如果选用下面的测试用例：

```
a=F,b=T,c=T
a=T,b=F,c=F
```

你会发现，它们满足了条件覆盖，但并没有满足判定覆盖，如表 5-2 所示。那么为了解决这个问题，需要兼顾考虑条件和分支。

表 5-2 条件覆盖

序号	a	b	c	a&&(b||c)	条件覆盖	判定覆盖
1	T	T	T	T	100	50
2	F	F	F	F		

4. 判定-条件覆盖

判定-条件覆盖就是设计足够的测试用例，使得判断中每个条件的所有可能取值至少执行一次，同时每个判断的所有可能判断结果也至少执行一次。针对代码中的条件，选用下面的测试用例：

```
a=T,b=T,c=T
a=F,b=F,c=F
```

但是如前所述，这时虽然可以满足判定-条件覆盖，仍无法测试出一些逻辑错误，如表 5-3 所示。

表 5-3 判定-条件覆盖

序号	a	b	c	a&&(b||c)	a&& (b&&c)	判定-条件覆盖%
1	T	T	T	T	T	100
2	F	F	F	F	F	

5. 条件组合覆盖

条件组合覆盖也称多条件覆盖，就是设计足够的测试用例，运行所测程序，使得每个判断的所有可能的条件取值组合至少执行一次，显然满足条件组合覆盖的测试用例一定是满足判定覆盖、条件覆盖和判定-条件覆盖的。

我们用排列组合的方法得出测试用例，该例子代码中的判定语句有三个逻辑条件 a、b、c，每个逻辑条件有两种可能取值，因此共有 2^3 种可能的组合，如表 5-4 所示，满足条件组合覆盖。

表 5-4　条件组合覆盖

序号	a	b	c	a&&(b||c)
1	T	T	T	T
2	T	T	F	T
3	T	F	T	T
4	T	F	F	F
5	F	T	T	F
6	F	T	F	F
7	F	F	T	F
8	F	F	F	F

虽然上述测试用例满足了条件组覆盖，但是一旦判定语句中的逻辑条件较多时，排列组合的数目会非常巨大。

6. 修正条件判定覆盖

修正条件判定覆盖是由欧美的航空/航天制造厂商和使用单位联合制定的“航空运输和装备系统软件认证标准”，目前在国外的国防、航空航天领域应用广泛。这个覆盖度量需要足够的测试用例来确定各个条件能够影响到包含的判定的结果。它要求满足两个条件：首先，每一个程序模块的入口点和出口点都要考虑到至少要被调用一次，每个程序的判定到所有可能的结果值要至少转换一次；其次，程序的判定被分解为通过逻辑操作符（and 和 or）连接的布尔条件，每个条件对于判定的结果值是独立的。

可以设计如表 5-5 所示的测试用例，在这些用例的基础上，按照修正条件判定覆盖要求的条件选择需要的用例。

表 5-5　修正条件判定覆盖

序号	a	b	c	a&&(b||c)	a	b	c
1	T	T	T	T	5		
2	T	T	F	T	6	4	
3	T	F	T	T	7		4
4	T	F	F	F		2	3
5	F	T	T	F	1		
6	F	T	F	F	2		
7	F	F	T	F	3		
8	F	F	F	F			

由表 5-4 可知，a 可以通过用例 1 和 5 达到修正条件判定覆盖的要求（用例 2 和 6 或用例 3 和 7 也可以满足相应要求），变量 b 可以通过用例 2 和 4 达到修正条件判定覆盖的要求，变量 c 可以通过用例 3 和 4 达到修正条件判定覆盖的要求，因此使用用例集{1,2,3,4,5}即可满足修正条件判定覆盖的要求。当然，这不是唯一的用例组合，可以用其他的组合实现同样的目标。

5.1.2　基本路径测试法

基本路径测试法就是一种压缩路径数的方法，它在程序控制流程图的基础上，通过分析控制流程图的复杂环路复杂性，导出基本可执行的路径的集合，然后据此设计测试用例。设计出的测试用例要保证在测试中程序的每一条可执行语句至少执行一次。

1. 程序的控制流程图

控制流程图是描述程序控制流的一种图示方式。其中基本的控制结构对应的图形符号如图 5-2 所示。在如图 5-2 所示的图形符号中，圆圈称为控制流图的一个节点，它表示一个或多个元分支的语句或源程序语句。

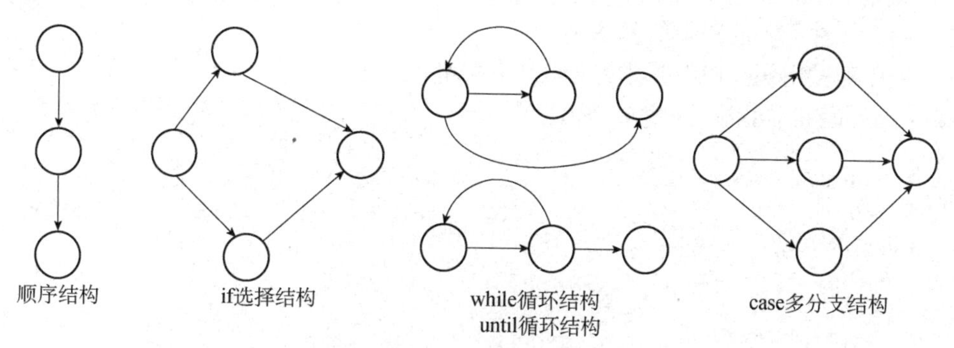

图 5-2　控制流程图的图形符号

这里我们假定在流程图中用菱形框表示的判定条件内没有复合条件，而一组顺序处理框可以映射为一个单一的节点。控制流程图中的箭头（边）表示控制流的方向，类似于流程图中的流线，一条边必须终止于一个节点，但在选择或者是多分支结构中分支的汇聚处，即使汇聚处没有执行语句也应该添加一个汇聚节点。边和节点圈定的部分叫区域，当对区域计数时，图形外的部分也应记为一个区域。

但是如果判断中的条件表达式是复合条件，即条件表达式是由一个或多个逻辑运算符（or、and）连接的逻辑表达式，那么需要改变复合条件的判断为一系列只有单个条件的嵌套的判断。例如，有下面这样一段代码：

```
if a and b
then x;
```

代码中的判定条件是复合条件，对应的控制流程图应该画成如图 5-3 所示。条件语句 if a and b 中条件 a 和条件 b 各有一个单个条件的判断节点。

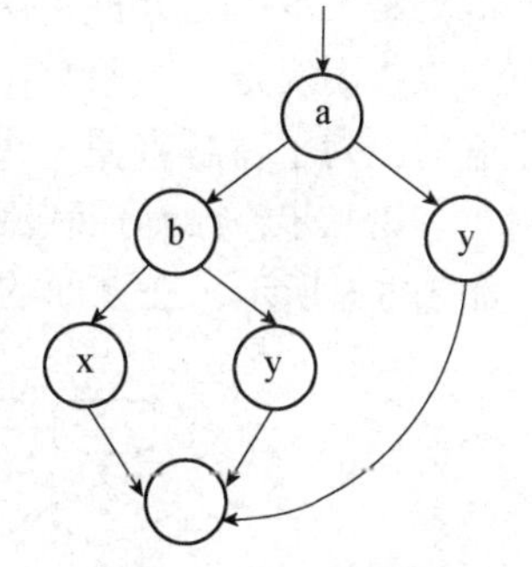

图 5-3　控制流程图

2. 程序环路复杂性

在进行程序的基本路径测试时，从程序的环路复杂性可导出程序基本路径集合中的独立路径条数，这是确保程序中每个可执行语句至少要执行一次所必需的测试用例数目的上界。

独立路径是指包括一组以前没有处理的语句或条件的一条路径。从控制流图来看，一条独立路径是至少包含有一条在其他独立路径中从没有用过的边的路径。

程序环路复杂度的计算方法为：

方法一：使用公式：V（G）$=E-N+2$，V（G）$=-6+2=3$。（E 是流程图中的边数，N 是流程图中的节点数）。

方法二：计算独立路径数，从控制流程图来看，一条独立路径就是包含一条在其他独立路径中从没有用过的边的路径。我们可知有 3 条，这个方法比较麻烦。

方法三：计算控制流程图中区域的数量，简单来说就是闭合环路+外面的区域。

3. 基本路径测试法步骤

基本路径测试法适用于模块的详细设计及源程序，其主要步骤如下：

（1）以详细设计或源代码为基础，得出程序的控制流图。

（2）计算得到的控制流图 G 的环路复杂性 $V(G)$。

（3）确定线性无关的路径的基本集。

（4）生成测试用例，确保基本路径集中每条路径的执行。

```
void    sort(int iRecordNum,int iType)
1 {
2    int x=0;
3    int y=0;
4    while (iRecordNum-- > 0)
5    {
6        if(0= =iType)
7            {x=y+2;break;}
8        else
9            if(1= =iType)
10                x=y+10;
11           else
12                x=y+20;
13       }
14 }
```

第一步：先分析该模块，绘制流程图，如图 5-4 所示。

该模块是一个函数，有了整型参数。控制结构是一个 while 循环，循环中有一个 if 嵌套语句。为了讲解方便，我们把该函数体中的语句标上行号。

第二步：绘制控制流程图，最好先画出程序的流程图，再根据流程图映射成控制流程图，如图 5-5 所示。在上面的流程图中控制结构是使用行号来标记的，最后的 14 相当于出口。

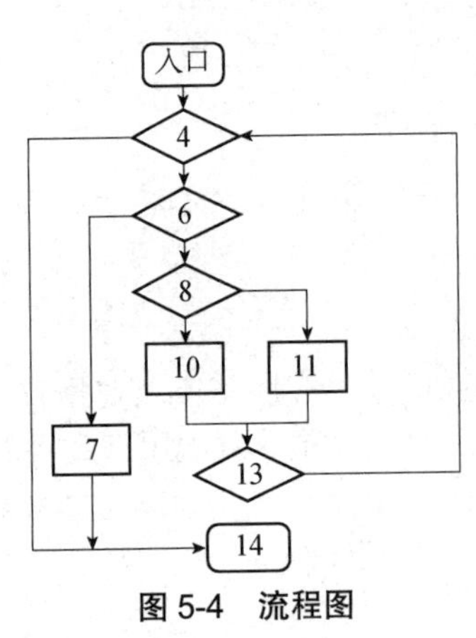

图 5-4　流程图

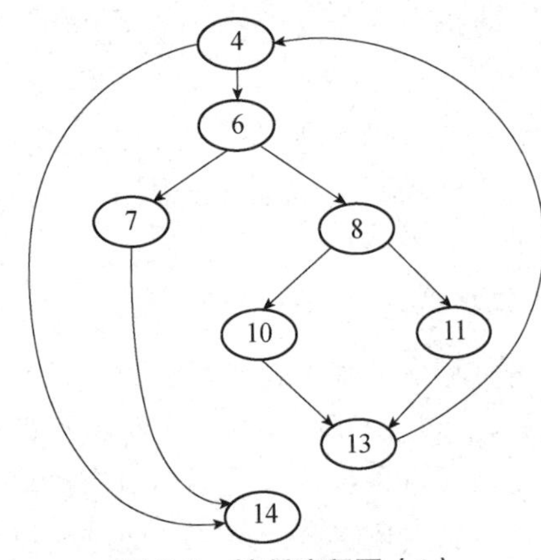

图 5-5　控制流程图（1）

在流程图（见图 5-6）中：

（1）每一个圆，称为流程图的节点，代表一个或多个语句。

（2）一个处理方框序列和一个菱形判断决策框可被映射为一个节点。

（3）流程图中的箭头，称为边或连接，代表控制流的方向，类似于流程图中的箭头。

（4）使用流程图描述程序控制结构。可将流程图映射到一个相应的流程图（假设流程图的菱形决定框中不包含复合条件）。

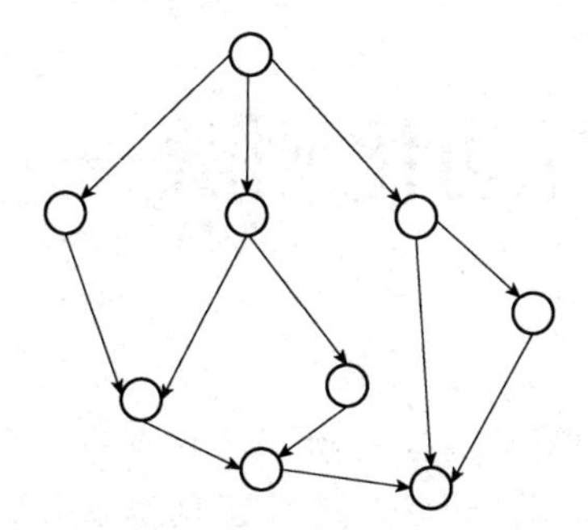

图 5-6　控制流程图（2）

（5）一条边必须终止于一个节点，即使该节点并不代表任何语句（例如，if-else-then 结构的符号）。

（6）由边和节点限定的范围称为区域。

（7）计算区域时应包括图外部的范围。

第 6 章　自动化测试——Selenium

本章主要介绍自动化测试的相关知识，并以“权限管理系统”权限模块为例进行自动化各技术点的讲解与分析。通过本章的讲解，能够完整地应用 Selenium 自动化工具进行自动化测试，Selenium 是基于 Python 编写的自动化测试脚本。

本章重点

- 自动化测试工具的环境部署。
- 自动化测试工具基本操作。
- 自动化测试工具 8 种元素定位方法。
- 自动化测试数据驱动、断言。

工作任务 6.1　知识储备

自动化测试简介

自动化测试，顾名思义，就是利用一些工具或编程语言，通过录制或编程的方法，设定特定的测试场景，模拟用户业务使用流程，自动寻找缺陷。目前业内较为流行的商用自动化测试工具代表有 HP 公司的 Unified Function Testing 与 IBM 公司的 RFT，开源自动化测试工具则以 Selenium、Jmeter、Appium 为代表。

Unified Function Testing，简称 UFT，提供符合所有主要应用软件环境的功能测试和回归测试的自动化测试，采用关键字驱动的理念简化测试用例创建和维护。用户可直接录制屏幕上的操作流程，自动生成功能测试或者回归测试用例。专业的测试者也可以通过提供的内置 VBScript 脚本和调试环境来自定义脚本执行过程。

IBM Rational Functional Tester，简称 RFT，是一款先进的、自动化的功能和回归测试工具，适用于测试工程师和 GUI 开发工程师。测试新手可以简化复杂的测试任务，很快上手，测试专家能够通过选择工业标准化的脚本语言，实现各种高级定制功能。

Selenium，业内流行的开源 Web 自动化测试工具，直接运行在浏览器中，就像真正的用户在操作一样，支持的浏览器包括 IE、Firefox、Chrome 等。

自动化测试的优点是能够快速回归、脚本重用，从而替代人的重复活动。回归测试阶段，可利用自动化测试工具进行，无须大量测试工程师手动执行测试用例，极大地提高了工作效率。

当然，自动化测试的缺点也很明显，它们只能检查一些比较重要的问题，如崩溃、死机，却无法发现新的错误。另外，自动测试编写测试脚本工作量也很大，有时候该工作量甚至超过了手动测试的工作量。

自动化测试不仅仅运用在系统测试层面，在单元测试、集成测试阶段同样可以使用自动化测试方法进行测试。此章节所述的自动化主要是指 UI 层面的自动化。

自动化测试在企业中基本是由专业的团队来实施的，自动化测试团队成员的技能要求一般要比普通的手工测试工程师的要求高，主要技能如下：

① 基本软件测试基本理论、设计方法、测试方法，熟悉软件测试流程。

② 熟悉相关编程语言。具体语言与工具有关，如 UFT 需要掌握 VBScript，Selenium 需要掌握 Java 或 Python 语言。

③ 掌握一个比较流行的自动化测试工具，虽然掌握一个自动化工具不是必需的，但是建议初学者还是从一个工具入手。

④ 熟悉被测对象的架构模型，了解数据库、接口、网络协议等方面的知识。

⑤ 熟悉一些常见的自动化测试框架，比如数据驱动、关键字驱动。

敏捷开发团队中要求测试工程师必须具备上述技能要求。

工作任务 6.2 Selenium 简介

1. 简介

Selenium 是一个 Web 应用的自动化框架，主要应用于 Web 应用程序的自动化测试。通过它，测试工程师可以写出自动化程序，模拟人在浏览器里操作 Web 界面的过程。比如单击“界面”按钮、在文本框中输入文字等操作。

除此以外，它还支持所有基于 Web 的管理任务自动化。

2. Selenium 的特点

（1）开源免费：基于这点，能够吸引大部分公司愿意使用它来作为自动化测试的框架。

（2）多浏览器支持：支持 Chrome、Firefox、IE、Edge、Safari 等浏览器。

（3）多平台支持：支持 Linux、Windows、Mac 系统平台。

（4）多语言支持：支持 Java、Python、Ruby、JavaScript、C++ 等开发语言。

（5）对 Web 页面有良好的支持。

（6）简单、灵活：使用时调用的 API 简单，只需要使用开发语言导入调用即可。

（7）支持分布式测试：使用 Selenium Grid。

（8）支持录制、回放与脚本生成：使用 Selenium IDE。

3. Selenium 的历史版本

Selenium 经历了 3 个版本，Selenium 1.X、Selenium 2.X 及目前的 Selenium 3.X。其中 Selenium 1.X 与 Selenium 2.X 最大的区别在于 WebDriver。WebDriver 曾经是 Selenium 的竞争对手，能弥补 Selenium 1.X 存在的不足。而 Selenium 2.X 则是 Selenium 与 WebDriver 两个项目的合并，也就是说，Selenium 2.X= Selenium 1.X + WebDriver。

现在，使用最为广泛的是 Selenium 3.X，它最大的变化在于去掉了 Selenium RC。Selenium 的工作原理如图 6-1 所示。

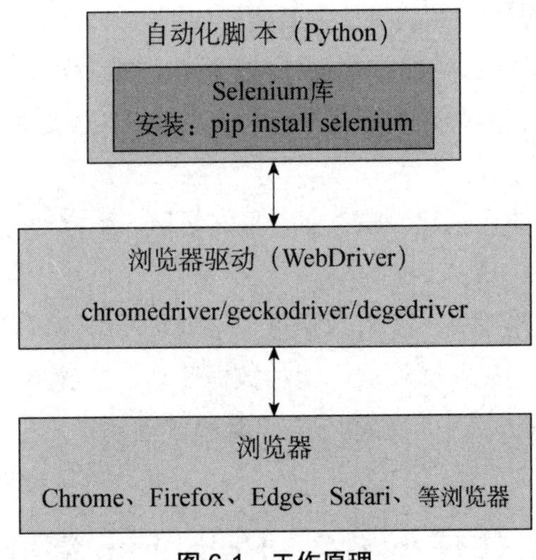

图 6-1　工作原理

selenium client（Java 等语言编写的自动化测试脚本）初始化一个 Service 服务，通过 WebDriver 启动浏览器驱动程序。

通过 RemoteWebDriver 向浏览器驱动程序发送 HTTP 请求，浏览器驱动程序解析请求，打开浏览器，并获得 SESSIONID，如果再次对浏览器操作需携带此 id。

打开浏览器，绑定特定的端口，把启动后的浏览器作为 WebDriver 的 Remote Server。

打开浏览器后，所有的 Selenium 的操作（访问地址、查找元素等）均通过 RemoteConnection 链接到 Remote Server，然后使用 execute 调用_request 方法通过 urlib3 向 Remote Server 发送请求。

浏览器通过请求的内容执行对应动作。

浏览器再把执行的动作结果通过浏览器驱动程序返回给测试脚本。

自动化脚本需要调用客户端库，在 Python 环境中安装 Selenium 库非常简单，使用 pip 安装 Selenium 即可。

脚本程序的自动化请求，都是通过客户端库里的 API 发送给浏览器驱动——WebDriver，再由 WebDriver 的，来实际执行浏览器的操作。比如，模拟用户单击“界面”按钮， 自动化脚本作为客户端，调用客户端库内 click() 的方法，将“点击元素”的请求送到指定的浏览器驱动 WebDriver，再由 WebDriver 将这个请求转发给浏览器。

工作任务 6.3　环境搭建

环境搭建

一、安装 Python

（1）双击下载的 exe 安装文件进行安装，如图 6-2 所示。按照图中加框区域进行设置，切记要勾选打钩的选项，如果不勾选，需要自己配置环境变量，勾选后自动配置环境变量。然后再单击“Customize installation”（自定义安装）按钮进入下一步。

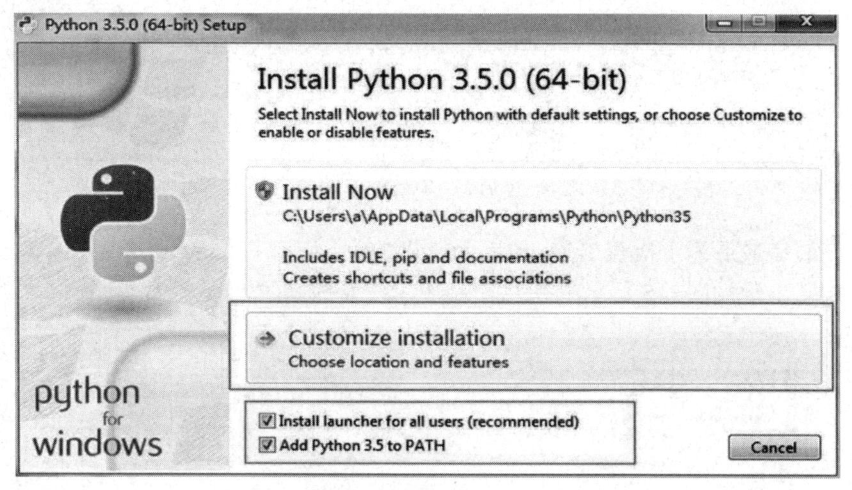

图 6-2　安装 Python

（2）自定义安装后弹出如图 6-3 所示的安装界面，勾选所有的复选框，单击“Next”按钮。

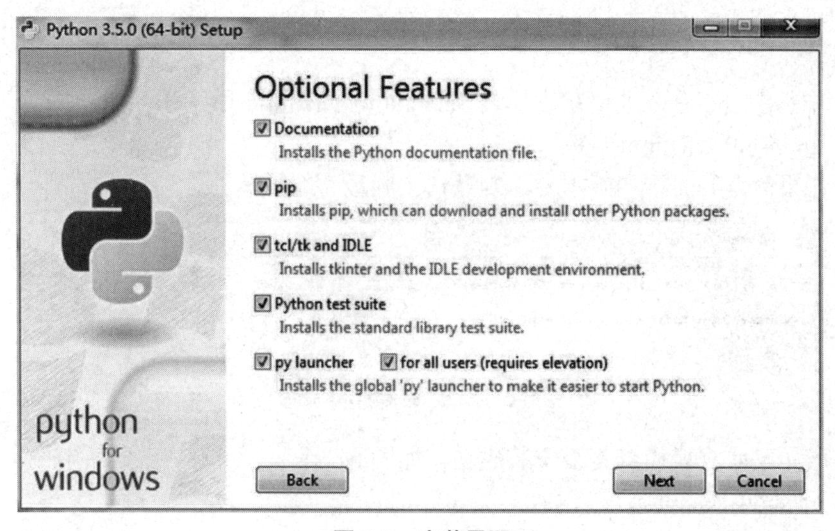

图 6-3　安装界面

（3）弹出新的安装界面，如图 6-4 所示。界面中只勾选图中显示的复选框即可，我们可以通过单击“Browse”按钮进行自定义安装路径，也可以直接单击“Install”按钮进行安装。

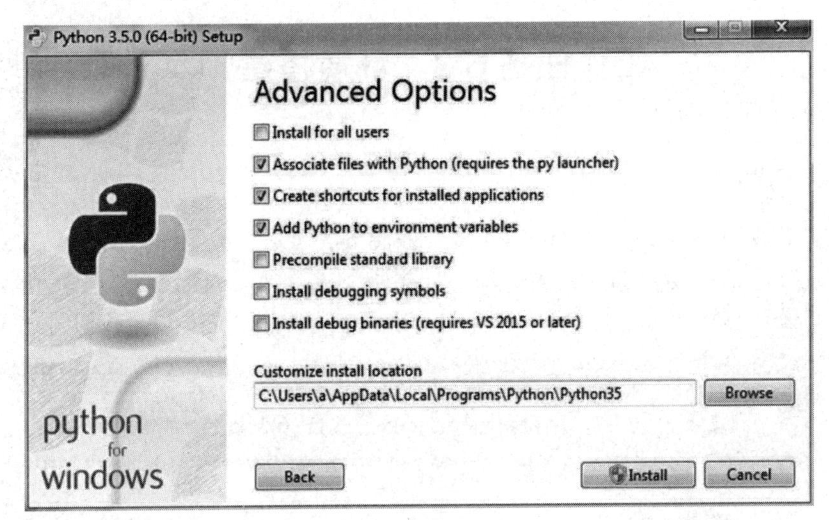

图 6-4　更改安装路径

（4）安装完成后为了检查 Python 是否安装成功，可以在 cmd 命令窗口中输入 Python 进行查询，如果出现如图 6-5 所示的信息，则表示安装成功了。

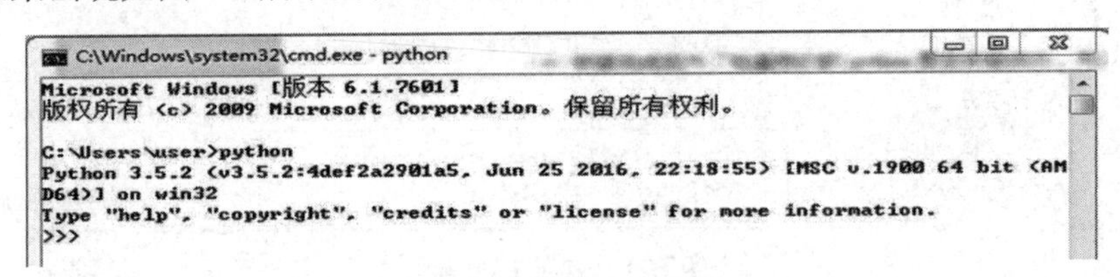

图 6-5　Python 命令

二、安装 Selenium

方法 1：将下载好的文件进行解压，然后放置在 Python 安装目录下的\Lib\site-packages 中方可使用。

方法 2：使用 cmd 命令进行在线安装 Selenium，如图 6-6 所示。

命令：pip install selenium==版本号

说明：如果命令后面不加版本号，则默认下载最新的版本。

图 6-6　下载 Selenium 命令

安装完成如下命令后检查是否安装成功，如图 6-7 示。

命令：pip show selenium

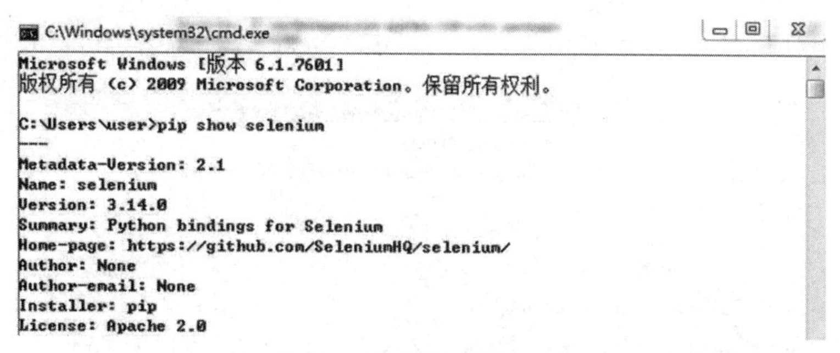

图 6-7　检查是否安装成功

三、安装 PyCharm

（1）双击 PyCharm 安装包，弹出如图 6-8 所示界面，之后单击“Next”按钮。

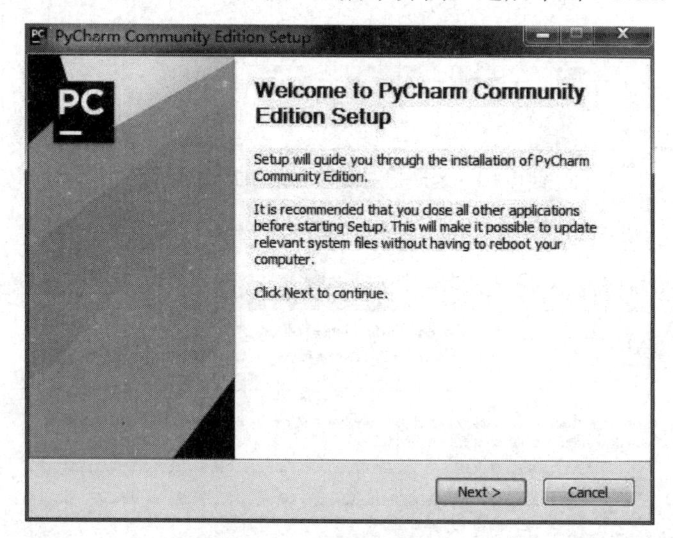

图 6-8　安装 PyCharm

（2）选择安装路径（也可以使用默认路径），选择完成后，单击“Next”按钮，如图 6-9 所示。

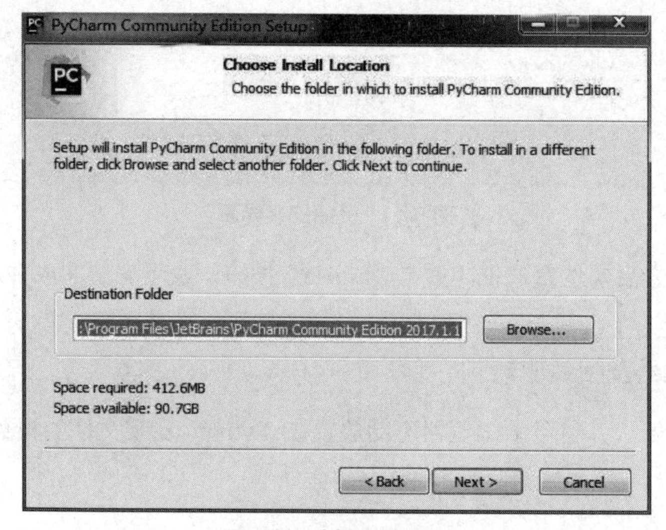

图 6-9　选择安装路径

（3）选择相对应的系统和文件后缀名之后单击“Next”按钮，如图6-10所示。

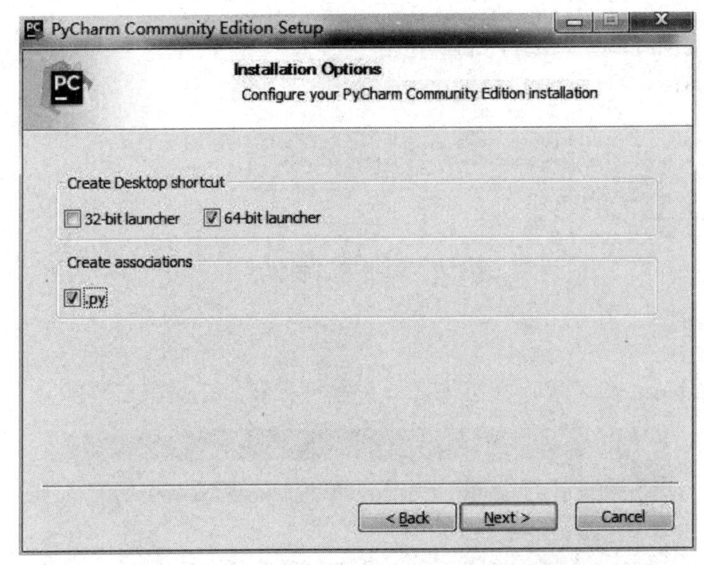

图6-10　选择相对应的系统和文件后缀名

（4）在开始安装界面单击“Install”按钮，进行安装，如图6-11所示。

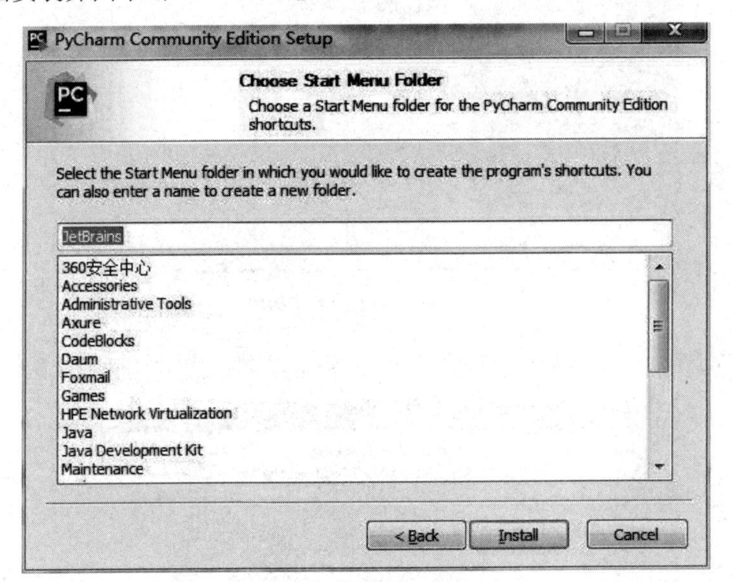

图6-11　开始安装界面

（5）安装成功之后勾选复选框，单击“Finish”按钮，表示安装完成并运行PyCharm，如图6-12所示。

四、安装浏览器及相关驱动

安装谷歌浏览器，并将谷歌浏览器驱动放置在Python安装文件的根目录下，如图6-13所示。

图 6-12　安装完成并运行 PyCharm

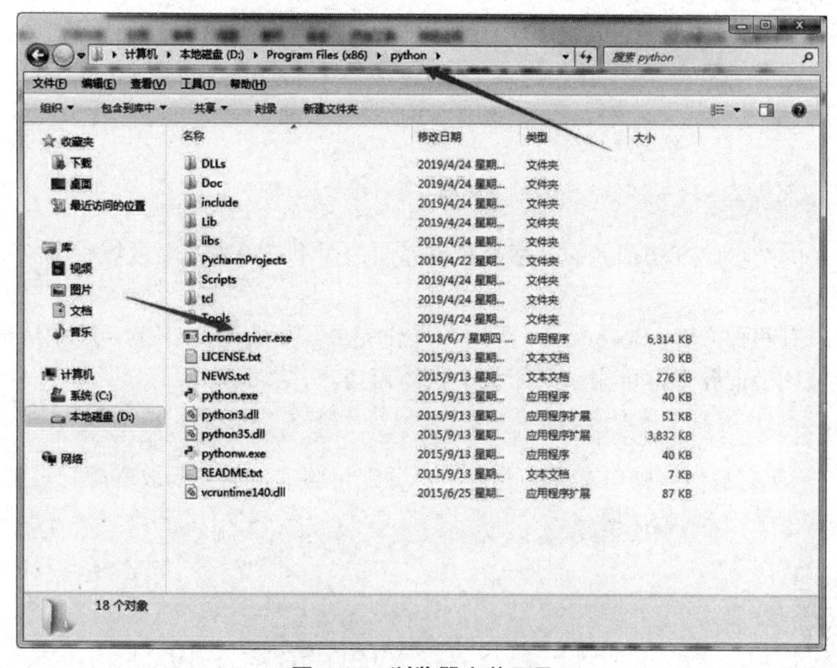

图 6-13　浏览器安装目录

目前市面上主流的浏览器有 Chrome、IE 及 Firefox 等，本书使用 Chrome 作为测试浏览器。

在学习如何使用 Selenium 开展 Web 自动化测试前，先熟悉下 Selenium 应用的基础知识。

1. 第一个脚本

```
    from time import sleep
# 从 Selenium 中引入 WebDriver
from selenium import webdriver
# 打开谷歌浏览器
driver = webdriver.Chrome()
# 窗口最大化
driver.maximize_window()
# 强制等待 3 秒
```

第一个脚本

```
sleep(3)
# 退出浏览器
driver.quit()
```

2. 浏览器常用操作

（1）设置窗口大小

如果打开的窗口不是全屏的，或者需要将窗口设为特定的大小，则可以使用 maximize_window()和 set window_size()进行调整。

```
    # 设置全屏
driver.maximize_window()
# 设置固定分辨率大小
driver.set_window_size(800,600)
```

（2）强制睡眠

强制睡眠即强制等待，执行到该脚本时会等待几秒再继续执行脚本，强制等待需要先引入 time 下的 sleep 方法。

```
    from time import sleep
sleep(3)
```

（3）页面截屏

测试执行过程中发现缺陷，需要截屏时，可利用 get_screenshot_as_file()方法进行截屏，如：

```
    driver.get_screenshot_as_file("d"\\test.jpg")
```

需要注意的是，此方法截屏的是整个对象界面，而不是单独某个区域。

（4）关闭窗口

关闭窗口有两种方法：close、quit，当对象操作完成需要关闭窗口时，可使用 close 和 quit。

close：关闭当前窗口，可用于关闭某个具体窗口。

```
    driver.close()
```

quit：关闭所有与当前操作有关联的窗口，并退出驱动。需要释放资源时可使用此方法。

```
    driver.quit()
```

id 定位

工作任务 6.4　Web 元素定位

在 UI 层面的自动化测试中，测试工具需根据对象识别方法识别待测对象，然后驱动其完成模拟操作。Selenium 亦不例外，模拟用户手工操作的前提是识别待驱动的对象，因此如何识别测试对象是实现自动化测试的关键。以百度为例，下面主要讲一下元素的 8 种定位方法。

6.4.1　Web 元素定位——id 定位

对于 Web 页面，id 定位是最理想的定位方式，一般前端 HTML 代码都会尽量保证 id 的唯一性，如图 6-14 所示。

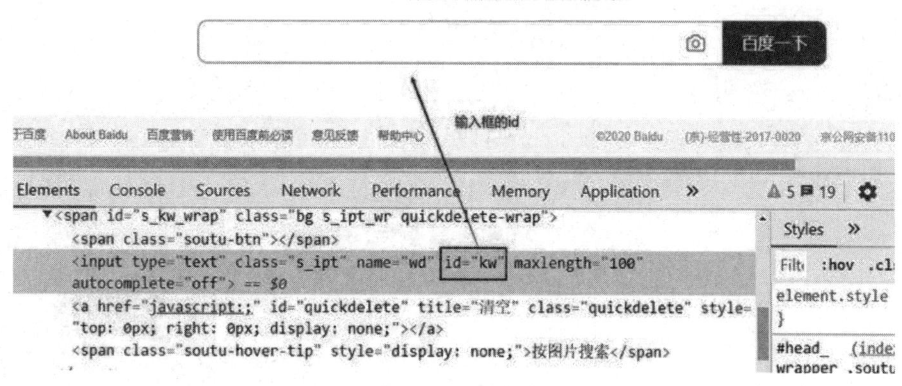

图 6-14　id 定位

find_element_by_id 应用如下：

```
# find_element_by_id 定位百度输入框
from selenium import webdriver   # 导入 webdriver 模块
from time import sleep   # 导入 sleep 模块，可以使程序强制休眠

driver = webdriver.Chrome()   # 打开 Chrome 浏览器
driver.get('https://www.baidu.com')   # 打开百度网站
kw_element = driver.find_element_by_id("kw")   # 通过 id 属性定位到输入框
kw_element.send_keys("selenium")   # 向输入框输入"selenium"
sleep(3)   # 强制休眠 3 秒

driver.quit()   # 关闭浏览器
# find_element_by_id 定位 bing 的搜索输入框

driver = webdriver.Chrome()   # 打开 Chrome 浏览器
driver.get('https://www.bing.com/')   # 打开 bing
search_element = driver.find_element_by_id("sb_form_q")   # 通过 id 属性定位到搜索输入框
search_element.send_keys("自动化测试")   # 输入内容
sleep(3)   # 强制休眠 3 秒

driver.quit()   # 关闭浏览器
```

6.4.2　Web 元素定位——name 定位

name 定位

通过 HTML 代码中的 name 属性来定位元素。name 属性的值有可能不是唯一的，这时，会找到多个元素，遇到此类情况，程序会优先选择第一个定位元素。

find_element_by_name 应用如下，如图 6-15 所示。

```
# find_element_by_name 定位百度输入框
from selenium import webdriver   # 导入 webdriver 模块
from time import sleep   # 导入 sleep 模块，可以使程序强制休眠

driver = webdriver.Chrome()   # 调用 Chrome 浏览器
driver.get('https://www.baidu.com')   # 打开百度网站
kw_element = driver.find_element_by_name("wd")   # 通过 name 属性定位输入框
kw_element.send_keys("selenium")   # 向输入框输入"selenium"
sleep(3)   # 强制休眠 3 秒

driver.quit()   # 关闭浏览器
```

```
# find_element_by_name 定位 bing 搜索输入框
driver = webdriver.Chrome()  # 调用 Chrome 浏览器
driver.get('https://www.bing.com/')  # 打开 bing
driver.find_element_by_name("q").send_keys("python")  # 通过 name 属性定位必应搜索输入框,输入
"python"
sleep(3)  # 强制休眠 3 秒

driver.quit()  # 关闭浏览器
```

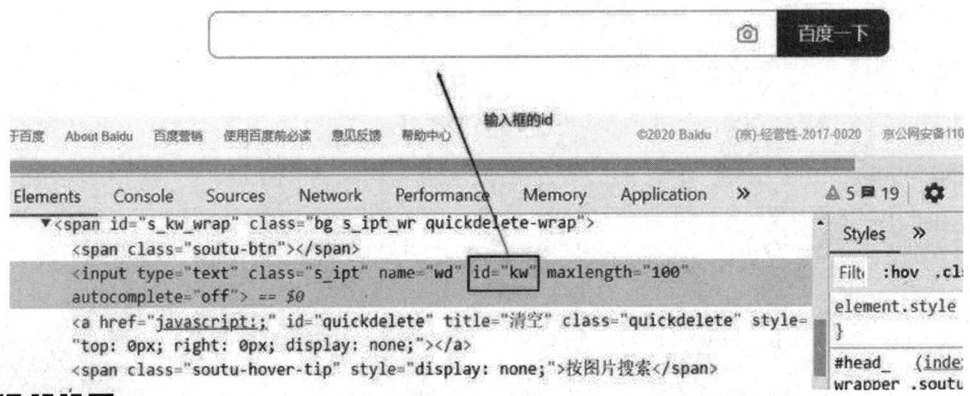

图 6-15　name 定位

class 定位

6.4.3　Web 元素定位——class 定位

通过 HTML 代码中的 class 属性来定位元素，如图 6-16 所示。

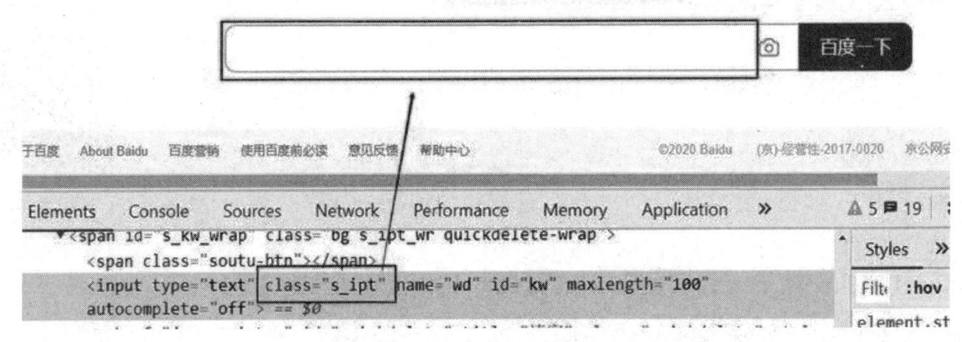

图 6-16　class 定位

一般不建议使用此定位方式，因为

- class 属性一般是不唯一的。
- class 属性存在复合类。以下这段 class 属性就是一个复合类，每个类用空格分隔，如果通过全匹配定位，程序会报错，如图 6-17 所示。

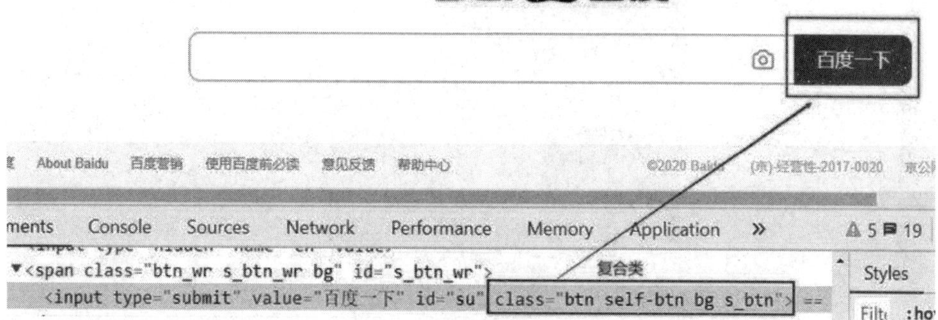

图 6-17　复合类 class 定位

```
    # 以下程序会报错
driver = webdriver.Chrome()  # 调用 Chrome 浏览器
driver.get('http://www.baidu.com')  # 打开百度网站
kw_element = driver.find_element_by_class_name("btn self-btn bg s_btn")  # 通过 class 属性定位搜索按钮
kw_element.click()  # 单击搜索按钮
sleep(5)  # 强制休眠 5 秒

driver.quit()  # 关闭浏览器

# 报错信息
# selenium.common.exceptions.NoSuchElementException:
# Message: no such element: Unable to locate element:
# {"method":"css selector","selector":".btn self-btn bg s_btn"}
    一、 find_element_by_class_name 应用
    # find_element_by_class_name 定位百度输入框
from selenium import webdriver  # 导入 webdriver 模块
from time import sleep  # 导入 sleep 模块，可以使程序强制休眠

driver = webdriver.Chrome()  # 调用 Chrome 浏览器
driver.get('http://www.baidu.com')  # 打开百度网站
kw_element = driver.find_element_by_class_name("s_ipt")  # 通过 class 属性定位输入框
kw_element.send_keys("selenium")  # 向输入框写入"selenium"
sleep(3)  # 强制休眠 3 秒

driver.quit()  # 关闭浏览器

# find_element_by_class_name 定位 bing 搜索输入框
driver = webdriver.Chrome()  # 调用 Chrome 浏览器
driver.get('http://www.bing.com/')  # 打开 bing
search_element = driver.find_element_by_class_name("sb_form_q")  # 通过 class 属性定位到搜索输入框
search_element.send_keys("自动化测试")  # 输入内容
sleep(3)  # 强制休眠 3 秒

driver.quit()  # 关闭浏览器
```

6.4.4　Web 元素定位——link_text 定位

link_text 定位

此定位方法只针对 HTML 中的“<a>…</a>”标签使用，一般会对应一个可跳转的链接，通过<a>标签中的内容定位元素，如图 6-18 所示。

图 6-18　link_text 定位

find_element_by_link_text 应用如下：

```
# find_element_by_link_text 单击“hao123”，跳转值 hao123 页面
from selenium import webdriver  # 导入 WebDriver 模块
from time import sleep  # 导入 sleep 模块，可以使程序强制休眠

driver = webdriver.Chrome()  # 调用 Chrome 浏览器
driver.get('https://www.baidu.com')  # 打开百度网站
element = driver.find_element_by_link_text("hao123")  # 通过 link_text 定位
element.click()  # 点击
sleep(5)  # 强制休眠 5 秒

driver.quit()  # 关闭浏览器

# find_element_by_link_text 单击豆瓣首页的“豆瓣同城”
driver = webdriver.Chrome()  # 调用 Chrome 浏览器
driver.get('https://www.douban.com/')  # 打开豆瓣
element1 = driver.find_element_by_link_text("豆瓣同城")  # 通过 link_text 定位
element1.click()  # 单击
sleep(5)  # 强制休眠 5 秒

driver.quit()  # 关闭浏览器
```

6.4.5　Web 元素定位——partial_link_text 定位

partial_link_text 同样也是针对 HTML 中的“<a>…</a>”标签使用的，与 find_element_by_link_text 的区别就是，它支持部分文字匹配，但必须是连续的文字，不能是间隔的文字。

find_element_by_partial_link_text 应用如下：

```
# find_element_by_partial_link_text 单击“hao123”，跳转值 hao123 页面
from selenium import webdriver  # 导入 WebDriver 模块
from time import sleep  # 导入 sleep 模块，可以使程序强制休眠

driver = webdriver.Chrome()  # 调用 Chrome 浏览器
driver.get('https://www.baidu.com')  # 打开百度网站
element = driver.find_element_by_partial_link_text("hao1")  # 通过 partial_link_text 定位，匹配开头
# element = driver.find_element_by_partial_link_text("ao123")  # 通过 partial_link_text 定位，匹配结尾
# element = driver.find_element_by_partial_link_text("ao12")  # 通过 partial_link_text 定位，匹配中间
element.click()  # 单击
sleep(5)  # 强制休眠 5 秒

# find_element_by_partial_link_text 单击豆瓣首页的“豆瓣同城”
driver = webdriver.Chrome()  # 调用 Chrome 浏览器
driver.get('https://www.douban.com/')  # 打开豆瓣
```

```
element1 = driver.find_element_by_partial_link_text("豆瓣同")  # 通过 partial_link_text 定位，匹配开头
# element1 = driver.find_element_by_partial_link_text("瓣同城")  # 通过 partial_link_text 定位，匹配结尾
# element1 = driver.find_element_by_partial_link_text("瓣同")  # 通过 partial_link_text 定位，匹配中间
element1.click()  # 单击
sleep(5)  # 强制休眠 5 秒
```

6.4.6 Web 元素定位——css_selector 定位

css_selector 定位

关于页面元素定位，可以根据 id、class、name 属性及 link_text 来定位。其中 id 属性是最理想的定位方式。但是，如果要定位的元素没有上述属性，或者通过上述属性可以找到多个元素，该怎么办？

Selenium 提供了两种可以唯一定位的方式：

```
find_element_by_css_selector
find_element_by_xpath
```

HTML 中经常要为页面上的元素指定显示效果，比如前景文字颜色是红色，背景颜色是黑色，字体是微软雅黑，输入框的宽与高等。

以上这一切，都是靠 CSS 来告诉浏览器的：要选择哪些元素，显示什么样的风格。

下面介绍 find_element_by_css_selector 的应用。如图 6-19 所示，豆瓣首页上“登录豆瓣”按钮的显示效果，就是 CSS 告诉浏览器的：.account-anonymous. account-form-field-submit .btn 这个按钮，背景颜色是浅绿色，高为 34px 等。

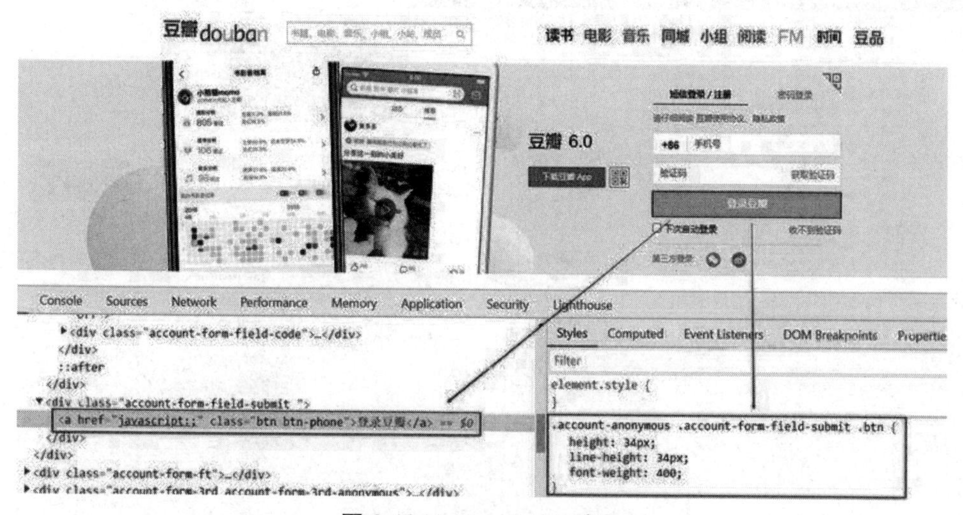

图 6-19 css_selector 定位

其中，“.account-anonymous .account-form-field-submit .btn”就是 css_selector，也称为 CSS 选择器。

css_selector 语法就是用来选择元素的。既然 css_selector 语法天生就是浏览器用来选择元素的，Selenium 自然就可以将它运用到自动化测试中，来定位要操作的元素。只要 css_selector 的语法是正确的，Selenium 就可以定位到指定的元素。

我们可以通过 Chrome 浏览器直接复制 css_selector。

步骤一：将光标放到要选择的元素位置，右击，选择“检查”选项，如图 6-20 所示。

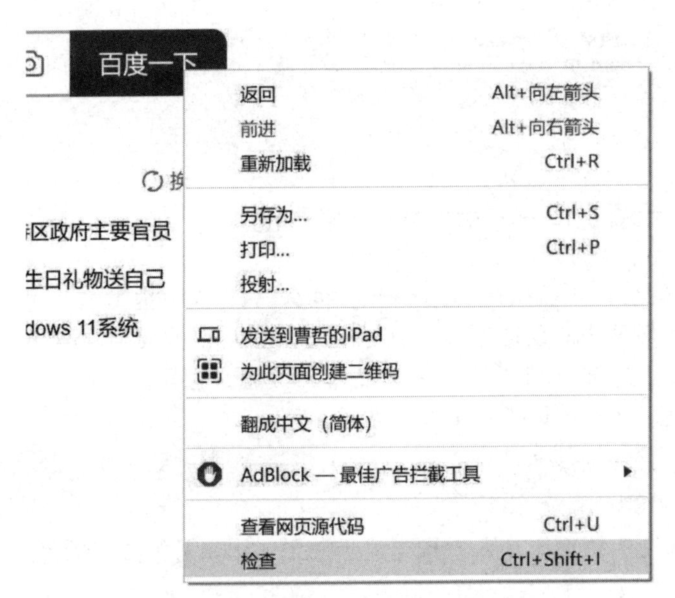

图 6-20　复制 css_selector 步骤一

步骤二：右击有蓝色阴影的代码，选择“Copy”选项，再选择“Copy selector”选项，如图 6-21 所示。

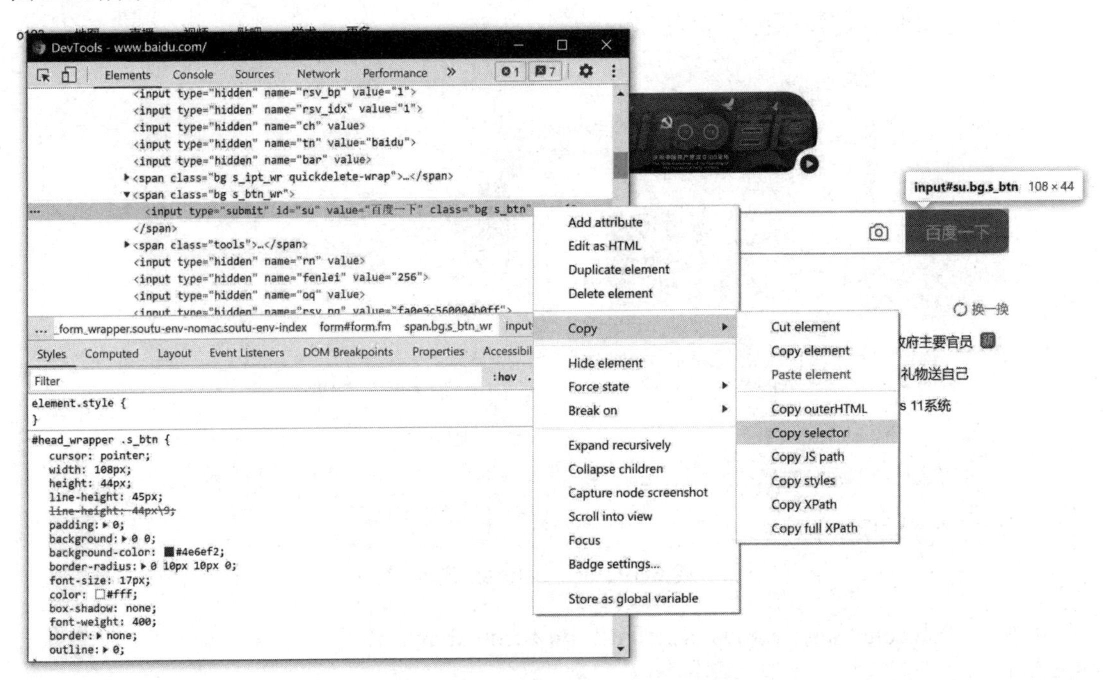

图 6-21　复制 css_selector 步骤二

```
    from selenium import webdriver
driver = webdriver.Chrome()
driver.get("https://www.baidu.com")
# 根据 id 定位输入框并输入“python”
driver.find_element_by_id("kw").send_keys("python")
# 根据 CSS 定位“百度一下”的按钮，并单击
driver.find_element_by_css_selector("#su").click()
```

6.4.7　Web 元素定位——XPath 定位

XPath 定位

Selenium 提供的另一种能够唯一定位的方式为 find_element_by_xpath。

XPath (XML Path Language) 是由国际标准化组织 W3C 制定的，用来在 XML 和 HTML 文档中选择节点的语言。目前主流浏览器（Chrome、Firefox、Edge、Safari）都支持 XPath 语法。

下面介绍 find_element_by_xpath 的应用。我们可以通过 Chrome 浏览器直接复制 XPath。将光标放到要选择的元素位置，右击选择“检查”选项，如图 6-20 所示。

右击有蓝色阴影的代码，选择“Copy”选项，再选择“Copy XPath”选项，如图 6-22 所示。

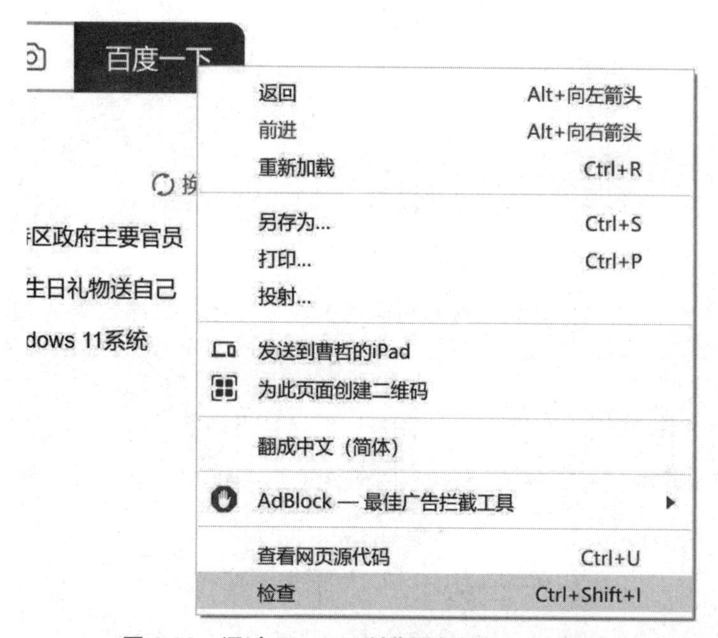

图 6-22　通过 Chrome 浏览器复制 XPath 步骤

```
from selenium import webdriver
driver = webdriver.Chrome()
driver.get("https://www.baidu.com")
# 根据 id 定位输入框并输入“python”
driver.find_element_by_id("kw").send_keys("python")
# 根据 XPath 定位“百度一下”按钮，并单击
driver.find_element_by_xpath('//*[@id="su"]').click()
```

6.4.8　Web 元素定位——tag_name 定位

tag_name 定位

tag_name 就是标签名，这种方法就是通过标签名进行定位的，如图 6-23 所示。

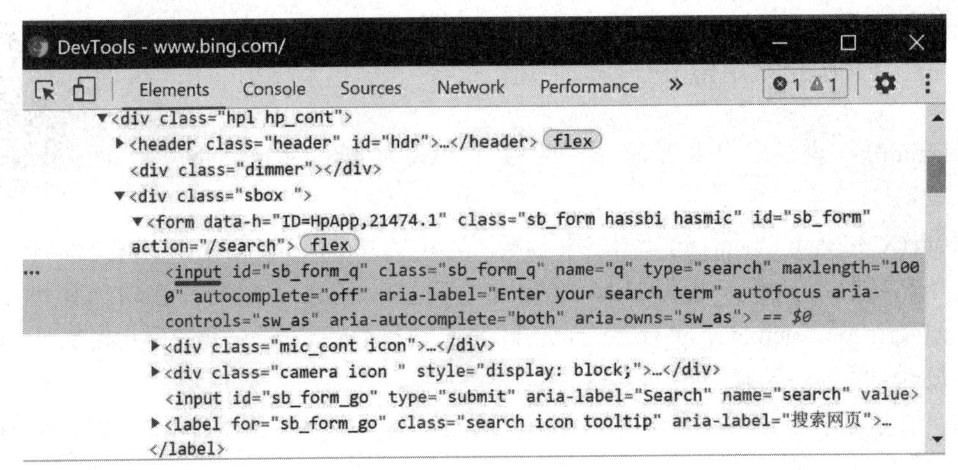

图 6-23　tag_name 定位

1. find_element_by_tag_name 应用

```
from selenium import webdriver
driver = webdriver.Chrome()
driver.get("https://www.bing.com/")
# 根据 tag_name 定位输入框并输入“python”
driver.find_element_by_tag_name("input").send_keys("python")
```

2. find_elements_by_tag_name 复数应用

有的页面的标签经常是重复的，我们需要精准定位，因此要用到复数，方法如下：

```
from selenium import webdriver
driver = webdriver.Chrome()
driver.get("https://www.bing.com/")
# 根据 tag_name 定位输入框并输入“python”，[]内从 0 开始，代表该页面的第几个标签，[0]就是第一个input 标签
driver.find_elements_by_tag_name("input")[0].send_keys("python")
```

工作任务 6.5　鼠标操作

鼠标键盘操作

Selenium 针对鼠标操作，如鼠标的单击、双击、右击、拖曳等操作，封装了 ActionChains 类。模拟鼠标操作时，需事先导入 ActionChains 类。

```
# 导入 ActionChains 类
from selenium.webdriver.common.action_chains import ActionChains
# 单击鼠标左键
click(on_element=None)
# 单击鼠标左键，不松开
click_and_hold(on_element=None)
# 单击鼠标右键
context_click(on_element=None)
# 双击鼠标左键
double_click(on_element=None)
# 拖曳某个元素然后松开
drag_and_drop(source, target)
# 拖曳某个坐标然后松开
drag_and_drop_by_offset(source, xoffset, yoffset)
```

```
# 鼠标从当前位置移动到某个坐标
move_by_offset(xoffset, yoffset)
# 鼠标移动到某个元素
move_to_element(to_element)
# 移动到距某个元素（左上角坐标）多少距离的位置
move_to_element_with_offset(to_element, xoffset, yoffset)
# 执行链中的所有动作
perform()
# 在某个元素位置松开鼠标左键
release(on_element=None)
```

工作任务 6.6　键盘操作

Selenium 针对键盘操作，如键盘输入、回车、回退、空格、Ctrl 等操作，封装了 Keys 类。模拟键盘操作时，需事先导入 Keys 类。

```
    # 导入 Keys 类
from selenium.wendriver.common.keys import Keys
# 按下某个键盘上的键
key_down(value, element=None)
# 松开某个键
key_up(value, element=None)
# 发送某个键到当前焦点的元素
send_keys(*keys_to_send)
# 发送某个键到指定元素
send_keys_to_element(element, *keys_to_send)
```

工作任务 6.7　Selenium 3 种等待方式

加入等待时间，主要是考虑到网页加载需要时间，可能由于网速慢，或者使用了 Ajax 技术实现了异步加载等，如果程序找不到指定的页面元素，就会导致报错发生。常用的有以下 3 种等待方式。

6.7.1　强制等待

使用 Python 自身的库 time.sleep() 可以实现强制等待。

强制等待使用较简单，但是，当网络条件良好的时候，建议减少使用，因为如果频繁使用强制等待的方式等待元素加载，会导致整个项目的自动化时间延长。

这种等待方式的使用场景主要是脚本调试。

6.7.2　隐式等待

隐式等待

隐式等待实际上是设置了一个最长的等待时间，如果在这段时间内能够定位到目标，则执行下一步操作，否则会一致等到规定时间结束，然后再执行下一步。

隐式等待设置一次，对整个 driver 周期都能够起作用，所以，在最开始设置一次即可。

注意：在同一个 driver 周期中遇到强制等待，可能会导致隐式等待失效。

```
    # 隐式等待，京东的“新人福利”
from selenium import webdriver
from time import sleep

driver = webdriver.Chrome()   # 打开浏览器
driver.maximize_window()   # 浏览器最大化
driver.get("https://www.jd.com/")   # 跳转至京东
driver.implicitly_wait(10)   # 隐式等待 10 秒
element = driver.find_element_by_xpath("//*[@class='user_profit_lk']")   # 定位元素
element.click()   # 单击
sleep(3)

driver.quit()   # 关闭浏览器
```

6.7.3 显式等待

WebDriverWait 是 Selenium 提供的显式等待的模块，使用原理是：在指定的时间范围内，等待到符合/不符合某个条件为止，导入方式为：

```
from selenium.webdriver.support.wait import WebDriverWait
```

WebDriverWait 参数如表 6-1 所示。

表 6-1 WebDriverWait 参数及说明

序号	参数	描述
1	driver	传入的 WebDriverWait 实例
2	timeout	超时时间，等待的最长时间
3	poll_frequency	调用 until 或 until_not 中的方法的间隔时间（默认为 0.5 秒）
4	ignored_exceptions	忽略的异常

WebDriverWait 模块含有以下两种方法：

```
until
until_not
```

until 与 until_not 的参数及说明如表 6-2 所示。

表 6-2 until 与 until_not 的参数及说明

序号	参数	描述
1	method	在等待期间，每隔一段时间调用这个传入的方法，直到返回值不为 FALSE
2	message	如果超时，抛出 TimeoutException，将 message 传入异常

通常情况下，WebDriverWait 模块会与 expected_conditions 模块搭配使用，用来写入 until 与 until_not 中的参数——method。

expected_conditions 模块有如表 6-3 所示的等待条件。

表 6-3 expected_conditions 模块等待条件

序号	等待条件方法	描述
1	title_is(object)	判断标题是否出现
2	title_contains(object)	判断标题是否包含某些字符
3	presence_of_element_located(object) --常用	判断某个元素是否被加到了 dom 树里，并不代表该元素一定可见
4	visibility_of_element_located(object) --常用	判断某个元素是否被加到了 dom 树里，并且可见，宽和高都大于 0
5	visibility_of(object)	判断元素是否可见，如果可见则返回这个元素
6	presence_of_all_elements_located (object)	判断是否至少有 1 个元素存在 dom 树中
7	visibility_of_any_elements_located (object)	判断是否至少有 1 个元素在页面中可见
8	text_to_be_present_in_element (object)	判断指定的元素中是否包含了预期的字符串
9	text_to_be_present_in_element_ value(object)	判断指定元素的属性值是否包含了预期的字符串
10	frame_to_be_available_and_switch_ to_it(object)	判断该 frame 是否可以切换进去
11	invisibility_of_element_located (object)	判断某个元素是否存在与 dom 树中或不可见
12	element_to_be_clickable(object)	判断某个元素中是否可见，并且是可单击的
13	staleness_of(object)	等待某个元素从 dom 树中删除
14	element_to_be_selected(object)	判断某个元素是否被选中，一般用在下拉列表中
15	element_selection_state_to_be (object)	判断某个元素的选中状态是否符合预期
16	element_located_selection_state_to_ be(object)	判断某个元素的选中状态是否符合预期
17	alert_is_present(object)	判断页面上是否出现 alert 弹窗

```
    # 模拟场景：单击京东首页的“新人福利”
from selenium import webdriver
from time import sleep
from selenium.webdriver.common.by import By
from selenium.webdriver.support.wait import WebDriverWait
from selenium.webdriver.support import expected_conditions as EC


driver = webdriver.Chrome()   # 打开浏览器
driver.maximize_window()   # 浏览器最大化
driver.get("https://www.jd.com/")   # 跳转至京东
element = WebDriverWait(driver, 20, 0.5).until(
    EC.visibility_of_element_located((By.XPATH, "//*[@class='user_profit_lk']"))
)   # 20 秒内，直到元素在页面中可定位

element.click()   # 单击
sleep(3)

driver.quit()
```

WebDriver 属性方法和 WebElement 属性方法

显式等待虽然使用起来相比其他等待方式显得要复杂，但是它的优势在于灵活，封装后，通过简单的调用，就可以运用到自动化测试项目中。

工作任务 6.8　Selenium API——WebDriver 属性

打开浏览器，能够定位的内容都在 HTML 代码段内的“<body>…</body>”中，对于浏览器上的当前页面标题，如 URL 等，都是无法通过元素定位来操作的。

因此，有特定的 WebDriver 属性来完成这一类的操作（见表 6-4）。

6-4　WebDriver 属性

序号	方法/属性	描述
1	driver.title	获取当前页面的标题
2	driver.current_url	获取当前页面的链接地址
3	driver.name	获取浏览器名称
4	driver.page_source	获取当前页面源码
5	driver.current_window_handle	获取当前窗口句柄
6	driver.window_handles	获取当前窗口所有句柄

获取当前页面的标题：

```
from selenium import webdriver
driver = webdriver.Chrome()  # 打开浏览器
driver.get("https://www.baidu.com/")  # 跳转至百度
title = driver.title  # 将当前页面的标题赋值给 title
print("当前网页标题是：{}".format(title))  # 当前网页标题是“百度一下，你就知道”
driver.quit()  # 关闭浏览器
```

获取当前页面的链接地址（URL）：

```
from selenium import webdriver
driver = webdriver.Chrome()  # 打开浏览器
driver.get("https://www.baidu.com/")  # 跳转至百度
url = driver.current_url  # 将当前页面的 url 赋值给 title
print("当前网页 url 是：{}".format(url))  # 当前网页 url 是：https://www.baidu.com/
driver.quit()  # 关闭浏览器
```

获取浏览器名称：

```
from selenium import webdriver
from time import sleep
driver = webdriver.Chrome()  # 打开浏览器
driver.maximize_window()  # 浏览器最大化
driver.get("http://news.baidu.com/")  # 跳转至百度新闻
sleep(1)
name = driver.name  # 获取浏览器名
print(name)  # chrome
sleep(2)
driver.quit()  # 关闭浏览器
```

获取当前页面源码：

```
from selenium import webdriver
```

```
from time import sleep
driver = webdriver.Chrome()  # 打开浏览器
driver.maximize_window()  # 浏览器最大化
driver.get("http://news.baidu.com/")  # 跳转至百度新闻
sleep(1)
source_code = driver.page_source  # 获取当前页面源码
print(source_code)  # 打印页面源码
sleep(2)
driver.quit()  # 关闭浏览器
```

获取当前窗口句柄：

```
    from time import sleep
driver = webdriver.Chrome()  # 打开浏览器
driver.maximize_window()  # 浏览器最大化
driver.get("http://news.baidu.com/")  # 跳转至百度新闻
sleep(1)
window = driver.current_window_handle  # 获取当前窗口句柄
print(window)  # CDwindow-D66055B46A1AB87EB271834BB9EA96C7
sleep(2)
driver.quit()  # 关闭浏览器
```

获取当前窗口所有句柄：

```
from time import sleep
driver = webdriver.Chrome()  # 打开浏览器
driver.maximize_window()  # 浏览器最大化
driver.get("https://www.baidu.com/")  # 跳转至百度首页
sleep(1)
driver.find_element_by_xpath("//div[@id='s-top-left']/a[1]").click()
windows = driver.window_handles  # 获取当前窗口所有句柄
print(windows)
    #['CDwindow-14E173D7301CC5C7A70930B3F7AB734D','CDwindow-3E3A9FC2536870107E4C9FF2DF
AEA62E']
sleep(2)
driver.quit()  # 关闭浏览器
```

工作任务 6.9　Selenium API——WebDriver 方法

常用的 WebDriver 方法主要有回退、前进、刷新、关闭浏览器等，如表 6-5 所示。

表 6-5　WebDriver 常用方法

序号	方法/属性	描述
1	driver.back()	浏览器页面后退
2	driver.forword()	浏览器页面前进
3	driver.refresh()	刷新当前浏览器页面
4	driver.maximize_window()	使浏览器窗口最大化
5	driver.set_window_size()	设置浏览器窗口为指定尺寸
6	driver.close()	关闭当前窗口
7	driver.quit()	退出浏览器

浏览器页面后退：

```
    from selenium import webdriver
from time import sleep
driver = webdriver.Chrome()  # 打开浏览器
driver.maximize_window()  # 浏览器最大化
```

```
driver.get("https://juejin.im/")  # 跳转至掘金首页
sleep(1)
driver.find_element_by_xpath("//a[@href='/topics']").click()  # 跳转至话题页面
sleep(2)
driver.back()  # 浏览器页面回退
sleep(2)
driver.quit()  # 关闭浏览器
```

浏览器页面前进：

```
from selenium import webdriver
from time import sleep
driver = webdriver.Chrome()  # 打开浏览器
driver.maximize_window()  # 浏览器最大化
driver.get("https://juejin.im/")  # 跳转至掘金首页
sleep(1)
driver.find_element_by_xpath("//a[@href='/topics']").click()  # 跳转至话题页面
sleep(2)
driver.back()  # 浏览器页面回退
sleep(2)
driver.forward()  # 浏览器页面前进
sleep(2)
driver.quit()  # 关闭浏览器
```

刷新当前浏览器页面：

```
from selenium import webdriver
from time import sleep
driver = webdriver.Chrome()  # 打开浏览器
driver.maximize_window()  # 浏览器最大化
driver.get("http://news.baidu.com/")  # 跳转至百度新闻
sleep(1)
driver.refresh()
sleep(2)
driver.quit()  # 关闭浏览器
driver.maximize_window()
使浏览器窗口最大化
```

设置浏览器窗口为指定尺寸：

```
from selenium import webdriver
from time import sleep
driver = webdriver.Chrome()  # 打开浏览器
driver.maximize_window()  # 浏览器最大化
driver.get("http://news.baidu.com/")  # 跳转至百度新闻
sleep(1)
driver.set_window_size(1000, 600)  # 设置浏览器窗口的宽*高=1000*600
sleep(2)
driver.quit()  # 关闭浏览器
```

下面方法用于关闭当前窗口，如果浏览器打开了多个窗口，只会关闭当前的一个窗口，浏览器不会被关闭：

```
driver.quit()
```

此方法与 driver.close() 的区别在于，无论当前打开了多少个窗口，它都会直接退出浏览器。

工作任务 6.10　Selenium API——WebElement 属性

当我们使用 Selenium 的定位方法定位到元素之后，会返回一个 WebElement 对象（<class 'selenium.webdriver.remote.webelement.WebElement'>），该对象用来描述 Web 页面上

的一个元素。关于元素的常用属性，主要有如表 6-6 所示的几种。

表 6-6　WebElement 常用属性

序号	方法/属性	描述
1	WebElement.id	获取元素的标识
2	WebElement.size	获取元素的宽与高，返回一个字典
3	WebElement.rect	除了获取元素的宽与高，还获取元素的坐标
4	WebElement.tag_name	获取元素的标签名称
5	WebElement.text	获取元素的文本内容

获取元素的标识：

```
from selenium import webdriver
from time import sleep
driver = webdriver.Chrome()  # 打开浏览器
driver.maximize_window()  # 浏览器最大化
driver.get("https://www.baidu.com/")  # 跳转至百度首页
sleep(1)
element = driver.find_element_by_id("kw")  # 定位搜索输入框
print(element.id)  # 25c961a3-4d39-4e67-b1f6-b72c89058a29
driver.quit()  # 关闭浏览器
```

获取元素的宽与高，返回一个字典类型数据：

```
from selenium import webdriver
from time import sleep
driver = webdriver.Chrome()  # 打开浏览器
driver.maximize_window()  # 浏览器最大化
driver.get("https://www.baidu.com/")  # 跳转至百度首页
sleep(1)
element = driver.find_element_by_id("kw")  # 定位搜索输入框
print(element.size)  # {'height': 44, 'width': 548}
driver.quit()  # 关闭浏览器
```

获取元素宽与高的同时，还获取元素的坐标，同样返回的是一个字典类型数据：

```
from selenium import webdriver
from time import sleep
driver = webdriver.Chrome()  # 打开浏览器
driver.maximize_window()  # 浏览器最大化
driver.get("https://www.baidu.com/")  # 跳转至百度首页
sleep(1)
element = driver.find_element_by_id("kw")  # 定位搜索输入框
print(element.rect)  # {'height': 44, 'width': 548, 'x': 633, 'y': 222.234375}
driver.quit()  # 关闭浏览器
```

获取元素的标签名称：

```
from selenium import webdriver
from time import sleep
driver = webdriver.Chrome()  # 打开浏览器
driver.maximize_window()  # 浏览器最大化
driver.get("https://www.baidu.com/")  # 跳转至百度首页
sleep(1)
element = driver.find_element_by_id("kw")  # 定位搜索输入框
print(element.tag_name)  # input
driver.quit()  # 关闭浏览器
```

获取元素的文本值，无文本内容则返回空字符串：

```
from selenium import webdriver
from time import sleep
driver = webdriver.Chrome()  # 打开浏览器
driver.maximize_window()  # 浏览器最大化
```

```
driver.get("https://www.baidu.com/")  # 跳转至百度首页
sleep(1)
elements = driver.find_elements_by_xpath("//div[@id='s-top-left']/a")
    # 定位搜索输入框
for element in elements:
print(element.text)  # 新闻 hao123 地图 视频 贴吧 学术
driver.quit()  # 关闭浏览器
```

工作任务 6.11　Selenium API——WebElement 方法

常用的 WebElement 对象的方法如表 6-7 所示。

表 6-7　WebElement 对象的方法

序号	方法/属性	描述
1	WebElement.click()	单击
2	WebElement.send_keys()	输入指定内容
3	WebElement.clear()	清空输入框内容
4	WebElement.get_attribute()	获取元素的属性值
5	WebElement.is_seleted()	判断元素是否被选中，返回一个 bool 类型值
6	WebElement.is_enabled()	判断元素是否可用，返回一个 bool 类型值
7	WebElement.is_displayed()	判断元素是否可见，返回一个 bool 类型值
8	WebElement.value_of_css_property()	获取元素的 css 属性值

WebElement.click()用于对定位元素做单击操作。

WebElement.send_keys()用于向 input、text、password、submit 等文本输入类型输入指定的内容。

WebElement.clear()用于清空输入内容。

```
    from selenium import webdriver
from time import sleep
driver = webdriver.Chrome()  # 打开浏览器
driver.maximize_window()  # 浏览器最大化
driver.get("https://www.baidu.com/")  # 跳转至百度首页
sleep(1)
element = driver.find_element_by_id("kw")  # 定位搜索输入框
element.send_keys("自动化测试")  # 向定位元素输入内容
sleep(1)
element.clear()  # 清空输入内容
sleep(1)
element1 = driver.find_element_by_xpath("//div[@class='s_tab_inner']/a[4]")
element1.click()  # 单击定位元素
sleep(3)
driver.quit()
```

WebElement.get_attribute()用于获取定位元素的属性值，如图 6-24 所示。

```
Elements  Console  Sources  Network  Performance  Memory  Application  »
<a href="https://www.hao123.com" target="_blank" class="mnav c-font-normal c-color-t">hao123</a>
<a href="http://map.baidu.com" target="_blank" class="mnav c-font-normal c-color-t">地图</a>
<a href="https://haokan.baidu.com/?sfrom=baidu-top" target="_blank" class="mnav c-font-normal c-color-t">视频</a>
<a href="http://tieba.baidu.com" target="_blank" class="mnav c-font-normal c-color-t">贴吧</a> == $0
<a href="http://xueshu.baidu.com" target="_blank" class="mnav c-font-normal c-color-t">学术</a>
▸<div class="mnav s-top-more-btn">…</div>
</div>
▸<div id="u1" class="s-top-right s-isindex-wrap">…</div>
▾<div id="head_wrapper" class="head_wrapper s-isindex-wrap nologin">
html  body  #wrapper  div#head  div#s-top-left.s-top-left.s-isindex-wrap  a.mnav.c-font-normal.c-color-t
```

获取元素属性

图 6-24　获取定位元素的属性值

```
from selenium import webdriver
from time import sleep
driver = webdriver.Chrome()  # 打开浏览器
driver.maximize_window()  # 浏览器最大化
driver.get("https://www.baidu.com/")  # 跳转至百度首页
sleep(1)
element = driver.find_element_by_xpath("//div[@id='s-top-left']/a[5]")
print(element.get_attribute("href"))  # http://tieba.baidu.com/
print(element.get_attribute("target"))  # _blank
print(element.get_attribute("class"))  # mnav c-font-normal c-color-t
driver.quit()
```

WebElement.is_seleted()用于判断元素是否被选中，返回一个 bool 类型值。

WebElement.is_enabled()用于判断元素是否可用，返回一个 bool 类型值。

WebElement.is_displayed()用于判断元素是否可见，返回一个 bool 类型值，具体如图 6-25 所示。

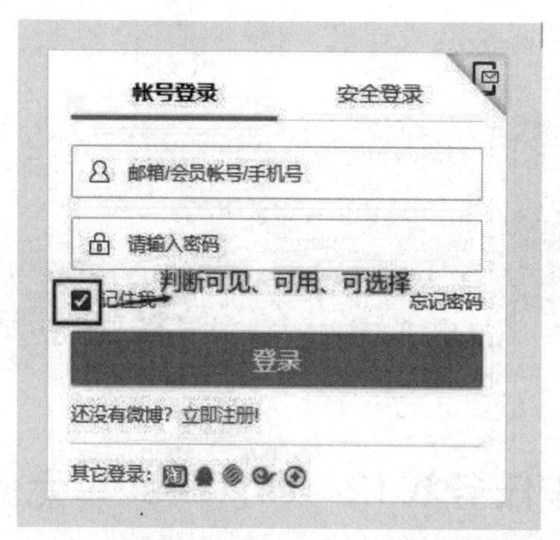

图 6-25　判断元素是否可见、可用、可选择

```
from selenium import webdriver
from time import sleep
driver = webdriver.Chrome()  # 打开浏览器
driver.maximize_window()  # 浏览器最大化
driver.get("https://weibo.com/login.php")  # 跳转至百度首页
```

```
sleep(1)
element = driver.find_element_by_id("login_form_savestate")
print(element.is_displayed())   # True
print(element.is_enabled())   # True
print(element.is_selected())   # True
element.click()   # 点击
print(element.is_selected())   # False
driver.quit()
```

WebElement.value_of_css_property()用于获取元素的 CSS 属性值，如图 6-26 所示。

图 6-26　获取元素的 CSS 属性值

```
    from selenium import webdriver
from time import sleep
driver = webdriver.Chrome()   # 打开浏览器
driver.maximize_window()   # 浏览器最大化
driver.get("https://www.baidu.com/")   # 跳转至百度首页
sleep(1)
element = driver.find_element_by_id("su")   # 定位搜索按钮
print(element.value_of_css_property("cursor"))   # pointer
print(element.value_of_css_property("background-color"))   # rgba(78, 110, 242, 1)
print(element.value_of_css_property("border-radius"))   # 0px 10px 10px 0px
print(element.value_of_css_property("color"))   # rgba(255, 255, 255, 1)
driver.quit()
```

工作任务 6.12　UnitTest 单元测试

UnitTest 是 Python 中的一个单元测试框架，类似于 Java 语言中的 Junit。在 Selenium 自动化测试过程中，可以利用 UnitTest 进行测试管理。

UnitTest 包含三个部分 setUp、testDown 及测试主体部分，通常结构如下：

```
    import unittest
```

```
class Test(unittest.TestCase):
#初始化测试环境
def setUp(self):
#测试主体部分
def testCase(self):
#收尾部分
def testDown(self):
# main 方法
if __name__ == '__main__':
    unittest.main
```

工作任务 6.13 HTMLTestRunner

通过 UnitTest 执行测试后，如果需要输出测试报告，可以调用 HTMLTestRunner 文件生成一个 HTML 格式的测试报告。HTMLTestRunner 是一个第三方功能模块，因此在应用时需导入。

下载好 HTMLTestRunner.py 文件后，直接将其复制至 Python 安装目录下“python\python35\lib”中或者引用在测试工程的某个目录下，在 Selenium 脚本中导入使用。以百度搜索测试为例：

```
    # 导入单元测试
import unittest
# 导入 webdriver
from selenium import webdriver
# 导入 ActionChains 类
from selenium.webdriver import ActionChains
# 导入测试用例生成模板
from lib import HTMLTestRunner
class TestCase1(unittest.TestCase):
    def setUp(self):
        self.driver = webdriver.Chrome()
        self.driver.get('http://www.baidu.com')
    def testsearch(self):
        input = self.driver.find_element_by_id('kw')
        input.send_keys('python')
        btn = self.driver.find_element_by_id('su')
        ActionChains(self.driver).click(btn).perform()

    def tearDown(self):
        self.driver.quit()
if __name__ == '__main__':
    testunit = unittest.TestSuite()
    testunit.addTest(unittest.makeSuite(TestCase1))
    fp = open(r".\result.html","wb")
    runner = HTMLTestRunner.HTMLTestRunner(stream=fp, title="百度搜索测试报告", description="用例执
行情况")
    runner.run(testunit)
    fp.close()
```

工作任务 6.14 submit()方法使用

submit()方法一般使用在有 form 标签的表单中，它可以把 form 表单中的信息提交到后台，实例应用如图 6-27 所示。

```
    from selenium import webdriver
driver = webdriver.Chrome()
driver.get("https://www.baidu.com")
```

```
# 根据 id 定位输入框并输入“python”
driver.find_element_by_id("kw").send_keys("python")
# 根据 XPath 定位“百度一下”按钮，并提交 form 表单，即单击“百度一下”按钮
driver.find_element_by_xpath('//*[@id="su"]').submit()
```

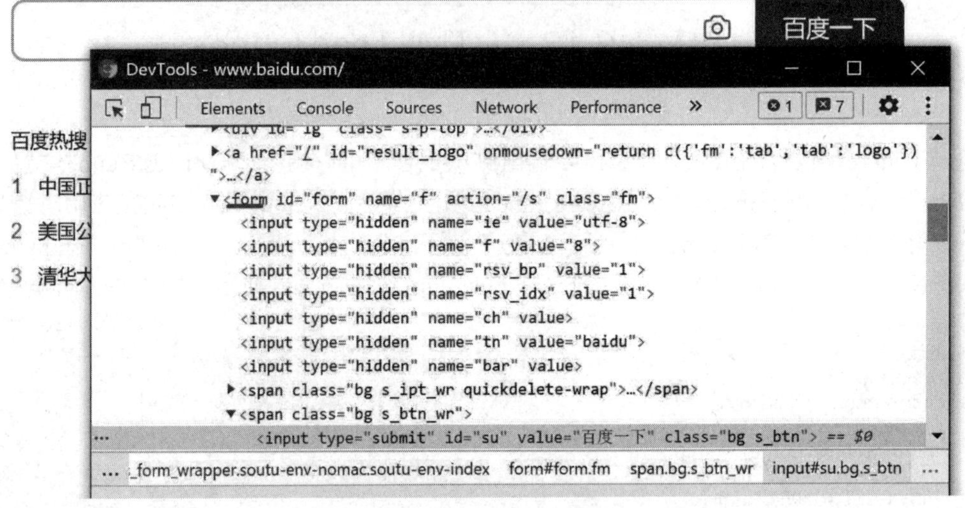

图 6-27　submit()方法实例应用

工作任务 6.15　下拉框的处理

针对 Select 标签的下拉列表，Selenium 提供了 Select 类进行操作：

```
from selenium.webdriver.support.ui import Select
```

Select 类常用方法如表 6-8 所示。

表 6-8　Select 类常用方法

序号	方法/属性	描述
1	select_by_value()	根据值选择
2	select_by_index()	根据索引选择（从 1 开始）
3	select_by_visible_text()	根据文本选择
4	deselect_by_value()	根据值反选（取消选项）
5	deselect_by_index()	根据索引反选（取消选项）
6	deselect_by_visible_text()	根据文本反选（取消选项）
7	deselect_all()	反选所有（取消选项）
8	options	获取所有选项
9	all_selected_options	获取所有选中的选项
10	first_selected_option	获取第一个选中的选项

6.15.1　Select 单选框

对于 Select 单选框，操作比较简单，创建 Select 对象后，直接使用 Select 类中的方法选择即可。实例应用如图 6-28 所示。

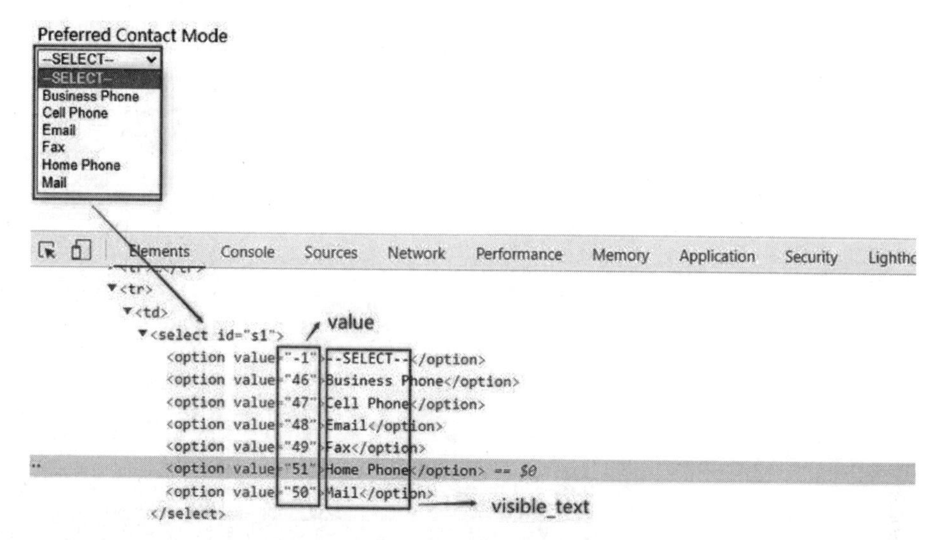

图 6-28　Select 单选框实例应用

```
from selenium import webdriver
from time import sleep
from selenium.webdriver.support.ui import Select
driver = webdriver.Chrome()   # 打开浏览器
driver.get("http://sahitest.com/demo/selectTest.htm")   # 跳转至测试页面
sleep(1)
select_element = Select(driver.find_element_by_id("s1"))   # 创建 Select 对象
select_element.select_by_value("46")   # 根据值选择
sleep(1)
select_element.select_by_index(4)   # 根据索引选择（从 1 开始）
sleep(1)
select_element.select_by_visible_text("Home Phone")   # 根据文本选择
sleep(1)
driver.quit()
```

6.15.2　Select 多选框

对于 Select 多选框，如果需要选中某几个选项，那么要注意清除原来已经选中的选项。实例应用如图 6-29 所示。

```
from selenium import webdriver
from time import sleep
from selenium.webdriver.support.ui import Select
driver = webdriver.Chrome()   # 打开浏览器
driver.get("http://sahitest.com/demo/selectTest.htm")   # 跳转至测试页面
sleep(1)
select_element = Select(driver.find_element_by_id("s4Id"))   # 创建 Select 对象
select_element.deselect_all()
select_element.select_by_value("o1val")   # 根据值选择
sleep(1)
select_element.select_by_index(4)   # 根据索引选择（从 1 开始）
sleep(1)
select_element.select_by_visible_text("o2")   # 根据文本选择
sleep(1)
# 打印所有选项的文本
```

```
for option in select_element.options:
print(option.text)
sleep(2)
driver.quit()
```

图 6-29　Select 多选框实例应用

工作任务 6.16　页面操作

6.16.1　页面操作下拉滚动条

```
    滚动条拉到顶部
    js="var q=document.documentElement.scrollTop=0"
driver.execute_script(js）
    滚动条拉到底部
    js="var q=document.documentElement.scrollTop=10000"
driver.execute_script(js)
```

这里可以修改 scrollTop 的值，来定位右侧滚动条的位置，0 表示最上面，10000 表示底部；当然，10000 只是一个底数，每一页要翻倍。

6.16.2　窗口切换

在浏览网页的时候，有时单击一个链接或者按钮，会弹出一个新的窗口。

使用 Selenium 进行 Web 自动化测试，如果弹出新窗口时，没有对窗口进行切换，那么，WebDriver 对象的焦点对应的依然是旧窗口，后续的自动化操作，将继续在旧窗口中进行。实例验证如下：

```
    # 模拟场景：打开百度，单击左上角“视频”链接，打印出当前`WebDriver 对象` 对应的窗口信息
from selenium import webdriver
from time import sleep
driver = webdriver.Chrome()  # 打开浏览器
driver.maximize_window()  # 浏览器最大化
driver.get("https://www.baidu.com/")  # 跳转至百度首页
sleep(1)
element = driver.find_element_by_xpath("//div[@id='s-top-left']/a[4]")  # 定位“视频”元素
```

```
element.click()  # 点击
sleep(1)
print(driver.title)  # 百度一下，你就知道
print(driver.current_url)  # https://www.baidu.com/
driver.quit()  # 关闭浏览器
```

根据程序的打印结果可知，窗口依然停留在百度首页，当前的 URL 为 https://www.baidu.com/，由此可推断，Selenium 没有按照我们预期的那样，自动切换到新的窗口。

考虑到后续的操作步骤都需要在新窗口中进行，就需要进行窗口切换，Selenium 提供的窗口切换方法是：

```
WebDriver.switch_to.window()
```

WebDriver 对象有 window_handles 属性，用于返回一个列表，里面记录了当前浏览器所有的窗口句柄——对应窗口的 id。

```
# 获取当前浏览器上所有窗口句柄
from selenium import webdriver
from time import sleep
driver = webdriver.Chrome()  # 打开浏览器
driver.get("https://www.baidu.com/")  # 跳转至百度首页
sleep(1)
element = driver.find_element_by_xpath("//div[@id='s-top-left']/a[4]")  # 定位"视频"元素
element.click()  # 单击
sleep(1)
print(driver.current_window_handle)  # 当前浏览器句柄：CDwindow-1FABF3D9B0B190F9883E66F25481738Eprint(driver.window_handles)  # 获取所有句柄：['CDwindow-1FABF3D9B0B190F9883E66F25481738E', 'CDwindow-0871993F618FDBE540426562AEA2FB32']for handle in driver.window_handles:print(handle)
driver.quit()  # 关闭浏览器
```

因为 window_handles 返回的是一个列表，所以，可以通过列表下标来更换当前浏览器的窗口句柄，来实现窗口的自由切换：

```
# 模拟场景：通过百度首页，打开 hao123，再通过 hao123 单击京东，进入京东首页，搜索"笔记本电脑"
from selenium import webdriver
from time import sleep
driver = webdriver.Chrome()  # 打开浏览器
driver.get("https://www.baidu.com/")  # 跳转至百度首页
sleep(1)
element = driver.find_element_by_xpath("//div[@id='s-top-left']/a[2]")  # 定位"hao123"元素
element.click()  # 单击
sleep(1)
windows1 = driver.window_handles  # 获取所有窗口句柄
print(windows1)  # 打印句柄列表
print(driver.current_window_handle)  # 打印切换前的句柄
driver.switch_to.window(windows1[-1])  # 切换到最后一个句柄
print(driver.current_window_handle)  # 打印切换后的句柄
element1 = driver.find_element_by_xpath("//li[@data-id='11']//a[1]")  # 在 hao123 定位 京东
element1.click()  # 单击
windows2 = driver.window_handles  # 第二次获取所有窗口句柄
print(windows2)  # 打印句柄列表
print(driver.current_window_handle)  # 打印切换前的句柄
driver.switch_to.window(windows2[-1])  # 第二次切换到最后一个句柄
print(driver.current_window_handle)  # 打印切换后的句柄
element2 = driver.find_element_by_xpath("//input[@aria-label='搜索']")  # 定位搜索输入框
element2.send_keys("笔记本电脑")  # 输入内容
element3 = driver.find_element_by_class_name("button")  # 定位搜索按钮
element3.click()  # 点击
sleep(3)
driver.quit()  # 关闭浏览器
```

通过这个实例操作可以看到，每一次切换窗口都需要获取到最新的句柄位置。

同样，由于 WebDriver.window_handles 返回的是一个列表，也可以通过下标值来切换到

旧的窗口。

6.16.3 页面元素属性删除

具体代码如下：

```
# 删除元素
driver.execute_script("$('#id').remove()")
```

工作任务 6.17 alert 弹出框处理

页面弹出框有 3 种类型：alert（警告信息）、confirm（确认信息）、prompt（提示输入）。对于页面出现的 alert 弹出框，Selenium 提供了如表 6-9 所示的方法。

表 6-9 alert 弹出框处理方法

序号	方法/属性	描述
1	accept()	接受
2	dismiss()	取消
3	text	获取显示的文本
4	send_keys()	输入内容

对应处理方式：

```
alert（警告信息）：WebDriver.switch_to.alert.accept()
confirm（确认信息）：
WebDriver.switch_to.alert.accept()
WebDriver.switch_to.alert.dismiss()
prompt（提示输入）：WebDriver.switch_to.alert.send_keys()
```

6.17.1 alert（警告信息）弹出框

alert（警告信息）弹出框，目的是提示通知信息，只需要用户看完单击“确认”按钮即可。

```
from selenium import webdriver
from time import sleep

driver = webdriver.Chrome()  # 打开浏览器
driver.get("http://sahitest.com/demo/alertTest.htm")  # 跳转至测试页面
sleep(1)
element = driver.find_element_by_name("b1")  # 定位
element.click()  # 单击
sleep(1)
alert = driver.switch_to.alert  # 切换到弹出框
print(alert.text)  # 打印弹出框显示的信息：Alert Message
alert.accept()  # 接受
sleep(2)

driver.quit()  # 关闭浏览器
```

6.17.2 confirm（确认信息）弹出框

confirm（确认信息）弹出框，主要让用户来确定是否要执行某个操作。比如，在淘宝、京东中，删除订单时弹出此类弹出框，让用户确定是否删除，避免用户误操作。

confirm（确认信息）弹出框为用户提供两种选择："确认" 或者 "取消"。只需要选择其中一个即可：

```
    确认：WebDriver.switch_to.alert.accept()
    取消：WebDriver.switch_to.alert.dismiss()
    from selenium import webdriver
from time import sleep

driver = webdriver.Chrome()  # 打开浏览器
driver.get("http://sahitest.com/demo/confirmTest.htm")  # 跳转至测试页面
sleep(1)
element = driver.find_element_by_name("b1")  # 定位
# 1、接受
element.click()  # 单击
sleep(1)
alert = driver.switch_to.alert  # 切换到弹出框
print(alert.text)  # 打印弹出框显示的信息：Alert Message
alert.accept()  # 接受
sleep(2)

# 2、取消
element.click()  # 单击
sleep(1)
alert = driver.switch_to.alert  # 切换到弹出框
print(alert.text)  # 打印弹出框显示的信息：
alert.dismiss()
sleep(2)

driver.quit()  # 关闭浏览器
```

6.17.3 prompt（提示输入）弹出框

prompt（提示输入）弹出框，目的是需要用户先输入信息，再提交。Selenium 提供输入信息的方法是：

```
    WebDriver.switch_to.alert.send_keys()
    from selenium import webdriver
from time import sleep
driver = webdriver.Chrome()  # 打开浏览器
driver.get("http://sahitest.com/demo/promptTest.htm")  # 跳转至测试页面
sleep(1)
element = driver.find_element_by_name("b1")  # 定位
# 1、接受
element.click()  # 单击
sleep(1)
alert = driver.switch_to.alert  # 切换到弹出框
print(alert.text)  # 打印弹出框显示的信息：Alert Message
alert.send_keys("自动化测试")  # 输入内容
sleep(1)
alert.accept()  # 接受
sleep(2)
driver.quit()  # 关闭浏览器
```

注意：有些弹出框并非浏览器的 Alert 窗口，而是 HTML 元素，对于这种对话框，只需要通过之前介绍的选择器选中，并进行相应的操作即可。

数据驱动和断言

工作任务6.18　数据驱动

使用数据驱动的模式进行测试时，可以根据业务分解测试数据，只需定义变量，使用外部或者自定义的数据使其参数化，从而避免了使用之前测试脚本中固定的数据。可以将测试脚本与测试数据分离，使得测试脚本在不同数据集合下高度复用。这样不仅可以增加复杂条件场景的测试覆盖，还可以极大地减少测试脚本的编写与维护工作。

下面将使用Python下的数据驱动模式（ddt）库，结合UnitTest库以数据驱动模式创建百度搜索的测试。

ddt库包含一组类和方法用于实现数据驱动测试，可以将测试中的变量进行参数化。

可以通过Python自带的pip命令进行下载并安装：pip install ddt。为了创建数据驱动测试，需要在测试类上使用@ddt装饰符，在测试方法上使用@data装饰符。@data装饰符把参数当作测试数据，参数可以是单个值、列表、元组、字典。对于列表，需要用@unpack装饰符把元组和列表解析成多个参数。

下面实现百度搜索测试，传入搜索关键词和期望结果，代码如下：

```
    import csv
import unittest
from ddt import ddt, data, unpack
from selenium import    webdriver
from time import sleep
def get_csv_data(csv_path):
    # 定义一个rows列表
    rows = []
    # 定义一个变量csv_data 总来存放打开的CSV文件
    # csv_path用来存放sv文件的路径
    csv_data = open(str(csv_path), encoding="utf-8")
    # 定义一个content变量用来 存放读取的csv文件后产生的字段
    # csv.reader用来读取序列化文件
    content = csv.reader(csv_data)
    # 这里先了解一下什么是csv文件便于理解
    # 逗号分隔值（Comma-Separated Values，CSV，有时也称为字符分隔值，因为分隔字符也可以不是
逗号）：
    # 其文件以纯文本形式存储表格数据（数字和文本）。
    # 纯文本意味着该文件是一个字符序列，不含必须像二进制数字那样被解读的数据。
    # CSV文件由任意数目的记录组成，记录间以某种换行符分隔；
    # 每条记录由字段组成，字段间的分隔符是其他字符或字符串，最常见的是逗号或制表符。
    # 通常，所有记录都有完全相同的字段序列，通常都是纯文本文件。
    # 建议使用WORDPAD或是记事本来开启，先另存新文档后用Excel开启，也是方法之一。
    # 下面这段代码是一个循环 ，代表遍历content中用换行符隔开的记录，每条记录赋给row
    for row in content:
        # append() 方法用于在列表末尾添加新的对象。
        # rows是一个列表。
        # 每次遍历一条记录，便被赋给rows，而append()方法又将该条记录追加在rows列表末尾处
        # 通俗地说就是将content中的每条记录，逐一存放到rows列表中
        print(row)
        rows.append(row)
    # 该方法的返回值是rows列表
    return rows
@ddt
class TestCase1(unittest.TestCase):
    def setUp(self):
        self.driver = webdriver.Chrome()
        self.driver.implicitly_wait(30)
    @data(*get_csv_data('testdata.csv'))
    @unpack
```

```
        def test_search(self, search_value):
            driver = self.driver
            driver.get("https://www.baidu.com")
            input_elem = driver.find_element_by_id("kw")
            input_elem.send_keys(search_value)
            input_elem.submit()
            sleep(3)
        def tearDown(self):
            self.driver.quit()
if __name__ == '__main__':
        unittest.main
```

工作任务 6.19　数据断言

断言用于验证自动化测试是否通过。

UnitTest 常用的断言方法如表 6-10 所示。

表 6-10　UnitTest 常用的断言方法

序号	UnitTest 常用断言	描　述
1	assertEqual(a,b，[msg='测试失败时打印的信息'])	断言 a 和 b 是否相等，相等则测试用例通过
2	assertNotEqual(a,b，[msg='测试失败时打印的信息'])	断言 a 和 b 是否相等，不相等则测试用例通过
3	assertTrue(x，[msg='测试失败时打印的信息'])	断言 x 是否是 True，是 True 则测试用例通过
4	assertFalse(x，[msg='测试失败时打印的信息'])	断言 x 是否是 False，是 False 则测试用例通过
5	assertIs(a,b，[msg='测试失败时打印的信息'])	断言 a 是否是 b，是则测试用例通过
6	assertNotIs(a,b，[msg='测试失败时打印的信息'])	断言 a 是否是 b，不是则测试用例通过
7	assertIsNone(x，[msg='测试失败时打印的信息'])	断言 x 是否是 None，是 None 则测试用例通过
8	assertIsNotNone(x，[msg='测试失败时打印的信息'])	断言 x 是否是 None，不是 None 则测试用例通过
9	assertIn(a,b，[msg='测试失败时打印的信息'])	断言 a 是否在 b 中，在 b 中则测试用例通过
10	assertNotIn(a,b，[msg='测试失败时打印的信息'])	断言 a 是否在 b 中，不在 b 中则测试用例通过
11	assertIsInstance(a,b，[msg='测试失败时打印的信息'])	断言 a 是否是 b 的一个实例，是则测试用例通过
12	assertNotIsInstance(a,b，[msg='测试失败时打印的信息'])	断言 a 是否是 b 的一个实例，不是则测试用例通过

实例：

```
        from time import sleep
from selenium import webdriver
import unittest
class assertEqual(unittest.TestCase):
        def setUp(self):
            self.driver = webdriver.Chrome()
        self.driver.get("https://chandanachaitanya.github.io/selenium-practice-site/")
            self.driver.implicitly_wait(30)
        def test_case(self):
            self.driver.find_element_by_id("confirmBox").click()
```

```
            sleep(3)
            self.assertEqual (self.driver.switch_to.alert.text, "Click 'OK' or 'Cancel'.", msg='测试不通过，弹出框信
息不同!')
            self.driver.switch_to.alert.accept()
            sleep(3)



            def tearDown(self):
            self.driver.quit()
if __name__ == '__main__':
      unittest.main ( )
```

一些零碎的知识点

第 7 章　性能测试——LoadRunner

工作任务 7.1　性能测试简介

一个优秀的软件系统不单单具有良好的功能，还需要有过硬的性能，一个只通过功能测试的系统，只能算“可用”，而不能算是“好用”。当然，性能测试需要基于功能测试，只有系统功能稳定了，性能测试才有意义。性能测试主要包含两个特性：时间和资源。时间指系统处理客户请求的时间，主要用响应时间和吞吐量来衡量，而资源则是指测试过程中系统资源消耗情况，最受关注的资源包括 CPU、内存、磁盘。

性能测试概述

性能测试方法主要包括：性能测试、配置测试、并发测试、负载测试、压力测试、稳定性测试。

性能测试：在测试环境和测试目标确定的情况下，测试系统是否达到宣称的能力。

配置测试：系统具有一定的测试基础时，通过修改环境配置，如服务器参数等，对比之前的测试结果进行优化。

并发测试：模拟多个用户并发使用系统，测试系统是否存在死锁、内存泄露等问题。

负载测试：逐渐向系统添加压力，观察系统资源消耗情况，直到某一项资源达到极限，一般用于度量系统的性能容量，寻找系统瓶颈为系统调优提供数据。

压力测试：在系统承受一定的压力的情况下，测试系统是否会出现错误。系统压力包括 CPU、内存、磁盘、网络等方面的压力，施加压力的方法包括利用工具占用系统资源、增加并发量等。

稳定性测试：在系统承受一定压力的情况下，运行一段时间，测试系统是否平稳运行。

这几种测试方法是相辅相成的， 一种测试方法中可能借助另一种测试方法，例如在进行负载测试、压力测试或稳定性测试时，会使用并发测试方法。另外，几种测试方法之间的界定也比较模糊，当负载测试的压力较大时，可以看作是压力测试，当压力测试的时间较长时，可以看作是稳定性测试。性能测试的主要目标是测试、评估软件系统的性能，获取软件系统的参数指标，并协助开发进行调优。不管哪种测试方法，最终目的都是提高系统质量，那么根据测试目标和系统特性选用适合的测试方法即可。

性能测试需要借助测试工具，毕竟完全依靠手工进行性能测试需要付出很大的代价，不仅是人力成本和经济成本，还有时间成本。测试工具的使用不仅能够提高测试效率，还可以弥补手动测试难以捕获的一些缺陷。

工作任务 7.2 LoadRunner 简介

LoadRunner简介与安装

LoadRunner 是 HP 公司提供的一款性能测试工具，通过模拟成千上万个用户实施并发操作，测试系统的性能，并且提供详细的测试结果分析，协助用户查找问题。LoadRunner 的优势在于节约了人力成本和时间成本。纯人工进行并发测试不仅需要大量的人手和机器，还需要测试人员进行充分的沟通，默契地进行操作。使用 LoadRunner 就可以一个人模拟上万个用户，压缩了成本，也提高了效率。

LoadRunner 的主要组件包括：

① Virtual User Generator。捕捉用户业务流程，并且自动生成脚本。

② Controller。设计场景，主要包括设置不同脚本的虚拟用户数量、迭代次数、执行时间等。

③ Load Generator。模拟用户向服务器发送请求。

④ Analysis。分析测试结果，辅助测试人员进行测试分析。

工作任务 7.3 LoadRunner 安装

安装注意事项：

① 安装前，把所有的杀毒软件和防火墙关闭。

② 若以前安装过 LoadRunner，需将其卸载。

③ 安装路径不要带中文字符。

LoadRunner 12.55 已经不再支持 Windows XP 系统，建议浏览器使用 IE10 以上版本。

启动安装包，如图 7-1 所示。

HPE LoadRunner 12.55 Community Edition.exe　2017/8/28 23:26　应用程序　1,382,298...

图 7-1　LoadRunner 12.55 安装文件

右击“HP LoadRunner 12.55 Community Edition.exe”，选择“以管理员身份运行”（建议安装时选择“以管理员身份运行”）。

弹出窗口，选择文件存放地址，如图 7-2 所示，可选择默认路径。单击“Install”按钮。

若安装过程中被计算机上安装的杀毒软件拦截，均选择允许操作。

安装向导会验证计算机是否含有软件安装运行的必备组件，缺少组件时，会弹出窗口显示需安装的组件。单击“确定”按钮将自动安装所需组件，如图 7-3 所示。必须先安装这些必备程序才能安装 HPE LoadRunner（LoadRunner 的安装需要获得其环境的支撑）。

所示。

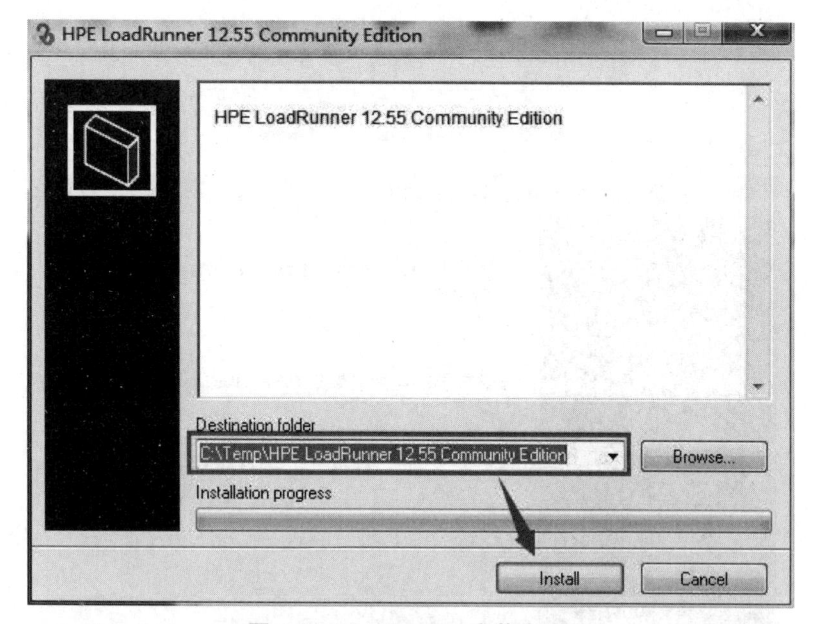

图 7-2　LoadRunner 安装（1）

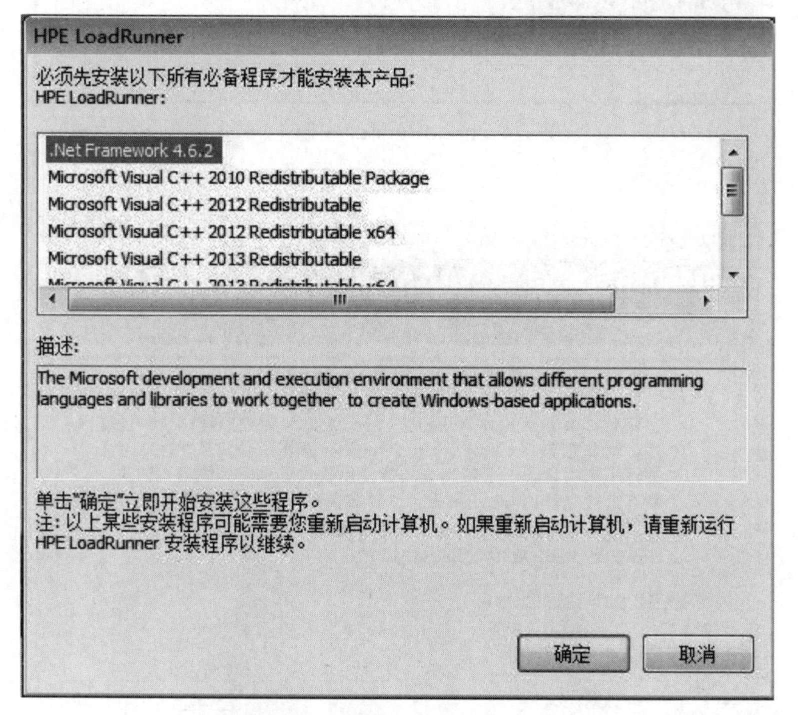

图 7-3　LoadRunner 安装（2）

待组件安装完成后，就会弹出窗口，选择要安装的产品，单击“下一步”按钮，如图 7-4 所示。

勾选“我接受许可协议中的条款”，单击“下一步”按钮，如图 7-5 所示。

选择安装路径，安装路径不能含有中文字符，单击“下一步”按钮，如图 7-6 所示。

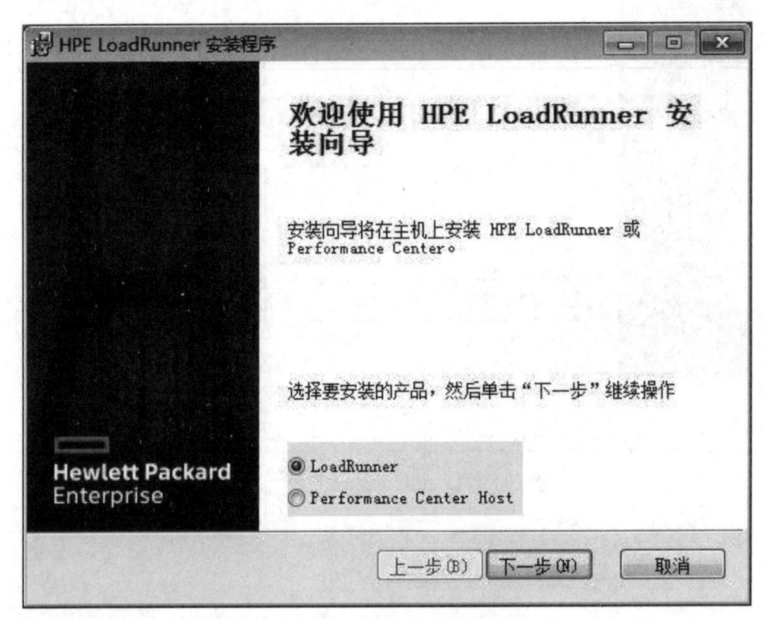

图 7-4　LoadRunner 安装（3）

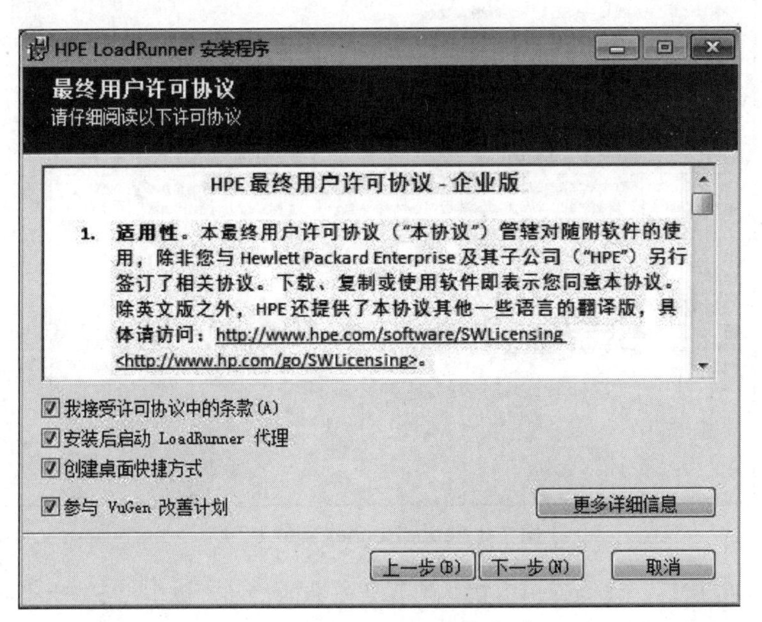

图 7-5　LoadRunner 安装（4）

图 7-6 LoadRunner 安装（5）

单击“安装”按钮将进行程序的安装，如图 7-7 所示。

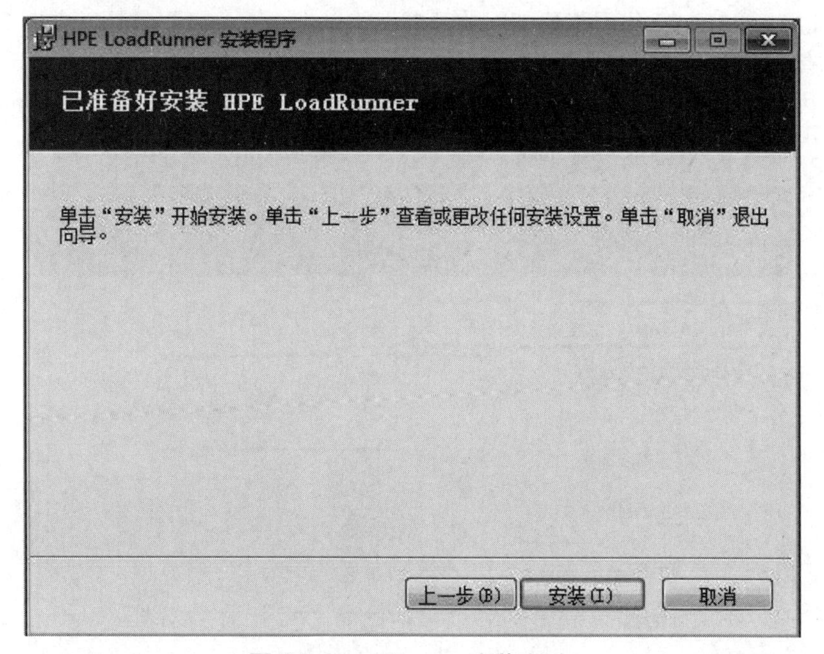

图 7-7 LoadRunner 安装（6）

正在安装“HPE LoadRunner”，如图 7-8 所示。

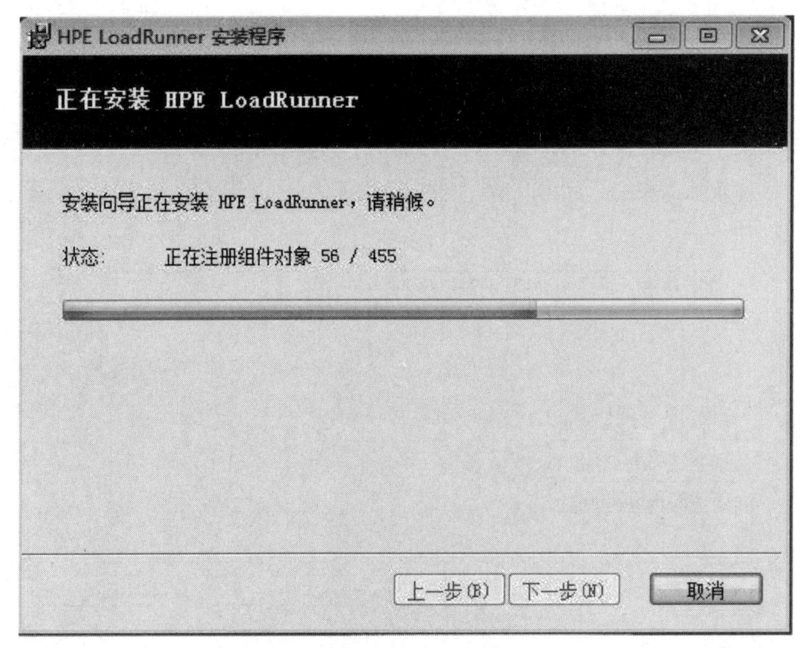

图 7-8　LoadRunner 安装（7）

耐心等待程序安装。安装过程中会弹出身份验证界面，若无指定代理使用的证书，则去掉勾选“指定 LoadRunner 代理将要使用的证书”，单击“下一步”按钮，如图 7-9 所示。

注：若有 LoadRunner 代理证书则默认勾选“指定 LoadRunner 代理将要使用的证书”并添加 CA 证书文件，若没有证书文件则必须取消勾选，否则安装不能继续。

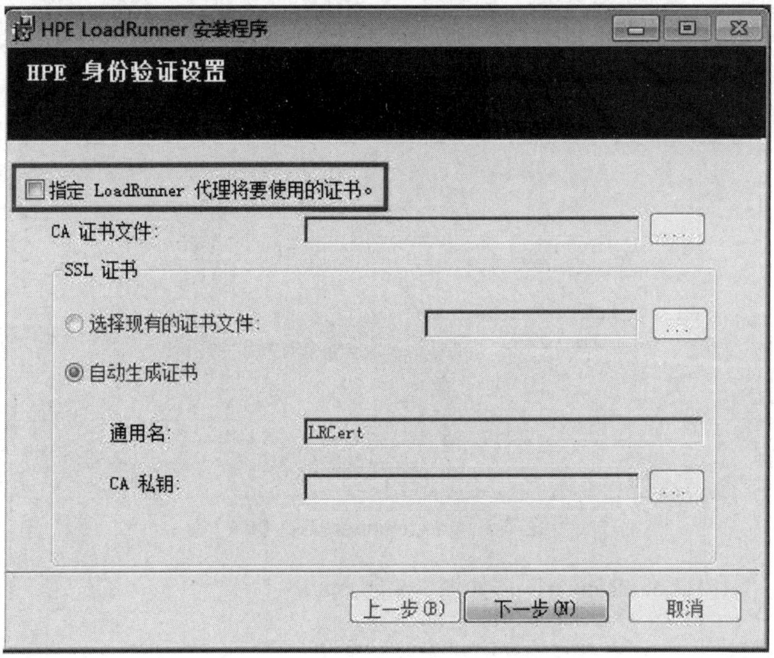

HPE LoadRunner 安装程序
HPE 身份验证设置
指定 LoadRunner 代理将要使用的证书。
CA 证书文件:
SSL 证书
选择现有的证书文件:
自动生成证书
通用名: LRCert
CA 私钥:
上一步(B)　下一步(N)　取消

图 7-9　LoadRunner 安装（8）

LoadRunner 安装完成。单击“完成”按钮，如图 7-10 所示。关闭安装弹出窗口（对于 Network Virtualization，根据实际需要选择是否安装）。安装完成后可在桌面上看到安装的

Analysis、Controller、Virtual User Generator 快捷图标。

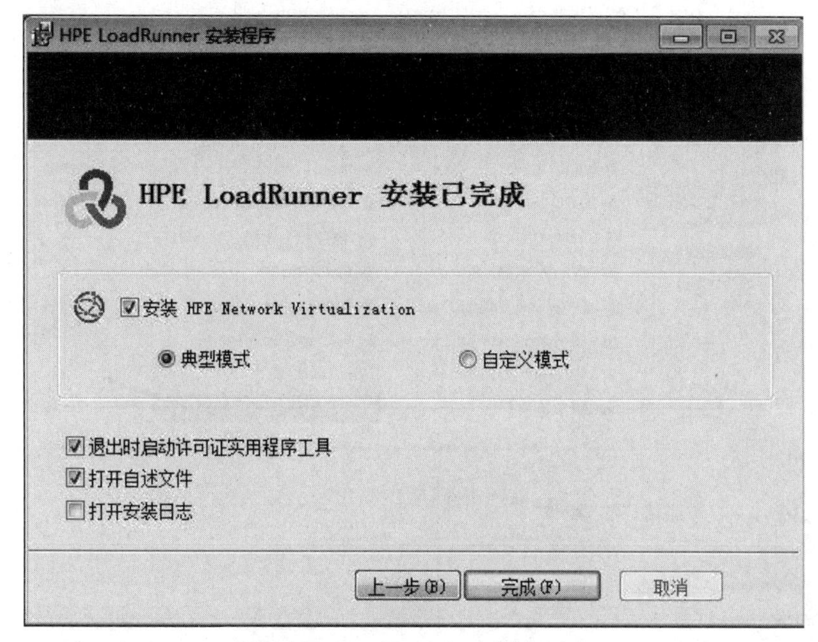

图 7-10　LoadRunner 安装（9）

工作任务 7.4　录制与回放脚本

具体操作步骤如下所示。

步骤一：打开 LoadRunner，依次单击“File”→“New Script and Solution”选项，如图 7-11 所示。

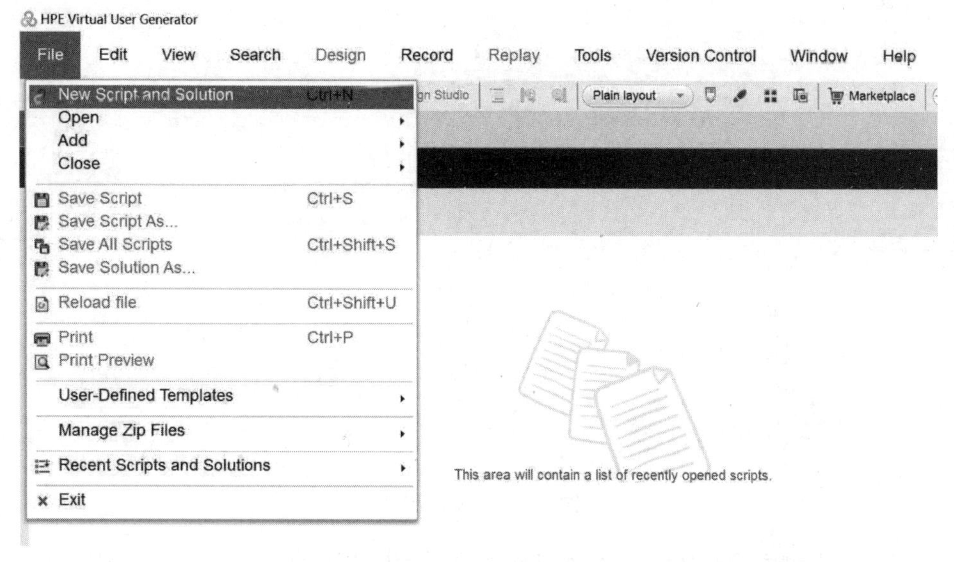

图 7-11　新建脚本

步骤二：在打开的对话框中，选择“Web.HTTP/HTML”，在“Script Name”框中输入脚本名称“WebHttpHtml1”，单击“Create”按钮，如图 7-12 所示。

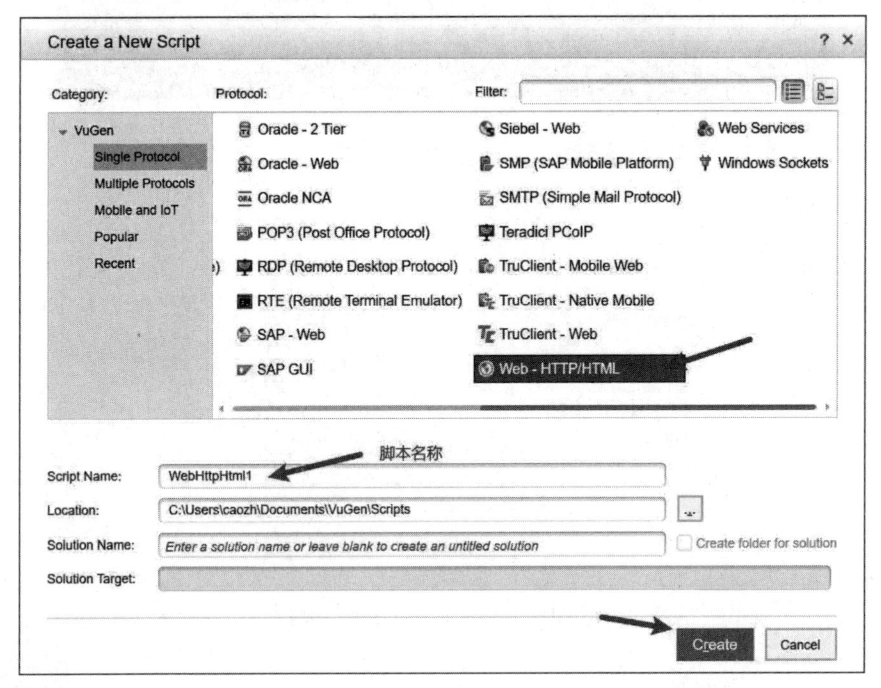

图 7-12　新建脚本

在 VUG 界面中，要理解脚本的以下三大部分，如图 7-13 所示。

- Vuser_init：用于存放应用程序初始化脚本（只执行一次）。
- Action：用于存放实际操作脚本（可执行多次）。
- Vuser_end：用于存放应用程序注销和关闭的脚本（只执行一次）。

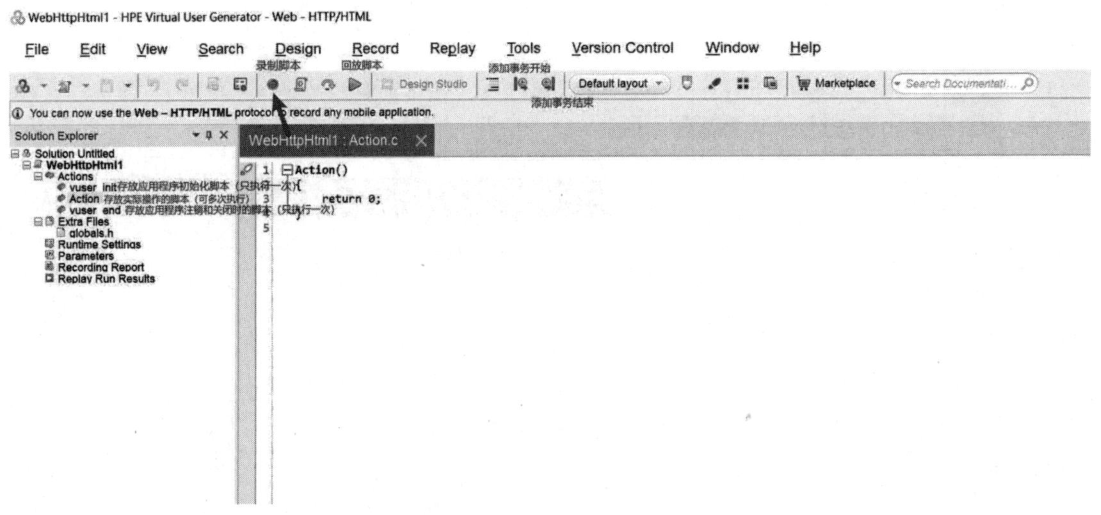

图 7-13　VUG 界面

步骤三：单击脚本录制按钮，本教程测试的项目是权限管理系统，项目部署完成后的地址为 192.168.56. 2:8080/asset_war。具体脚本录制过程如图 7-14～图 7-20 所示。

图 7-14　准备录制脚本

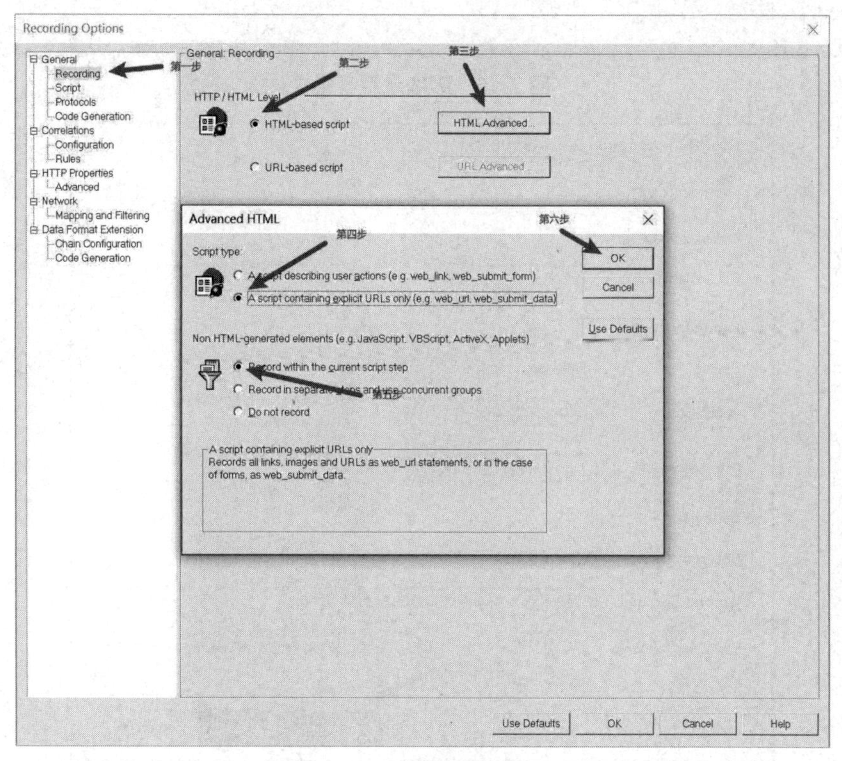

图 7-15　脚本录制设置 1

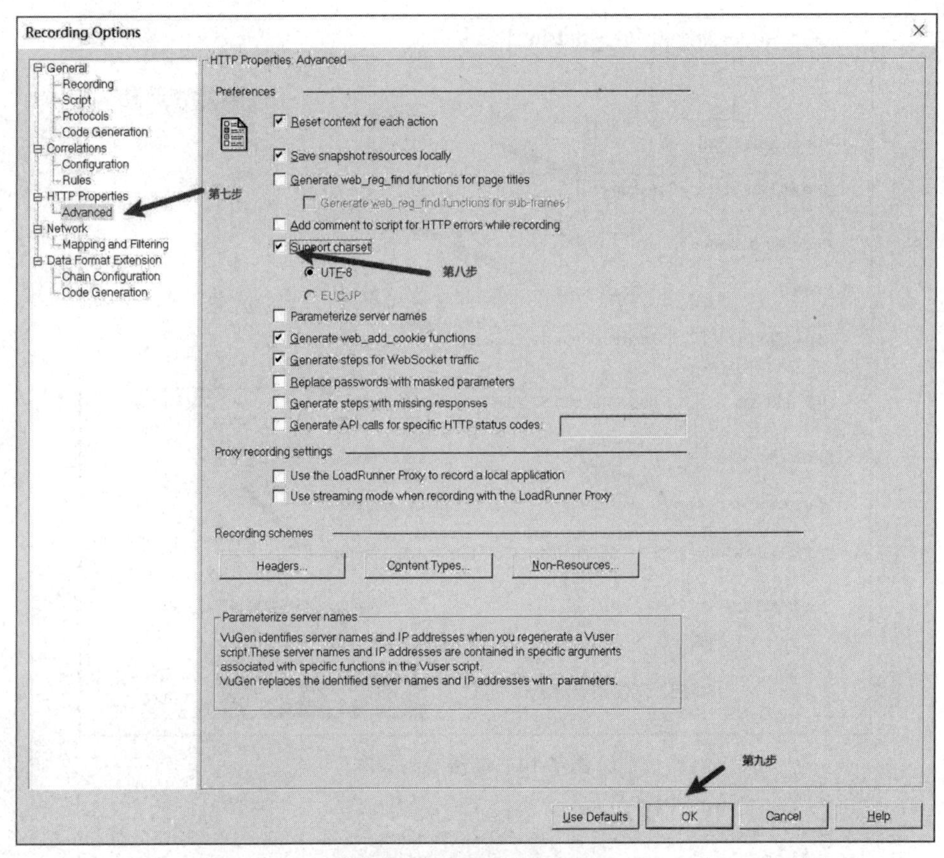

图 7-16　脚本录制设置 2

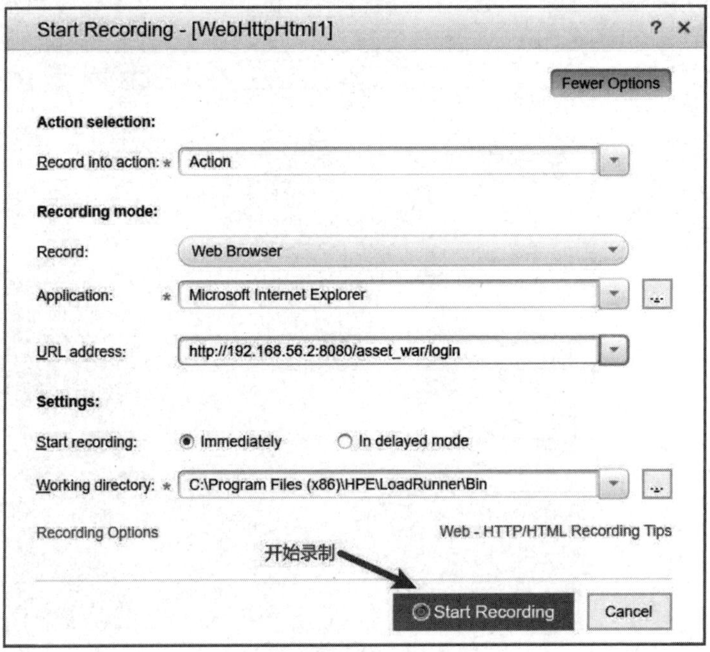

Start Recording - [WebHttpHtml1]

Fewer Options

Action selection:

Record into action: * Action

Recording mode:

Record: Web Browser

Application: * Microsoft Internet Explorer

URL address: http://192.168.56.2:8080/asset_war/login

Settings:

Start recording: Immediately　In delayed mode

Working directory: * C:\Program Files (x86)\HPE\LoadRunner\Bin

Recording Options　Web - HTTP/HTML Recording Tips

开始录制

Start Recording　Cancel

图 7-17　开始录制

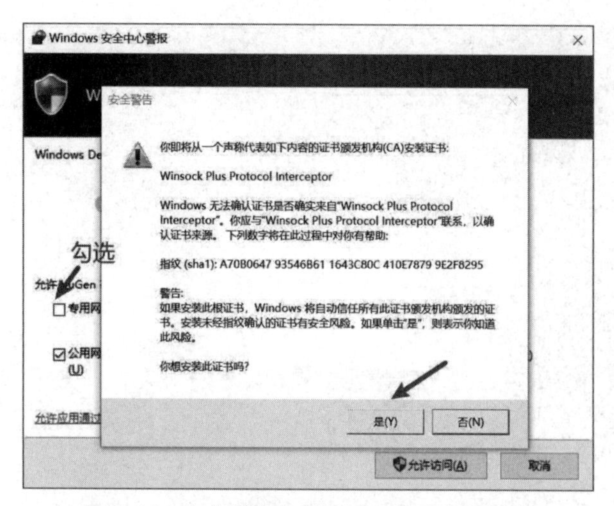

图 7-18　安全警告全部同意，勾选专用网络

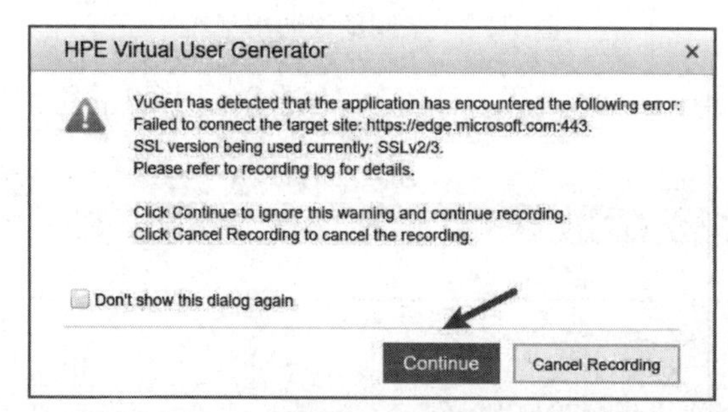

图 7-19　安全警告全部同意，勾选专用网络

图 7-20　工具栏

录制：登录系统，输入管理员的用户名和密码（见图 7-21），单击“通用字典”模块，再单击“新增”按钮，设置新增类型为目录，名称为行政区域，英文代码为 area，参数类型为一级目录，排序为 0，如图 7-22 所示。

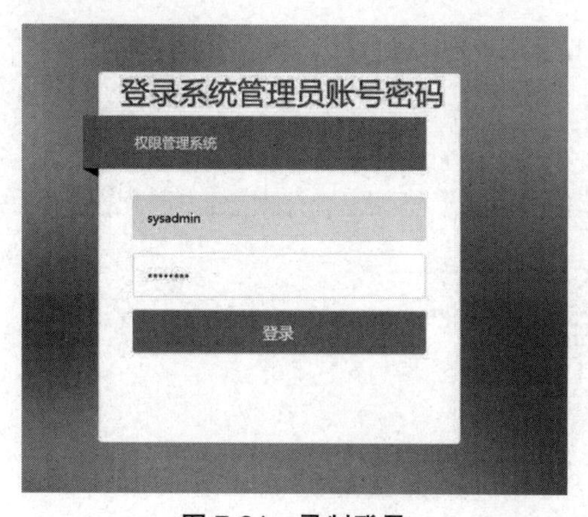

图 7-21　录制登录

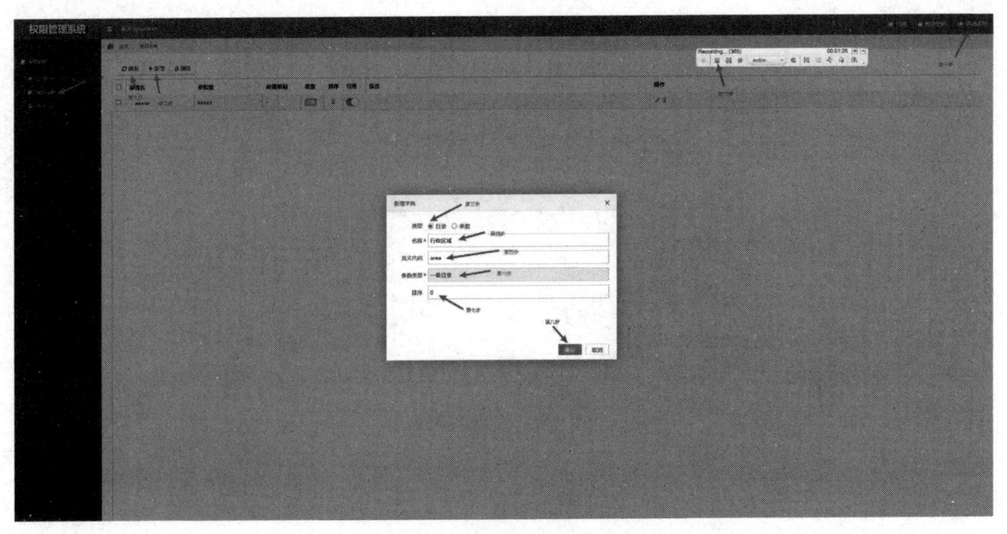

图 7-22　录制新增通用字典

步骤四：将登录的脚本剪切到 Vuser_init 中，如图 7-23 所示。

```
vuser_init()
{

    web_submit_data("login",
        "Action=http://192.168.56.2:8080/asset_war/login",
        "Method=POST",
        "TargetFrame=",
        "RecContentType=text/html",
        "Referer=http://192.168.56.2:8080/asset_war/login",
        "Snapshot=t41.inf",
        "Mode=HTML",
        ITEMDATA,
        "Name=username", "Value=sysadmin", ENDITEM,
        "Name=password", "Value=sysadmin", ENDITEM,
        "Name=code", "Value=3d6cb", ENDITEM,
        EXTRARES,
        "Url=static/plugins/layer/theme/default/layer.css?v=3.1.1", "Referer=http://192.168.56.2:8080/asset_war/", ENDITEM,
        "Url=static/plugins/layer/theme/default/loading-0.gif", "Referer=http://192.168.56.2:8080/asset_war/", ENDITEM,
        "Url=static/fonts/fontawesome-webfont.eot", "Referer=http://192.168.56.2:8080/asset_war/", ENDITEM,
        "Url=static/plugins/layer/theme/default/icon.png", "Referer=http://192.168.56.2:8080/asset_war/", ENDITEM,
        LAST);


    return 0;
}
```

图 7-23　登录脚本存放到 Vuser_init

将退出登录的脚本剪切到 Vuser_end 中，如图 7-24 所示。

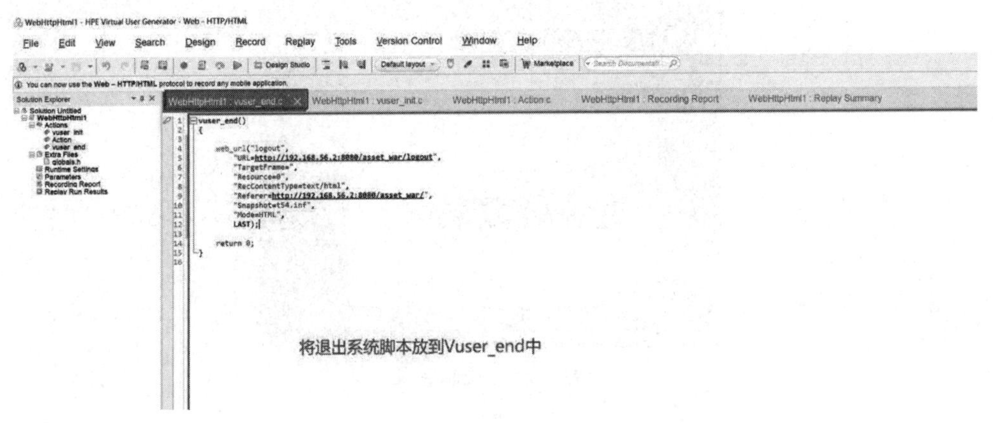

图 7-24　退出登录脚本存放到 Vuser_end

步骤五：单击回放脚本按钮，如图 7-25 所示。

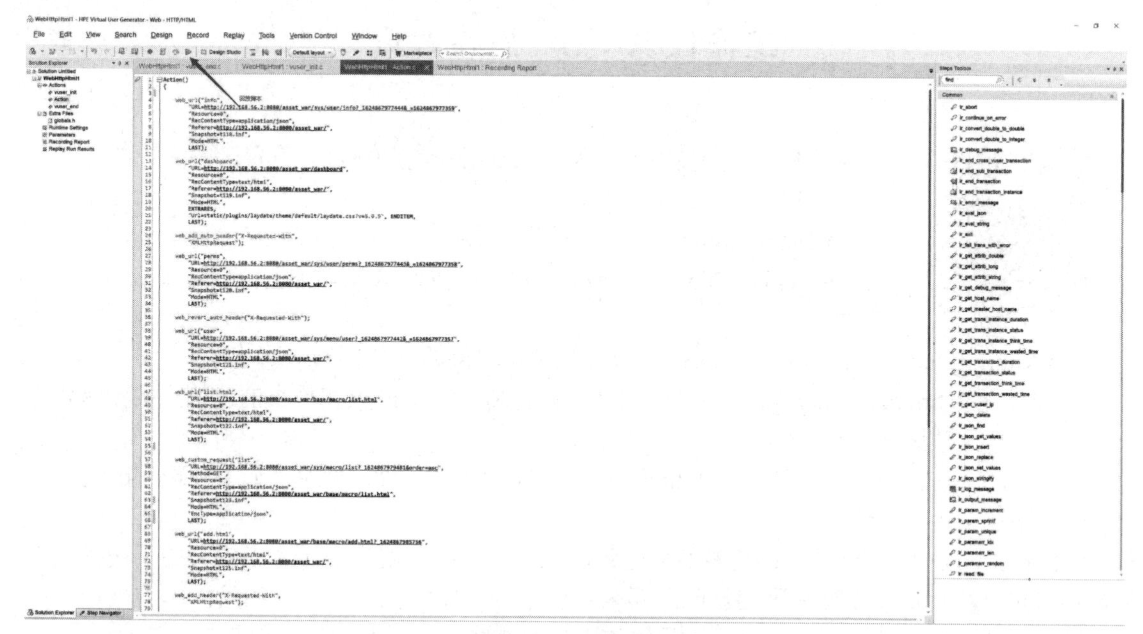

图 7-25　回放脚本

回放成功界面如图 7-26 所示。

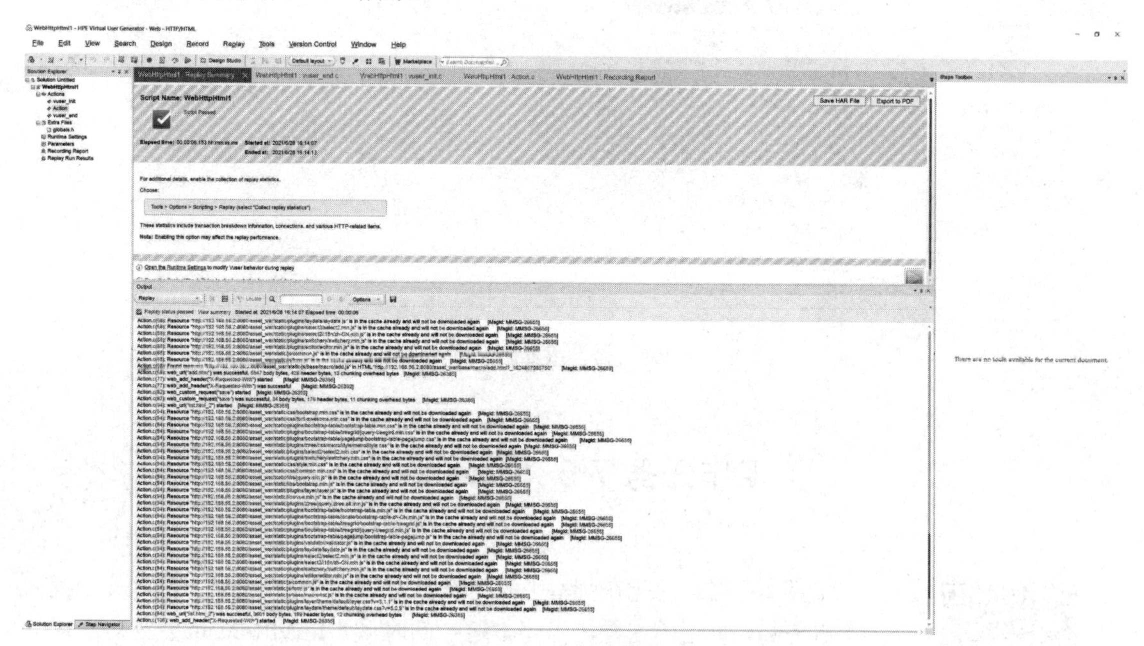

图 7-26　回放成功界面

工作任务 7.5　思考时间

思考时间

思考时间指模拟人在使用软件时思考的时间。设置脚本运行的思考时间（见图 7-27）：

● Ignore think time：忽略思考时间。

● Replay think time as recorded：按照录制时获取的 think time 回放脚本。

● Multiply recorded think time by：按照录制时获取值的整数倍回放脚本。

● Use random percentage of recorded think time：制定一个最大和最小的比例，按照两者之间的随机值回放脚本。

● Limit think time to：限制 think time 的最大值，脚本回放过程中，如果发现有超过这个值的，用这个最大值代替。

LoadRunner 采用脚本中定义事务来达到这一要求。事务就是在脚本中定义的某段操作，更确切来说，就是一段脚本语句。除了要衡量整个脚本的性能，还需要衡量脚本中某一段或几段操作的性能，以便更详细地知道具体是用户的哪些动作对系统的性能影响比较大。

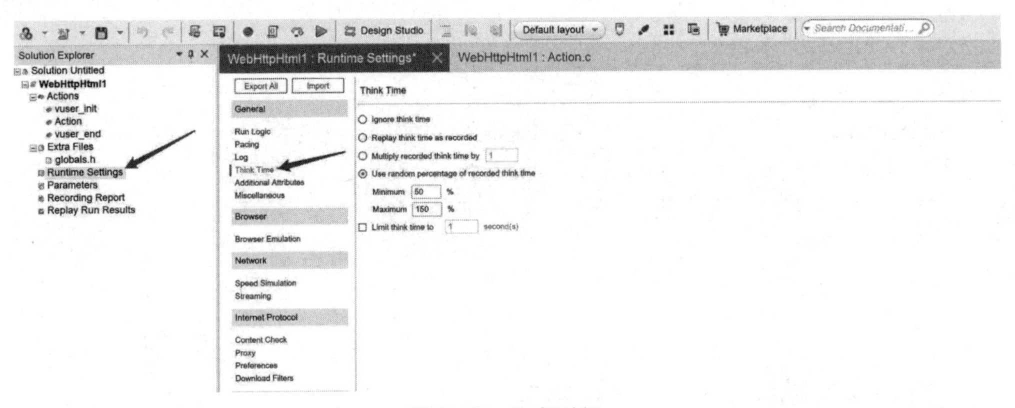

图 7-27　思考时间

工作任务 7.6　插入事务

插入事务

定义事务时，首先在脚本中找到事务的开始和结束位置，然后分别插入一个事务起始标记。这样，当脚本运行的时候，LoadRunner 会自动在事务的起点开始计时，脚本运行到事务的结束点时计时结束，系统会自动记录这段操作的运行时间等性能数据。

在脚本运行完毕以后，系统会在结果信息中单独反映每个事务的运行结果。在新增字典功能插入事务，如图 7-28 所示。

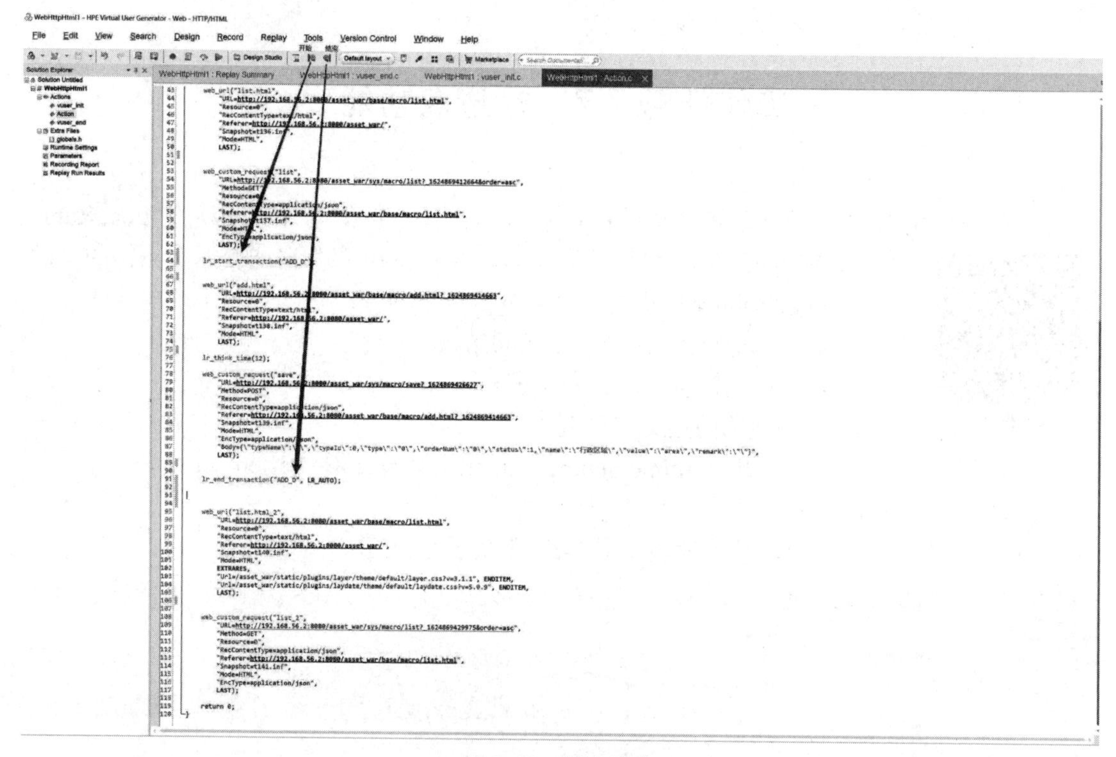

图 7-28　插入事务

回放脚本，如图 7-29 所示。

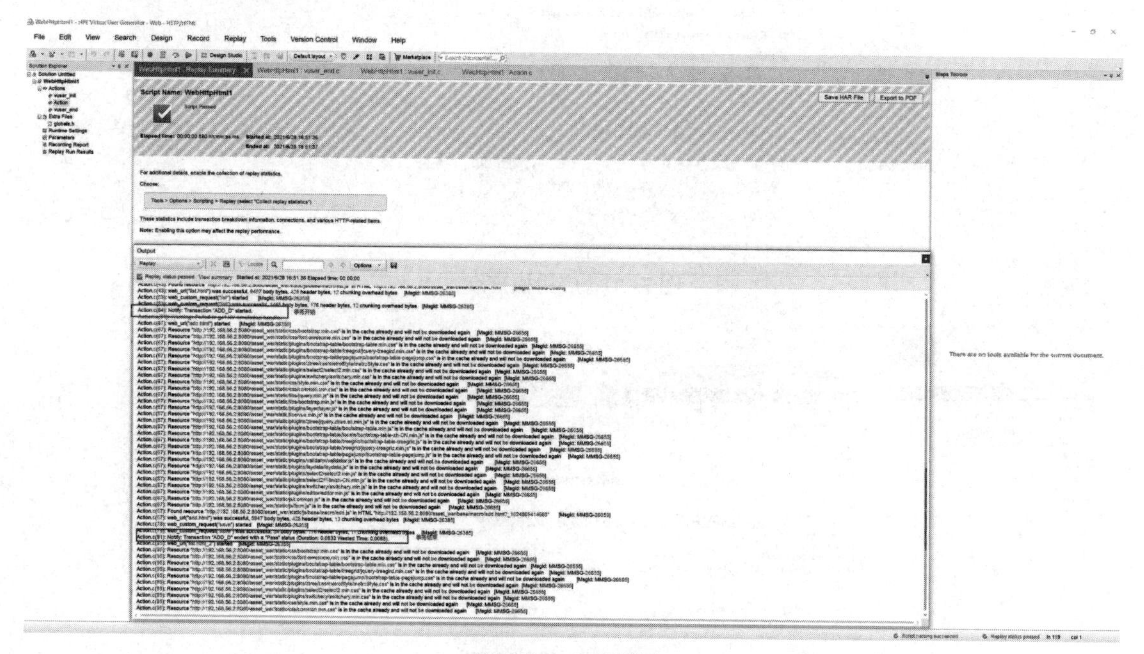

图 7-29　回放脚本

工作任务 7.7　检查点功能

检查点的功能主要用于验证某个界面上是否存在指定的 Text 对象。在使用 LoadRunner 测试 Web 应用时，可以检查压力较大时 Web 服务器能否返回正常的页面。

检查点

LoadRunner 提供的检查点分为以下两种：

- 文本检查点：web_reg_find()。
- 图片检查点：web_image_find()。

本书使用的是文本检查点。

启用检查点功能：依次打开 Runtime Setting→Internet Protocol→Perferences。

启用检查点，如图 7-30 所示。

将检查点设为行政区域，具体设置如图 7-31 和图 7-32 所示。

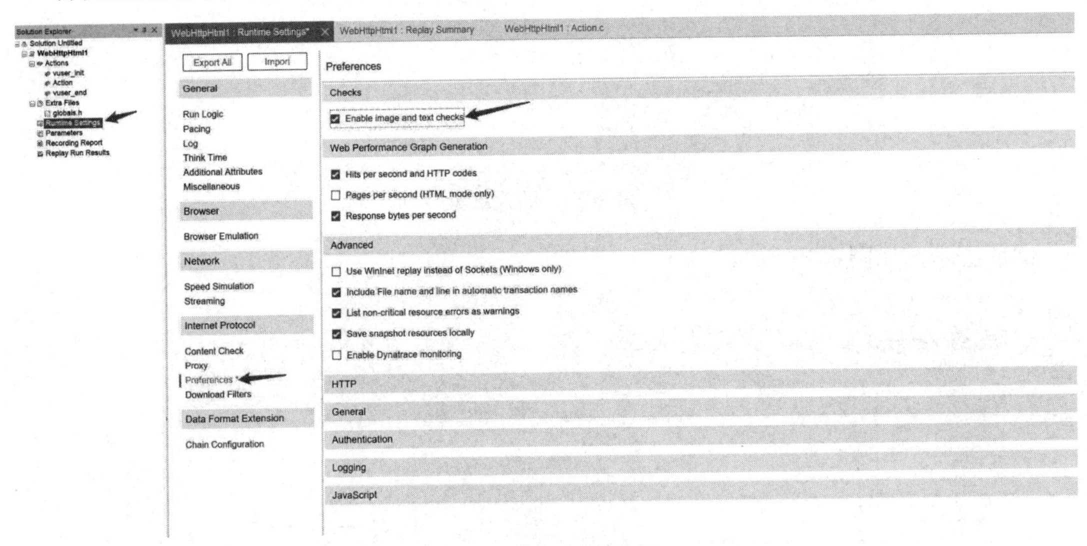

图 7-30　启用检查点

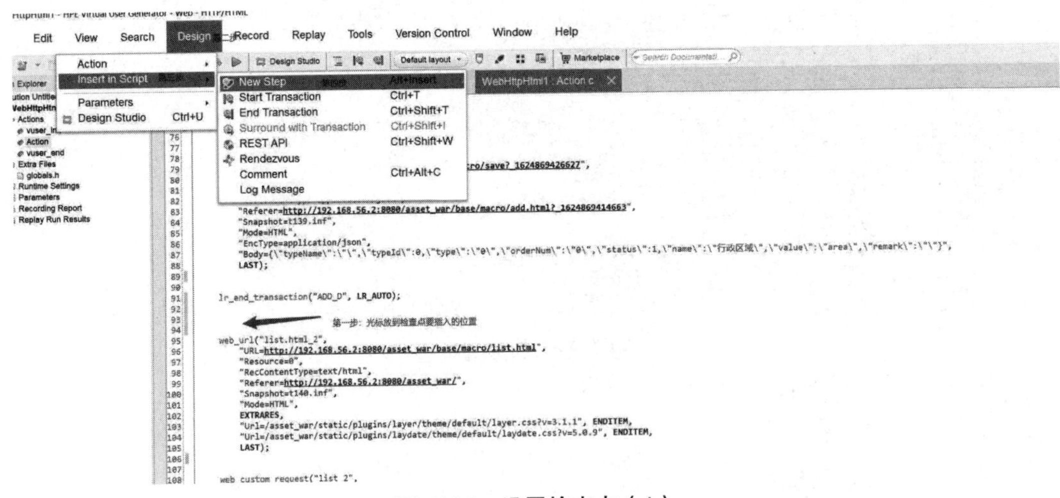

图 7-31　设置检查点（1）

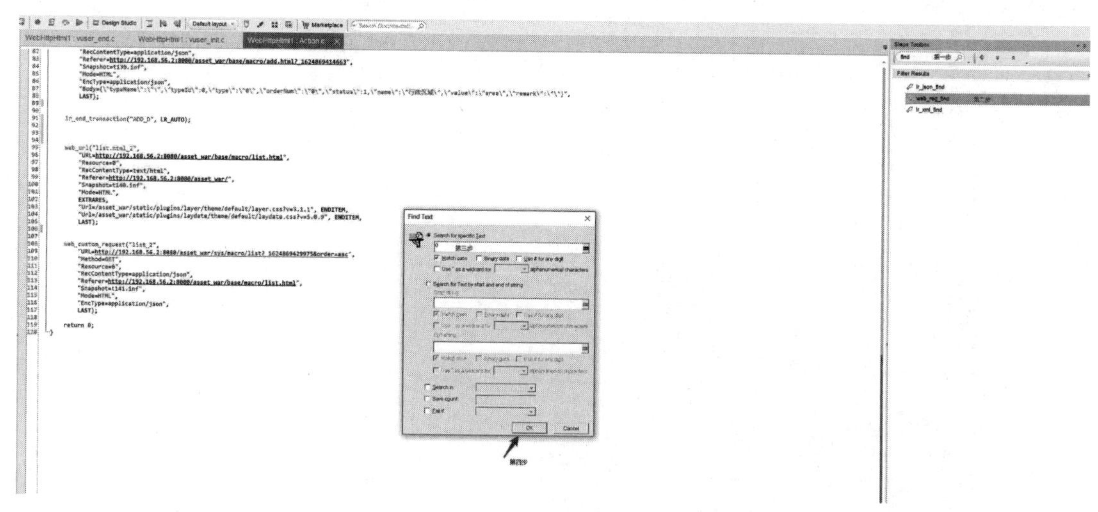

图 7-32　设置检查点（2）

检查点设置完成结果如图 7-33 所示。

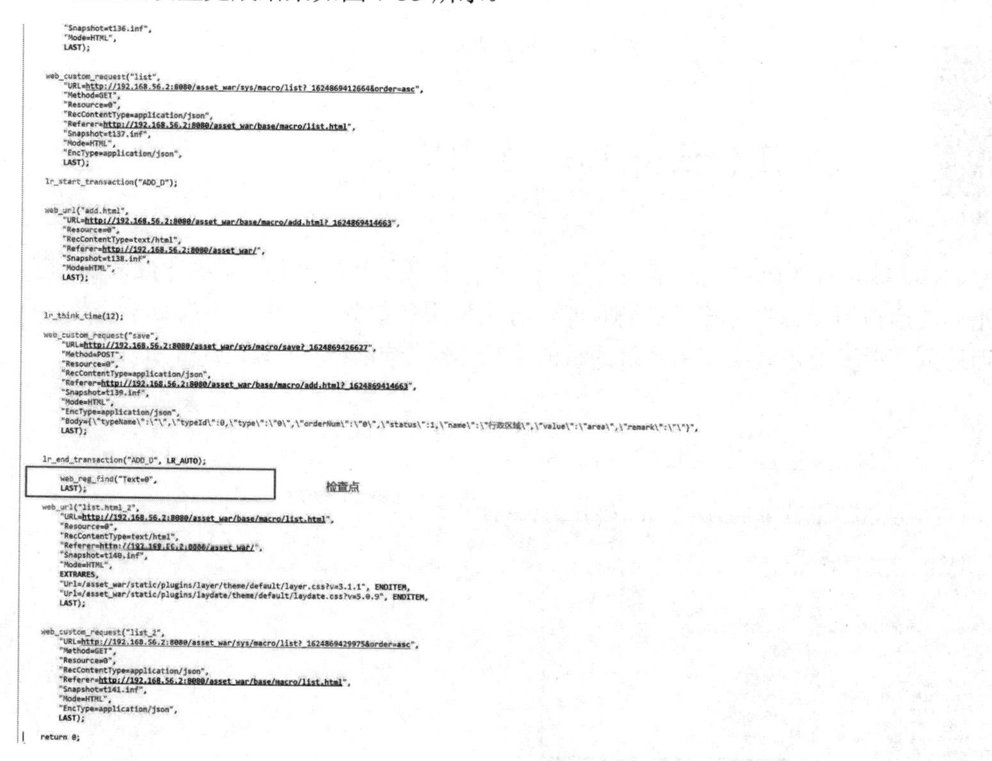

图 7-33　检查点设置完成

回放脚本如图 7-34 所示。

图 7-34　回放脚本

参数化

工作任务 7.8　参数化

脚本参数化，就是针对脚本中的某些常量，定义一个或多个包含数据源的参数来取代它，让场景中不同的虚拟用户在执行相同的脚本时，分别使用参数数据源中的不同数据代替这些常量，从而达到模拟多用户真实使用系统的目的，具体操作如图 7-35～图 7-38 所示。

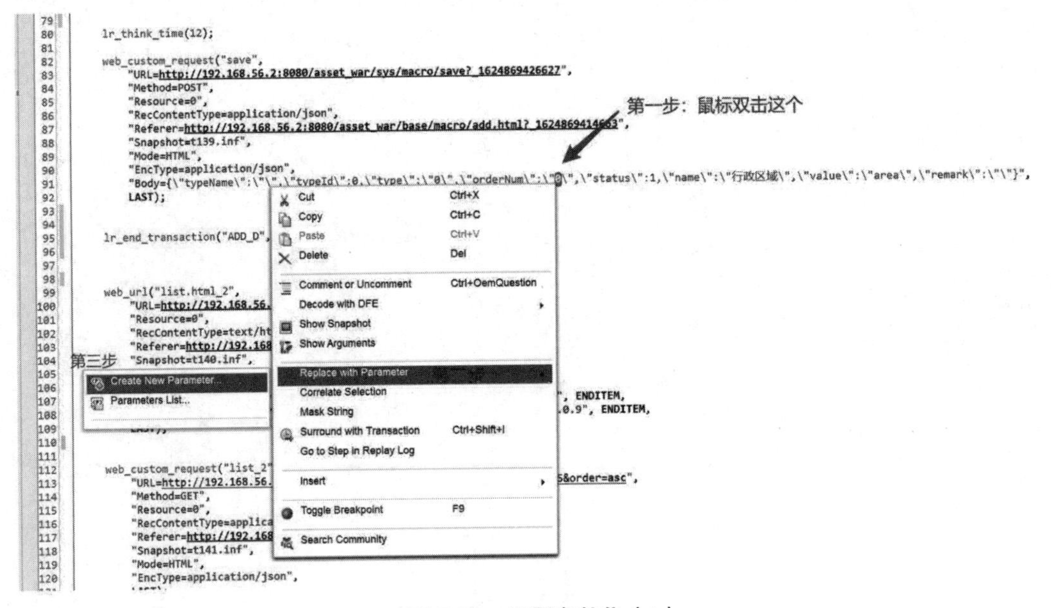

图 7-35　设置参数化（1）

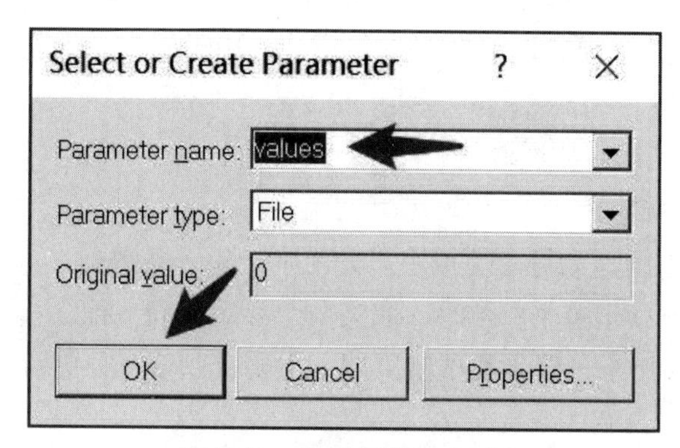

图 7-36　设置参数化（2）

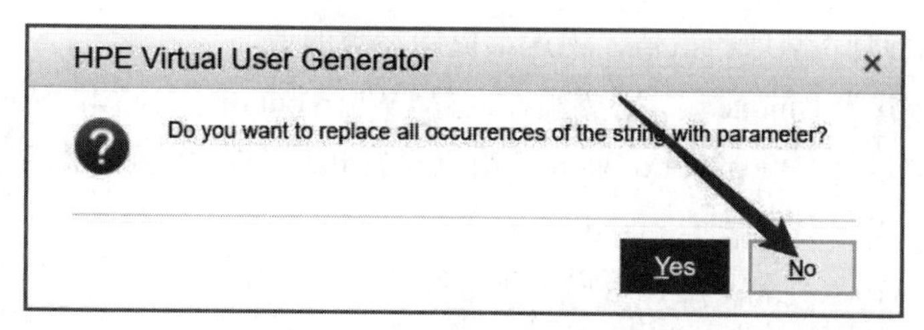

图 7-37　设置参数化（3）

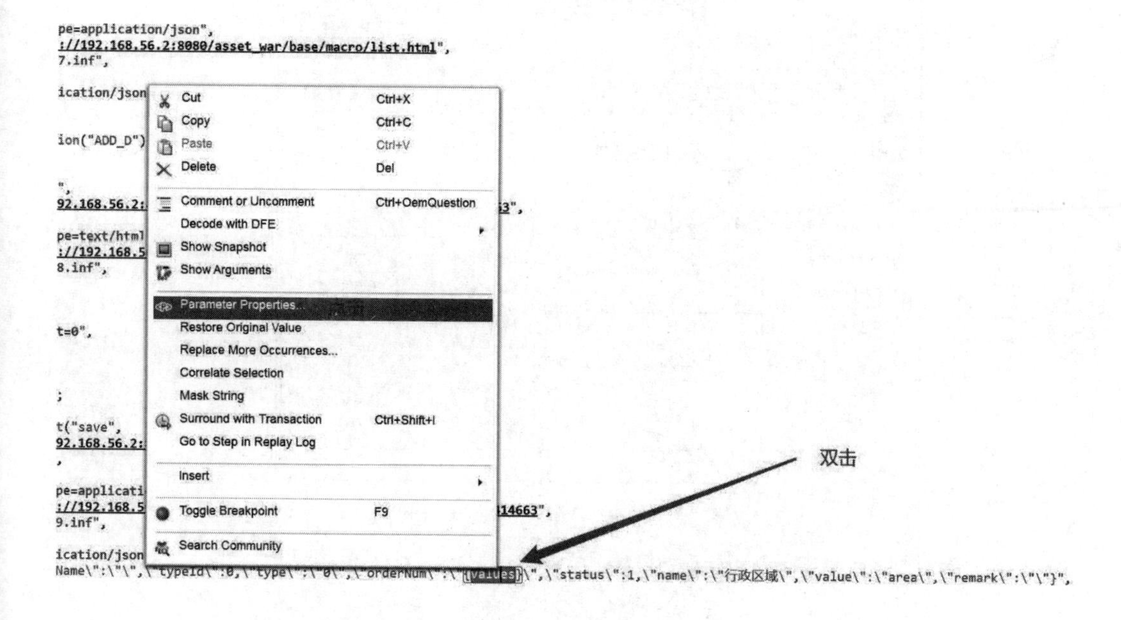

图 7-38　设置参数化（4）

如图 7-39 所示，Select column 的方式默认选择“By number”，并且设置 number 为 1，即选择第一列参数。当然也可以选择“By name”，选择变量参数名称即可。“Select next row”用于设置参数取值方式，主要有以下 4 种取值方式，由于用户名不能重复，在此选择取值方式为“Unique”。

① Sequential：按照顺序依次取值。

② Random：随机取值。

③ Unique：唯一取值，为每个虚拟用户分配唯一的一条数据。

④ Same line as ***：当多个参数时，取某一个参数的同一行。

“Update value on”用于设置参数更新周期，主要有以下三种更新周期，在此选择每次迭代时更新。

① Each iteration：每次迭代时更新参数的值。

② Each occurrence：每次使用该参数时更新参数的值。

③ Once：执行脚本只取一次值，中途不更新参数的值。

当选择取值方式为 Unique 时，需要额外设置“When out of value”和“Allocate vuser values in the controller”。其中“When out of value”用于设置 dat 文件中的值个数不够时的处理方式，主要有以下几种方式。

① Abort Vuser：放弃剩下虚拟用户，不再取值。

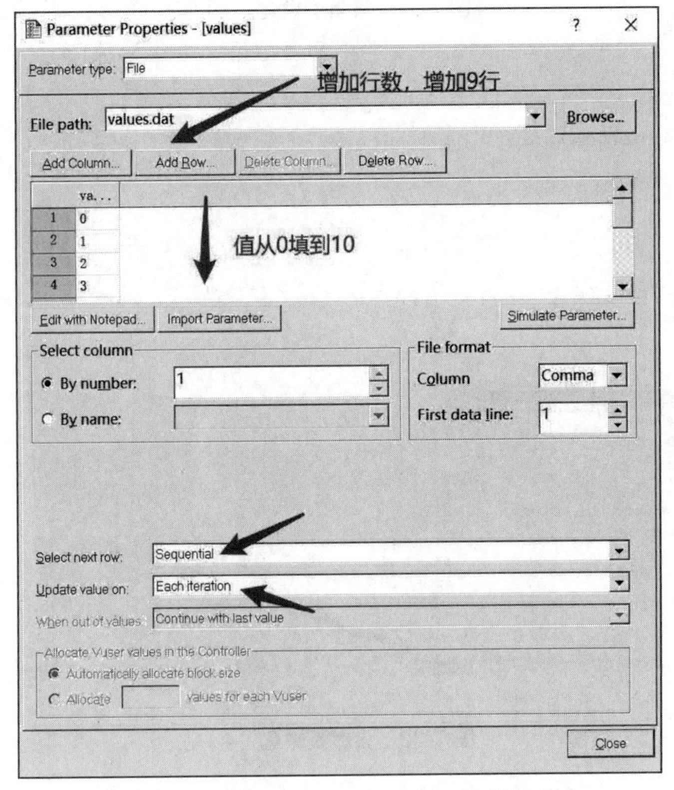

图 7-39　参数化设置，单击“Close”按钮保存

② Continue in a cyclic manner：以循环的方式，重新从开头取值。

③ Continue with last value：当 dat 文件中的值取完后，持续取最后一个值。

“Allocate vuser values in the controller”：设置在 controller 中并发迭代执行脚本时，为每个 Vuser 分配的参数块大小。选择“Automatically allocate block size”，系统会以迭代次数作为参数块大小。为每个 Vuser 分配参数。例如，dat 文件中有 50 个 Username，当迭代次数为 5，Vuser 个数为 8 时，会将 Test1～Test5 分配给 Vuser1，Test6～Test10 分配给 Vuser2，以此类推。当 dat 文件中的值不足时，例如，迭代次数为 6，Vuser 个数为 9 时，最后一个 Vuser 只分配到了 2 个值，值不足时会根据“When out of value”设置的方式处理，但是仅在块内取值，即只能循环取这两个值。“Allocate ** values for each Vuser”顾名思义就是手动设置参数块大小。

采用“Automatically allocate block size”方式的优点是方便，不需要根据场景反复编辑脚本，缺点就是 dat 文件中的值个数不够时，Vuser 分配不到值会报错。而手动设置的优点就是人为控制出错较少，但是每次都需要修改脚本，比较麻烦。

双击 password 的“value”按钮，单击“Replace with a parameter”，输入参数名称“passwd”，单击“properties”按钮，依旧选择 File 类型参数，单击 Browse 选择之前创建的文件 username.dat，单击“Add column”添加列“passwd”。与之前方式一致，输入 50 个 password 值，取值方式设置为“Same line as username”，确保用户名与密码一一对应。具体操作如图 7-40～图 7-42 所示。

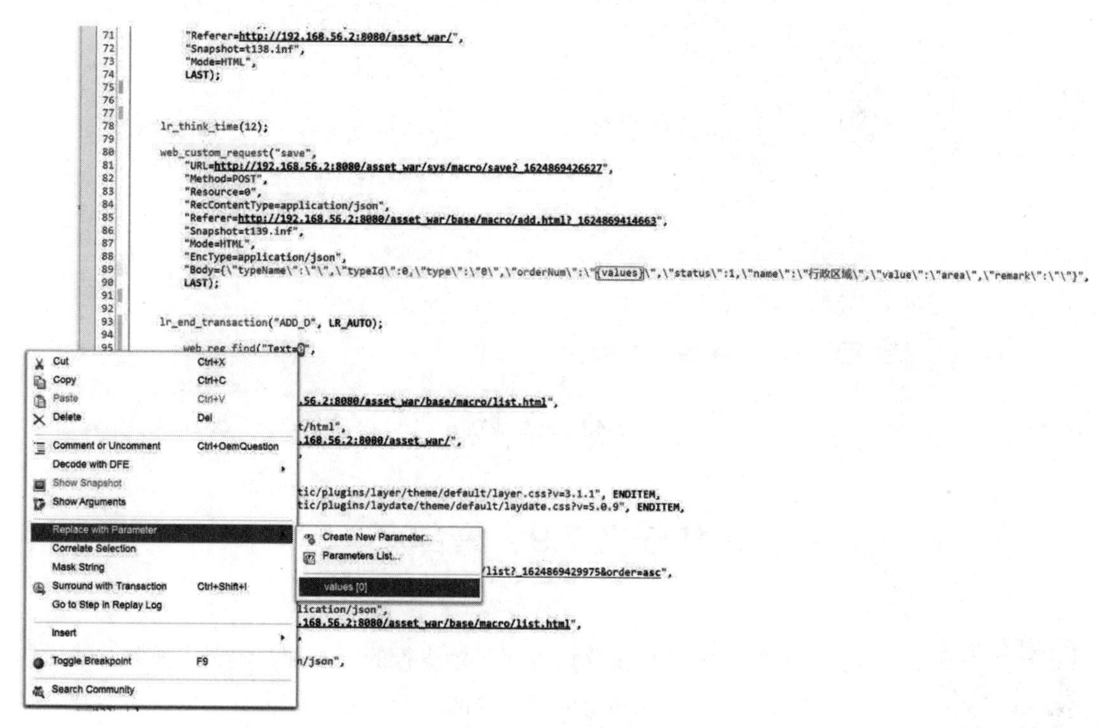

图 7-40　设置参数化

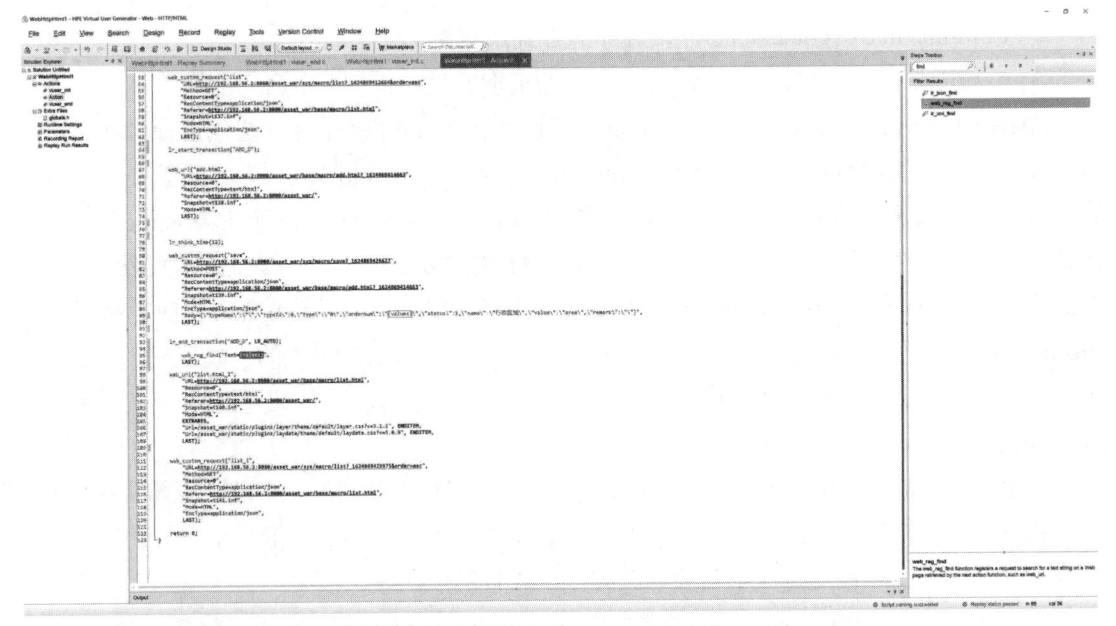

图 7-41　回放脚本

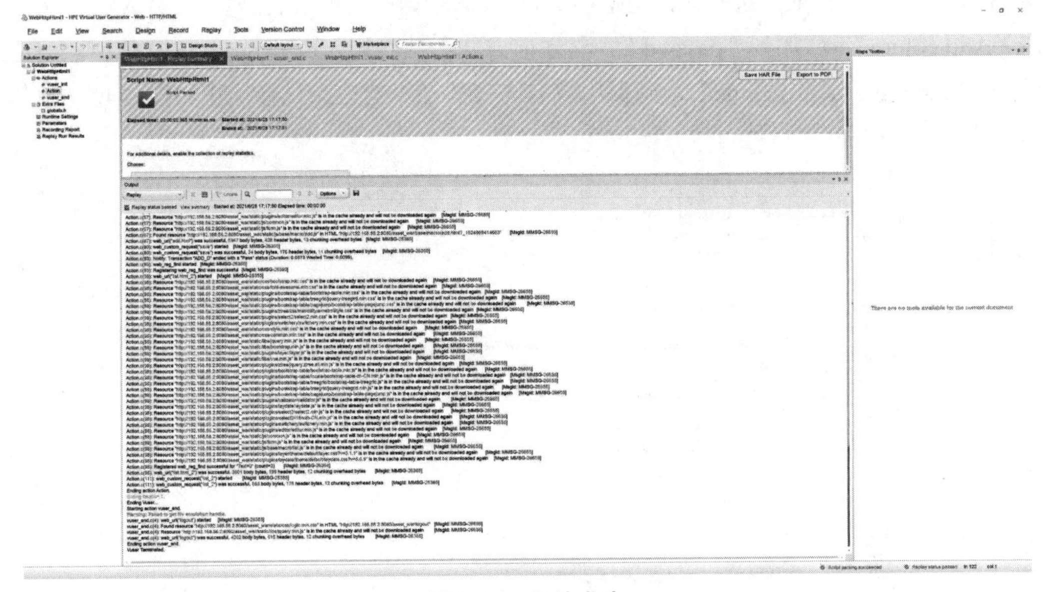

图 7-42　回放成功

工作任务 7.9　集合点

集合点和场景

一般的并发过程仅仅体现在开始执行的一刹那，随着服务器对请求的响应时间的不一致或系统环境条件的限制，用户的执行速度将不一致，在运行的过程中能够集合到一点的可能性很小，这种并不是真正意义的并发。

系统压力最大的情况是：所有用户都集合到系统瓶颈的某个点上进行

操作。

从脚本的角度讲，这个点就是执行脚本的某一条或一段语句，为了真实模拟这种情况，LoadRunner 提供集合点的功能，实现真正意义上的并发。

注意：集合点只能放在 action 中，而不能放在 vuser_init()和 vuser_end()中。在脚本中插入集合点（见图 7-43）。在工具栏中找“Desgin”选项，选择“Insert in Script”选项，选择“Rendezvous”选项。在打开界面中给集合点起个名字如图 7-44 所示。

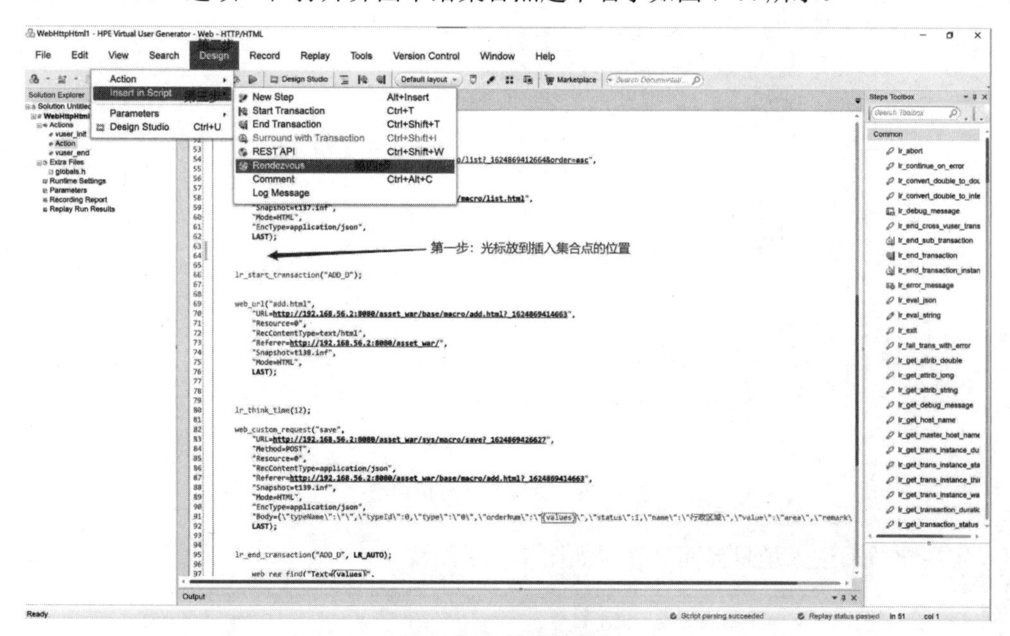

图 7-43 插入集合点

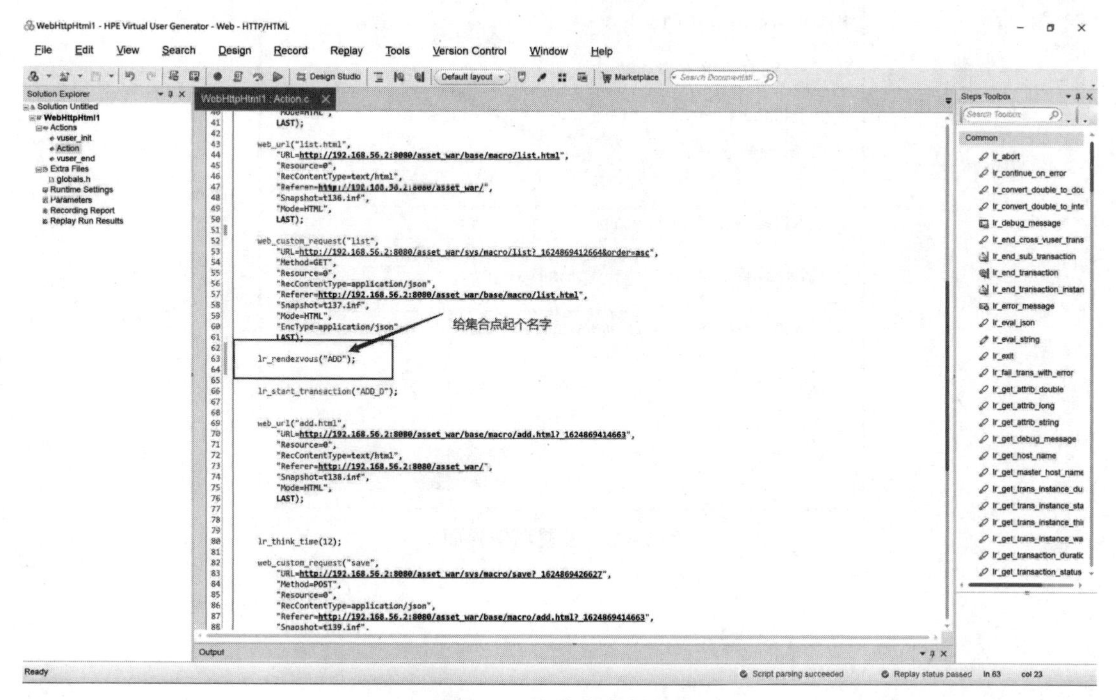

图 7-44 为集合点起名字

设置集合点用户数，具体如图 7-45 所示。

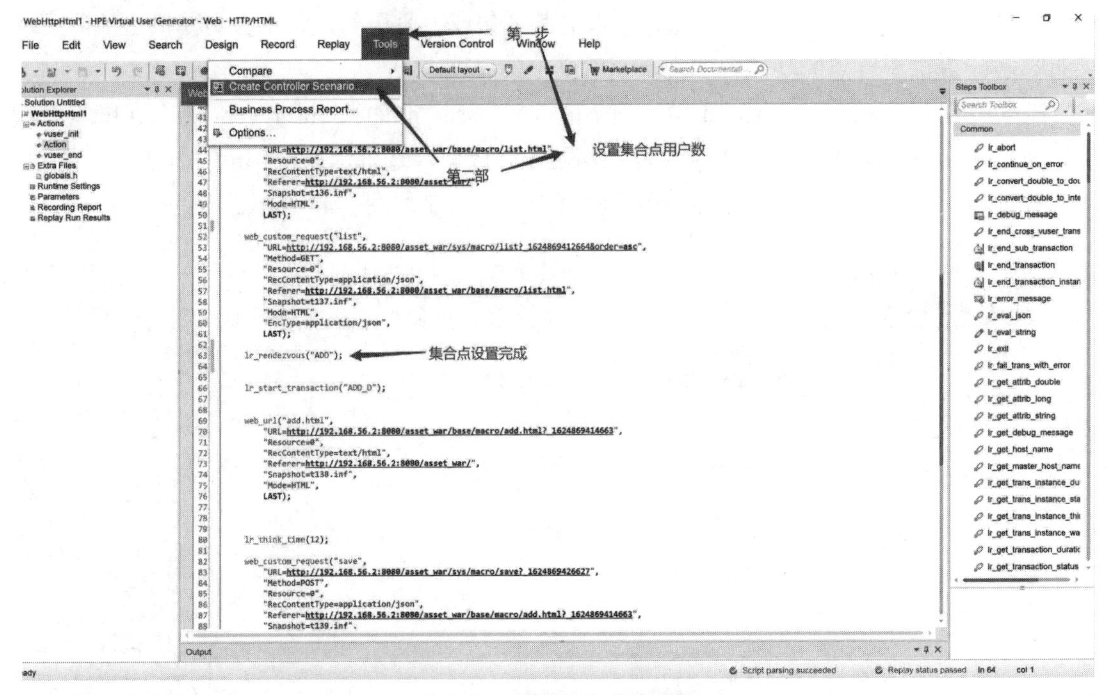

图 7-45　设置集合点用户数

设置用户数后进入场景界面，设置如图 7-46 所示。

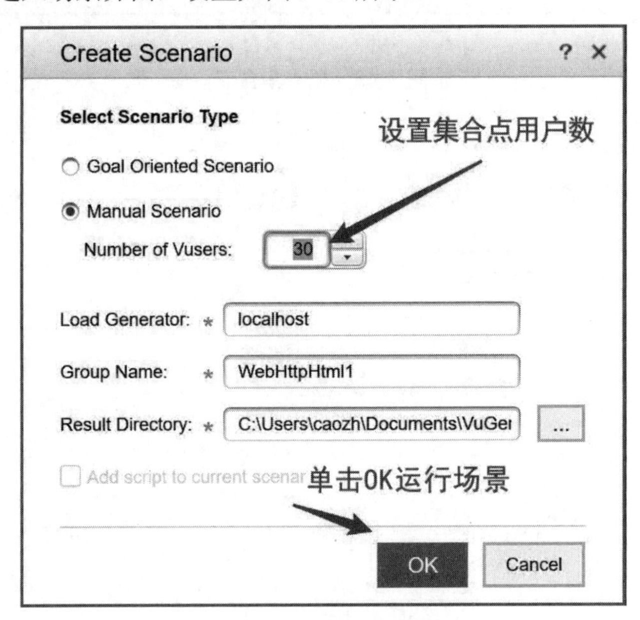

图 7-46　设置场景界面

工作任务 7.10　场景

模拟某些极端场景，对软件的各方面性能进行接近真实场景的测试。场景设置过程如图 7-47～图 7-54 所示。

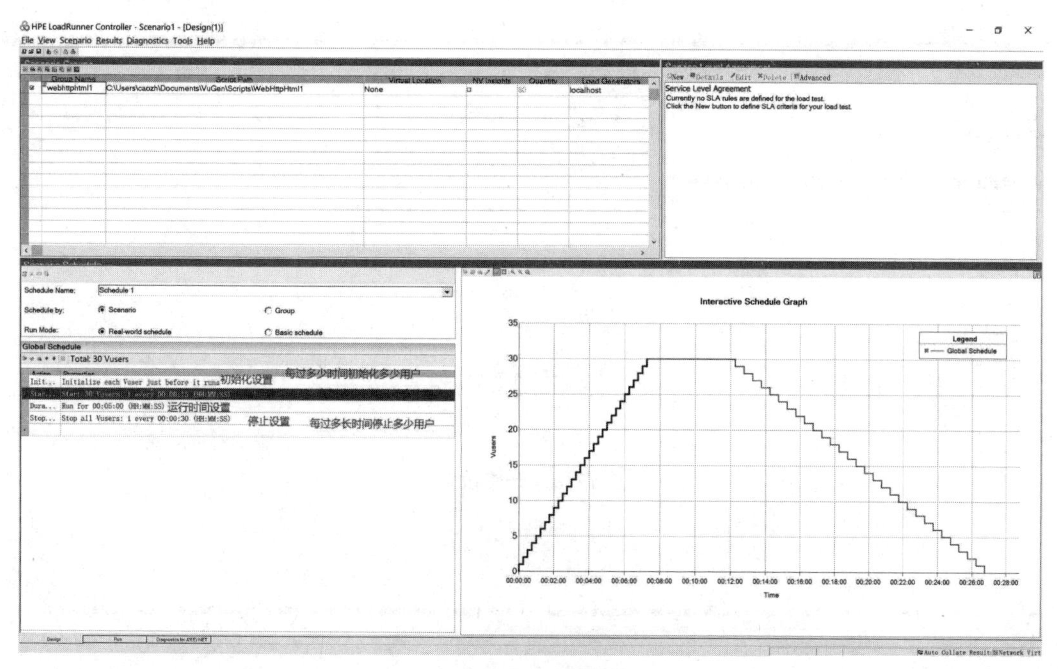

图 7-47　场景界面

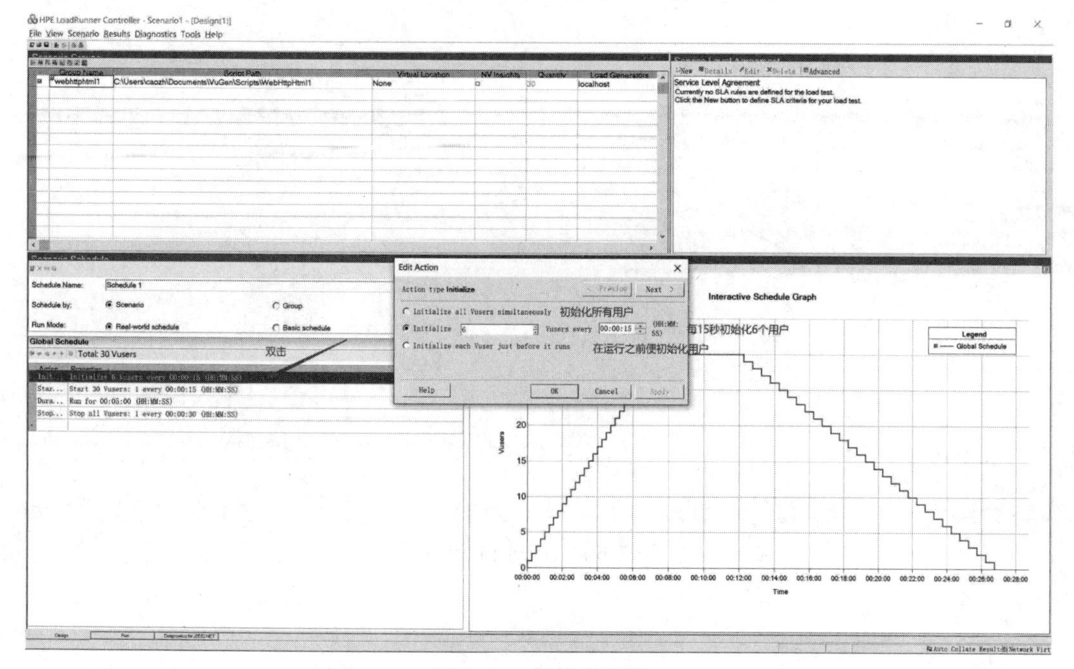

图 7-48　初始化设置

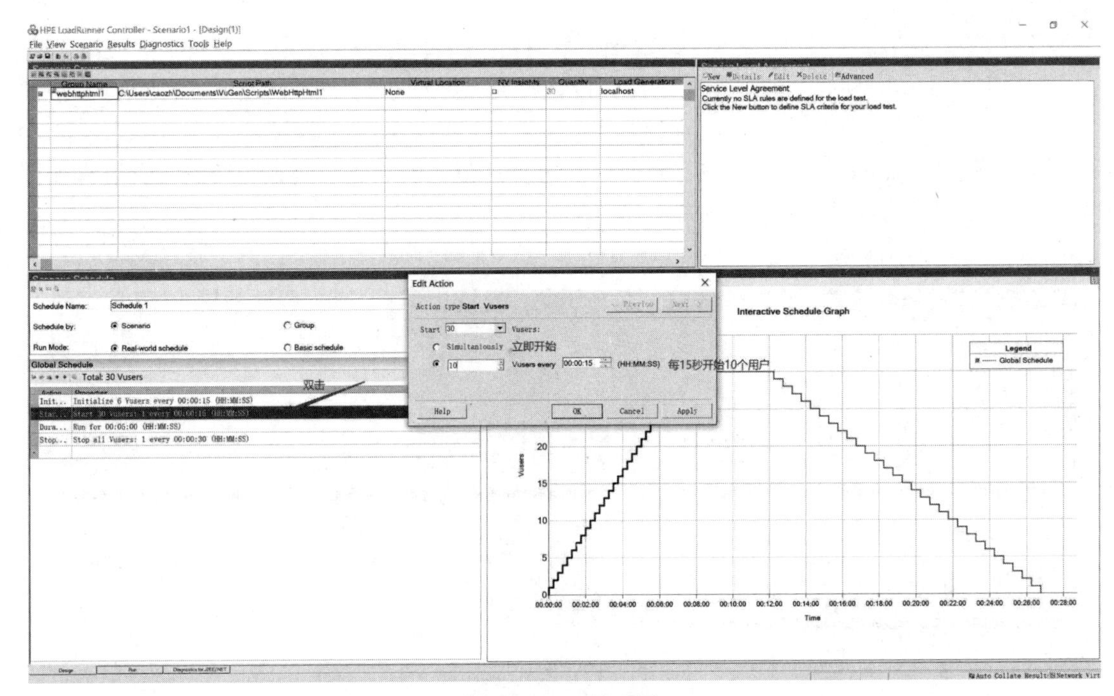

图 7-49　开始设置

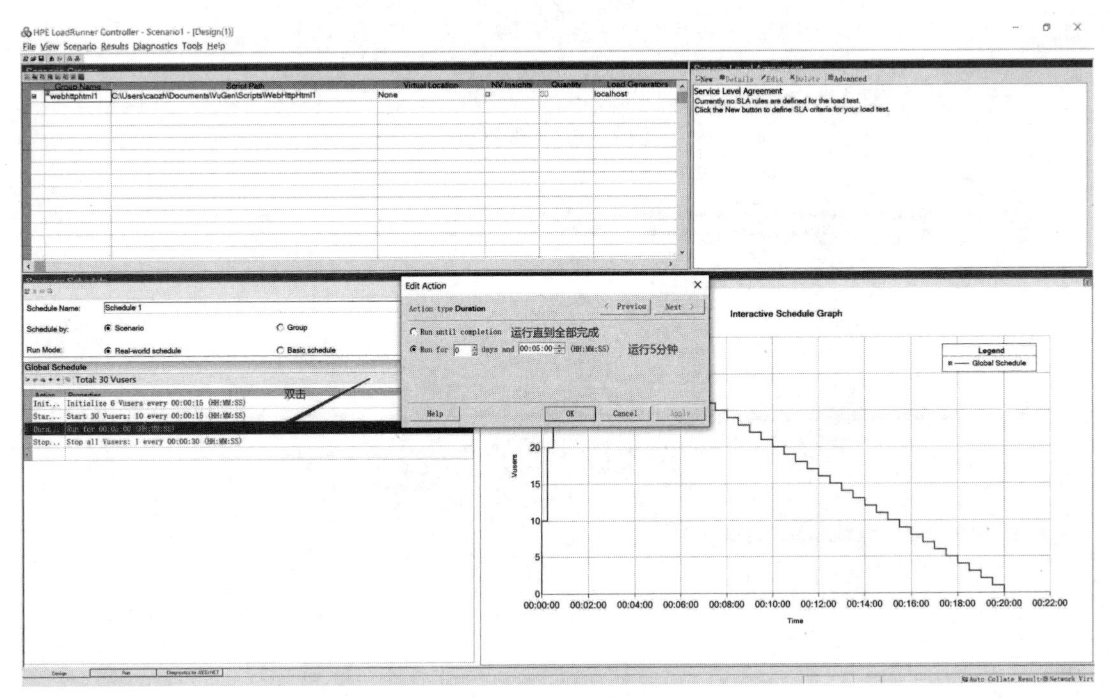

图 7-50　运行时间设置

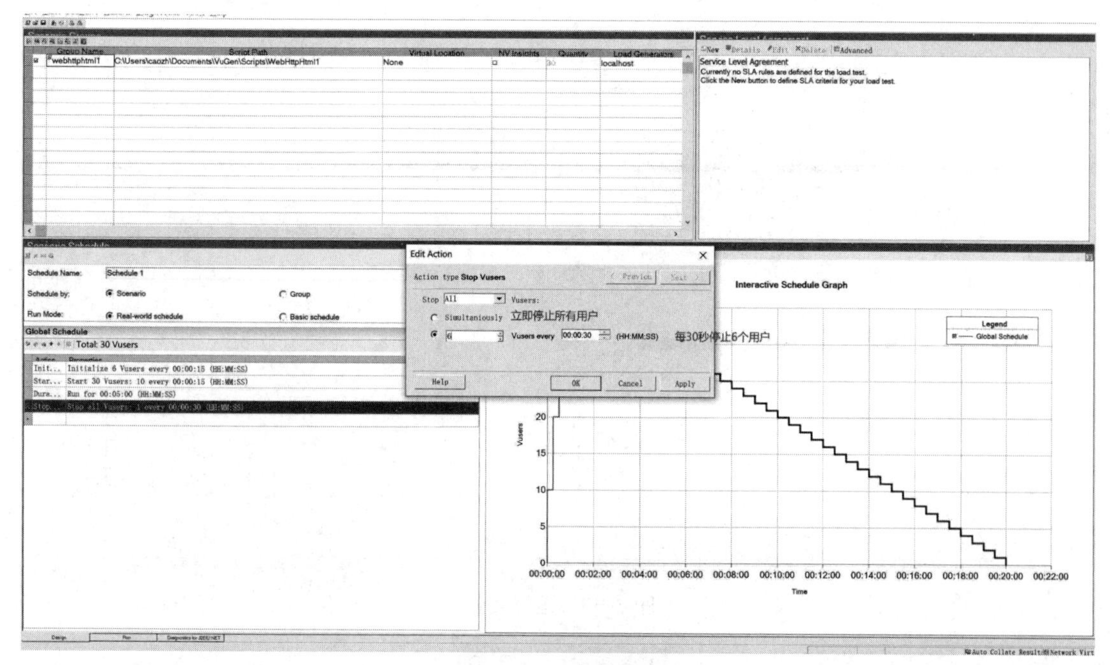

图 7-51　停止设置

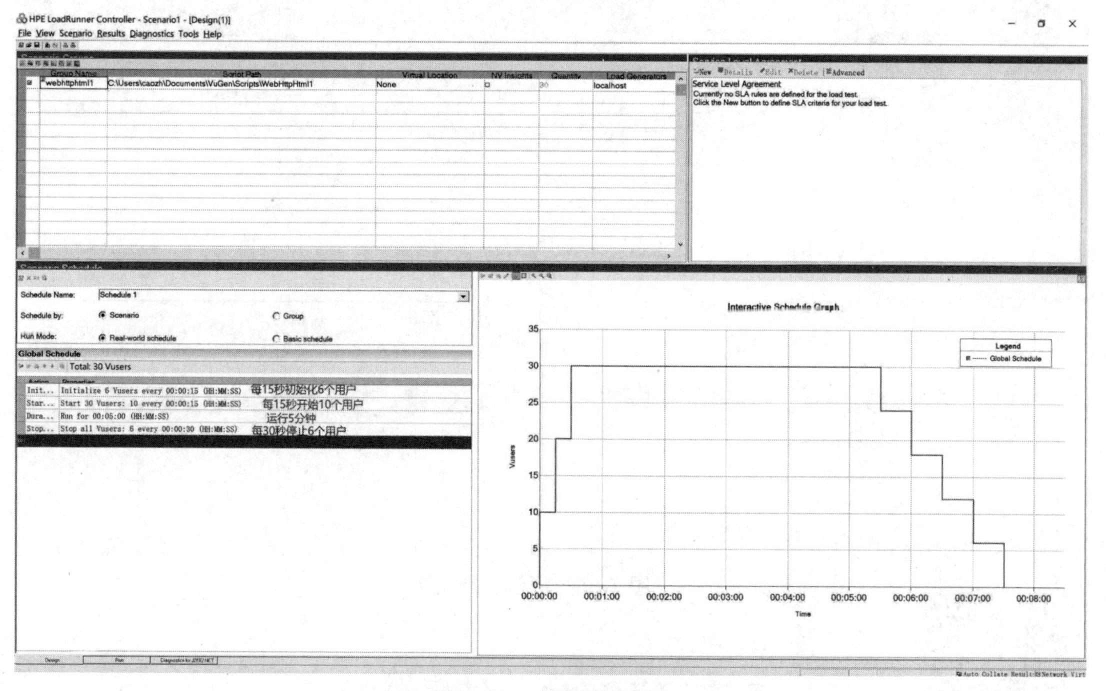

图 7-52　场景设置完成

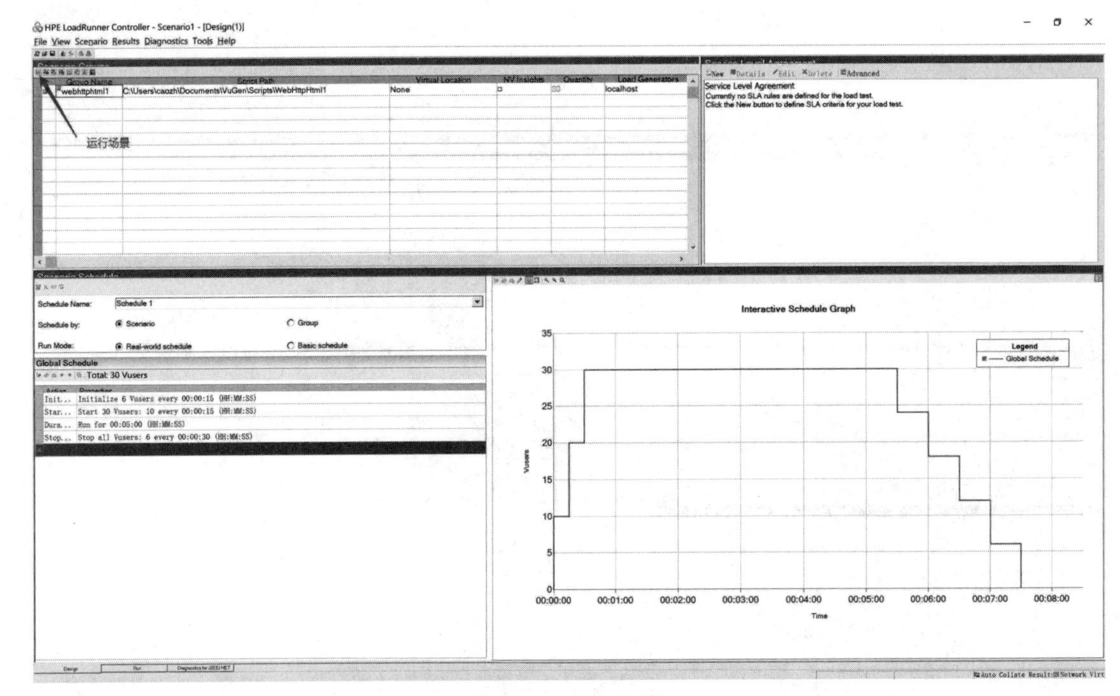

图 7-53　运行场景

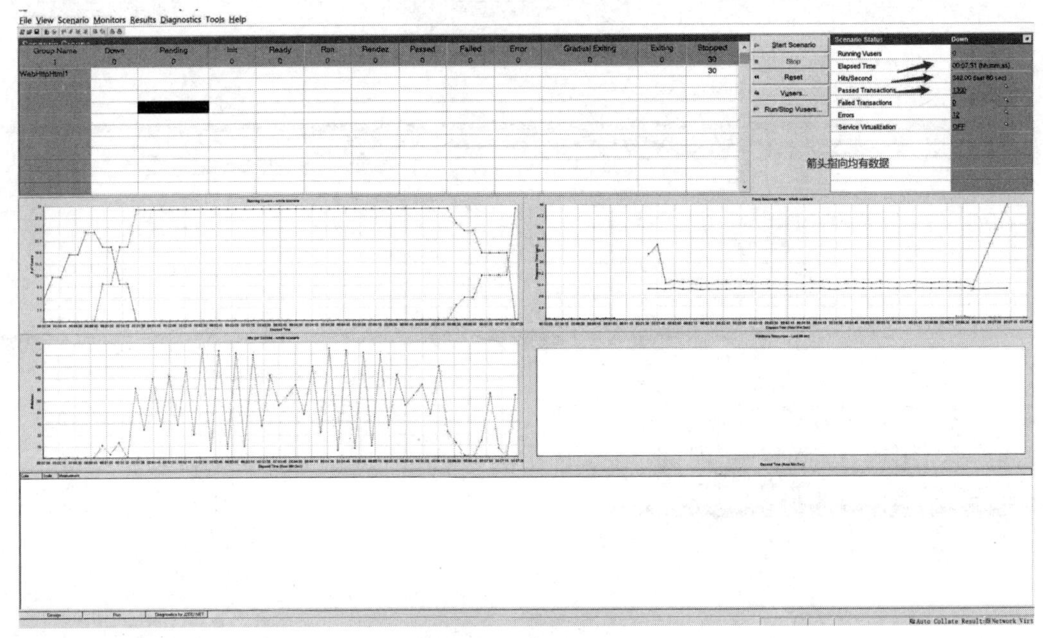

图 7-54　场景运行完毕

工作任务 7.11　结果分析

结果分析是为了更直观地观察系统的性能指标，从而方便对系统进行评估。结果分析过程如图 7-55～图 7-61 所示。

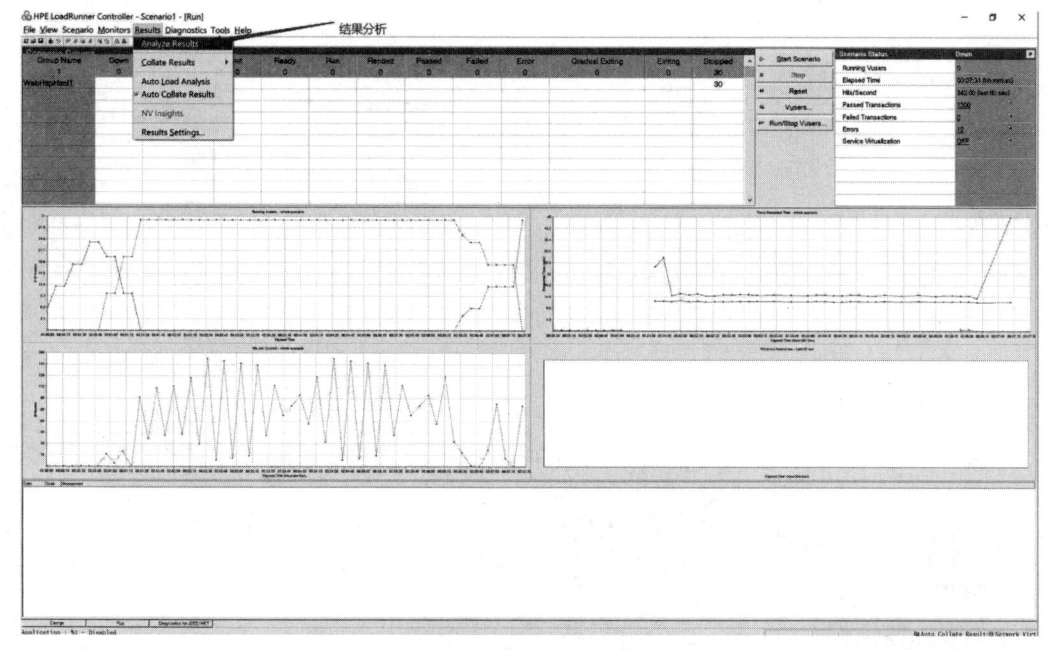

图 7-55　结果分析

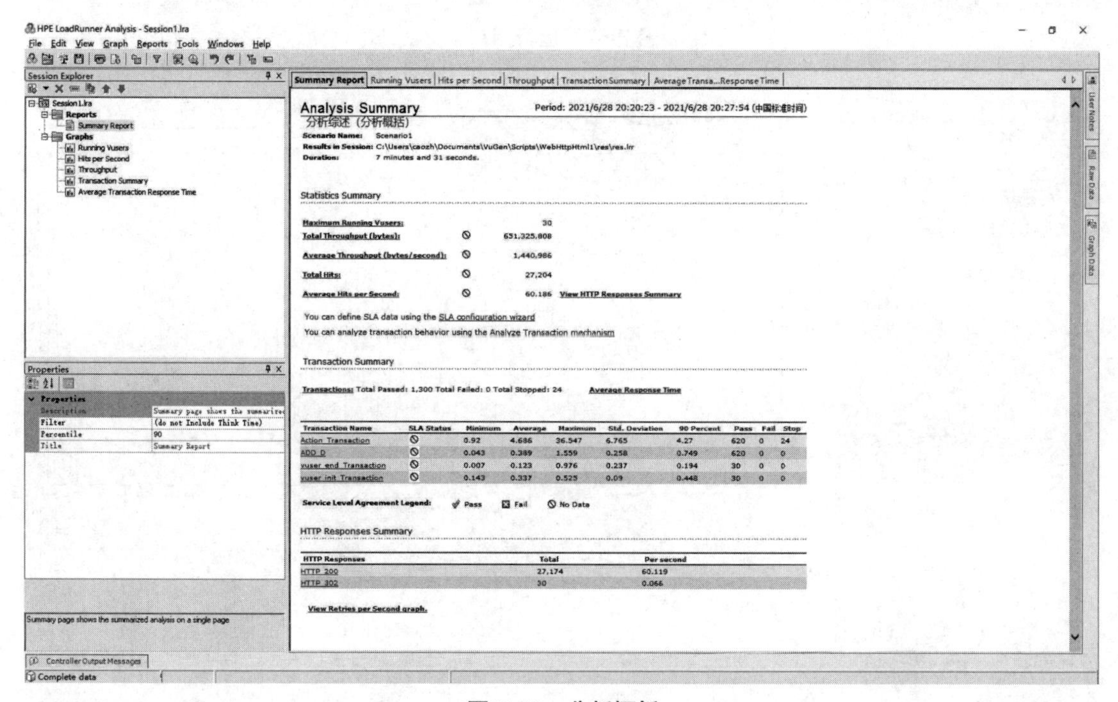

图 7-56　分析概括

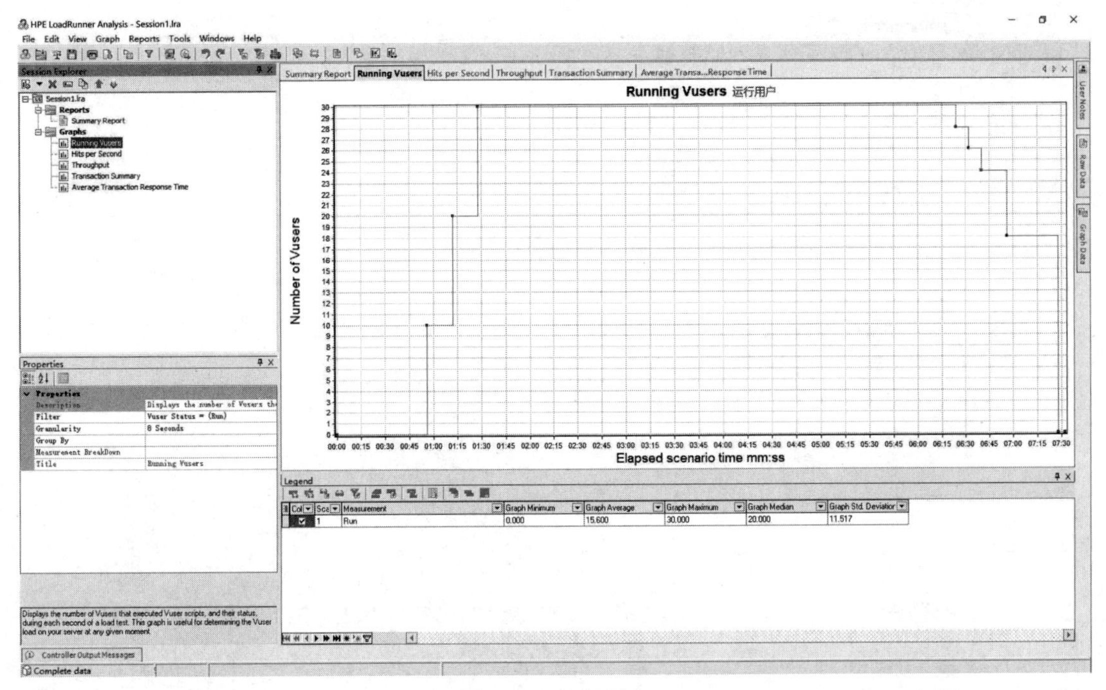

图 7-57　运行用户

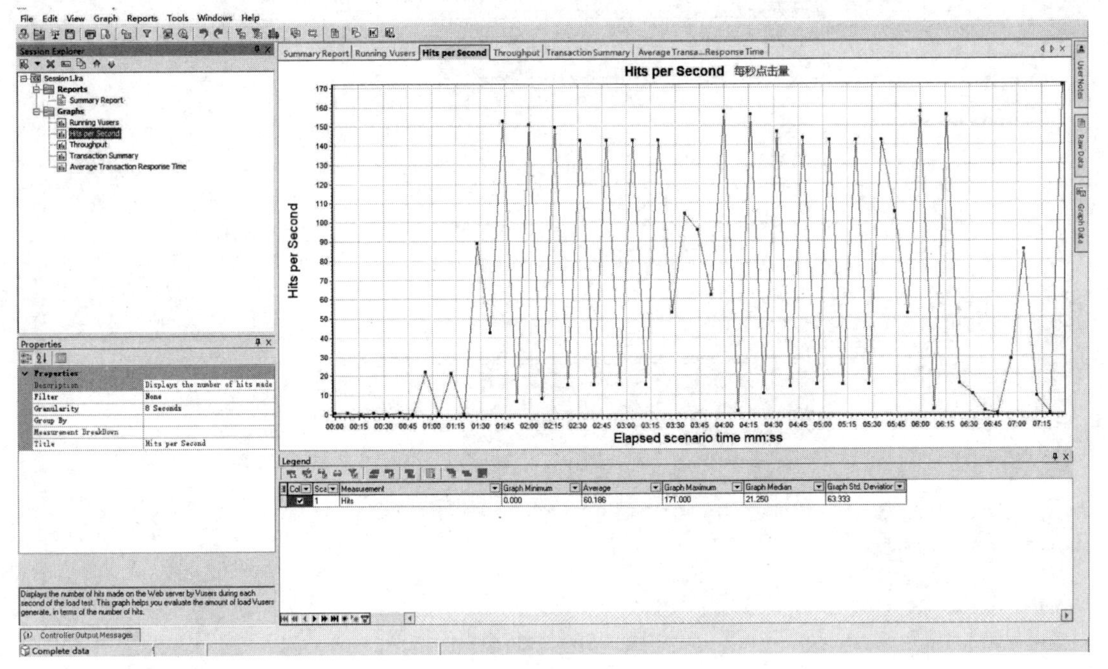

图 7-58　每秒点击量

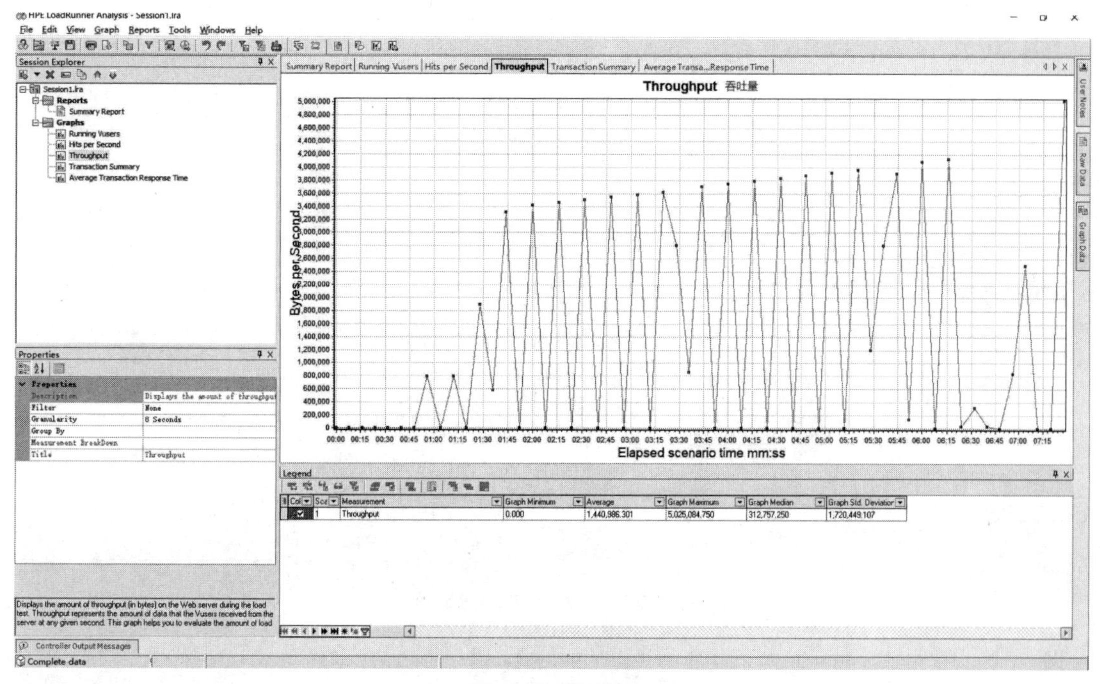

图 7-59　吞吐量

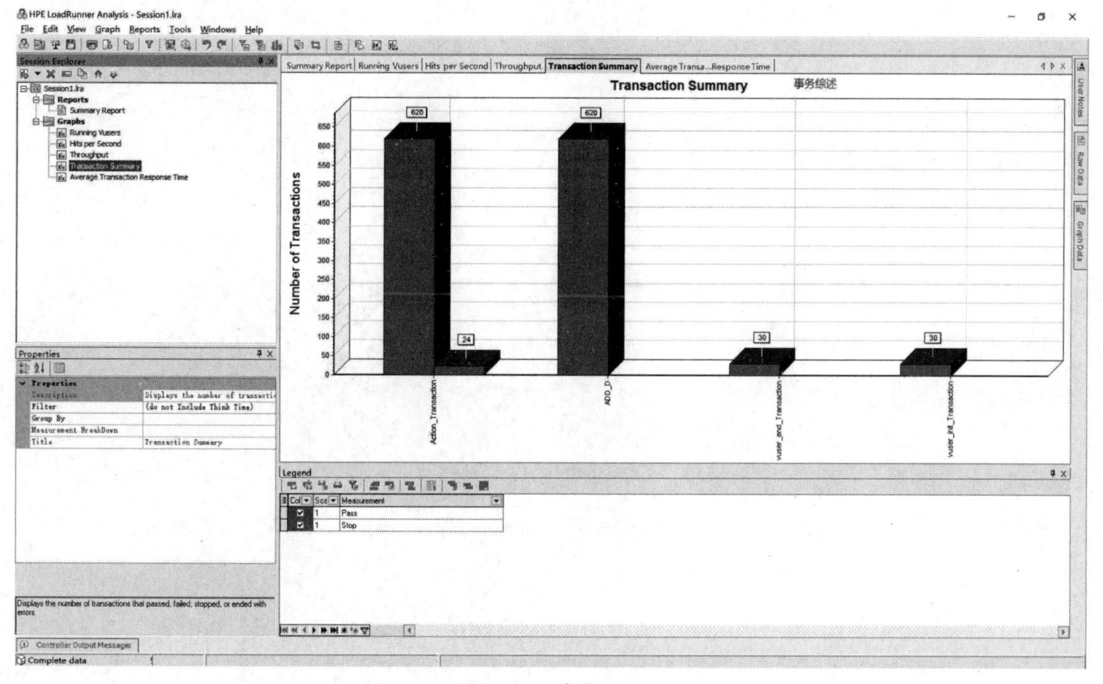

图 7-60　事务总述

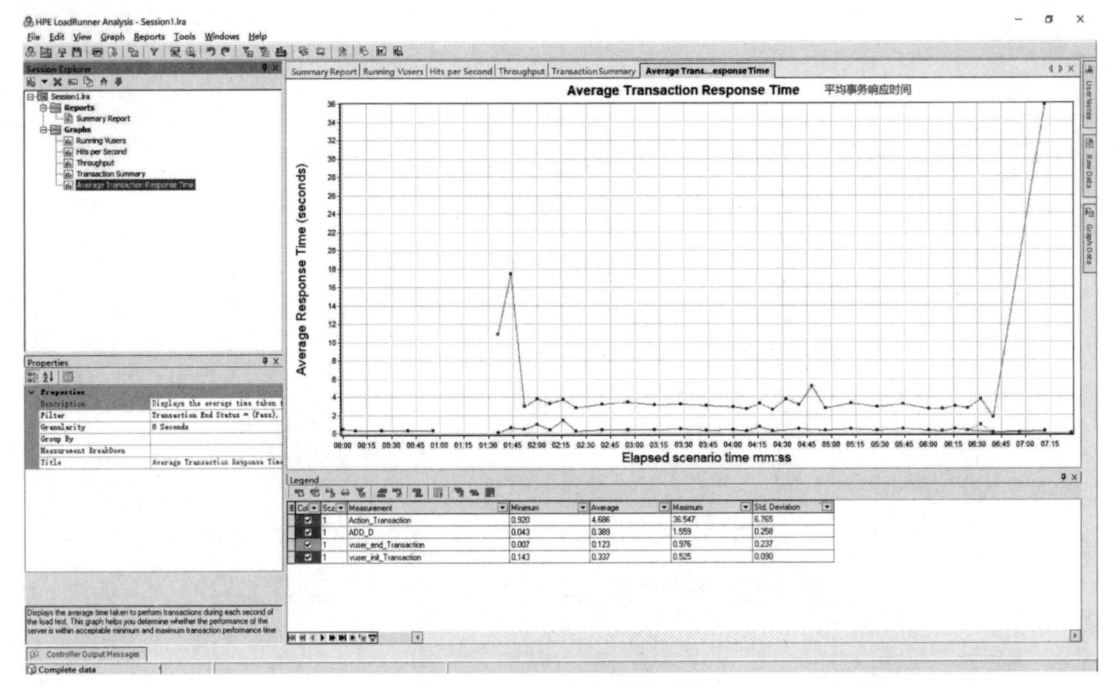

图 7-61　平均事务响应时间